# *Das* RIND

*Geschichte, Biologie, Rassen*

Haupt
NATUR

1. Auflage: 2022

ISBN 978-3-258-08232-5

Aus dem Englischen übersetzt von
Gerlinde Havekost, Claudia Vormann und Sibilla Schmitz
Satz der deutschsprachigen Ausgabe:
Die Werkstatt Medien-Produktion GmbH, D-Göttingen

Die englischsprachige Originalausgabe erschien 2021
bei Princeton University Press
unter dem Titel *The Cow. A Natural & Cultural History*


Konzept, Gestaltung und Produktion:
Ivy Press, ein Imprint von The Quarto Group
The Old Brewery, 6 Blundell Street,
London N7 9BH, Großbritannien

*Verlagsleitung* James Evans
*Programmleitung* Tom Kitch
*Künstlerische Leitung* James Lawrence
*Lektorat* Kate Shanahan
*Projekt-Lektorat* Katie Crous
*Gestaltung* JC Lanaway
*Bildredaktion* Sharon Dortenzio
*Illustrationen* John Woodcock

Printed in Singapur

Swiss Climate
$CO_2$neutral
Transport

MIX
Papier aus verantwortungsvollen Quellen
FSC™ C007207
FSC
www.fsc.org

Um lange Transportwege zu vermeiden, hätten wir dieses Buch gerne in Europa gedruckt. Bei Lizenzausgaben wie diesem Buch entscheidet jedoch der Originalverlag über den Druckort. Der Haupt Verlag kompensiert mit einem freiwilligen Beitrag zum Klimaschutz die durch den Transport verursachten $CO_2$-Emissionen. Wir verwenden FSC-Papier. FSC sichert die Nutzung der Wälder gemäß sozialen, ökonomischen und ökologischen Kriterien.

Diese Publikation ist in der Deutschen Nationalbibliografie verzeichnet. Mehr Informationen dazu finden Sie unter http://dnb.dnb.de.

Der Haupt Verlag wird vom Bundesamt für Kultur für die Jahre 2021–2024 unterstützt.

Wir verlegen mit Freude und großem Engagement unsere Bücher. Daher freuen wir uns immer über Anregungen zum Programm und schätzen Hinweise auf Fehler im Buch, sollten uns welche unterlaufen sein. Falls Sie regelmäßig Informationen über die aktuellen Titel im Bereich Natur erhalten möchten, folgen Sie uns über Social Media oder bleiben Sie via Newsletter auf dem neuesten Stand.

www.haupt.ch

# *Das* RIND

## *Geschichte, Biologie, Rassen*

CATRIN RUTLAND

ÜBERSETZT VON GERLINDE HAVEKOST,
CLAUDIA VORMANN UND SIBILLA SCHMITZ

HAUPT VERLAG

# Inhalt

Das Rind – eine Einführung 6

KAPITEL 1

## *Evolution & Entwicklung*

Vorfahren des modernen Hausrinds 14
Verwandte Arten & entfernte Vettern 18
Die Art in all ihrer Vielfalt 22
Die Eroberung der Welt 26
Erste Verbindungen mit dem Menschen 32

KAPITEL 2

## *Anatomie & Biologie*

Das Rind als Säugetier 36
Lebenszyklus 40
Fortpflanzung 42
Die Biologie des Züchtens 44
Trächtigkeit 46
Milchbildung 48
Anatomie eines weiblichen Rindes 50
Das Skelett 52
Kopf & Hörner 54
Zähne & Kiefer 56
Nahrungsaufnahme & Verdauungssystem 60
Entwicklung der Klaue 64
Gliedmaßen & Lahmheiten 66
Das Herz & andere Organe 68
Hör- & Sehsinn 70
Geruchs-, Geschmacks- & Tastsinn 74
Fell & Farbschläge 76
Das Rindergenom 78

KAPITEL 3

## *Sozialleben & Verhalten*


Haltung 82
Ernährung & Schlaf 86
Fortpflanzung 90
Gezielte Zucht 92
Trächtigkeit & Geburt 94
Versorgung des Kalbes 96
Lautäußerungen 98
Leben in der Herde 100
Verhalten & Temperament 102
Intelligenz, Lernen & Gedächtnis 106
Störungen & Verletzungen 110
Krankheiten des Rindes 114
Gesundheitsvorsorge 120


KAPITEL 4

## *Rind & Mensch*


Das Rind als Wirtschaftsfaktor 126
Milchviehhaltung 130
Rindermast 134
Arbeitsrinder & sonstige Nutzungen 136
In ferner Vergangenheit 140
Das Rind in der Religion 142
Das Rind in der Kultur 144
Wildrinder & Hausrinder 148
Mensch & Rind heute 150
Einflüsse auf die Umwelt 152
Ethik & Tierwohl 156

KAPITEL 5

## *Verzeichnis einiger Rinderrassen*


Historische Rassen 162
Moderne Rassen & Züchtungsmethoden 166
Zuchtschauen & Championkühe 170
Verzeichnis der Rassen 172


## *Anhang*


Glossar 214
Weiterführende Literatur 216
Register 219
Die Autorin 223
Danksagung 223
Bildnachweis 224

# Das Rind – eine Einführung

Heutzutage findet man überall auf der Welt alte, historische und ganz neue Rinderrassen, und sie alle haben im Lauf der Zeit eine wichtige Rolle in der Gesellschaft gespielt. Wie wir auf den kommenden Seiten sehen werden, stammen moderne Rinderrassen von dem heute ausgestorbenen Auerochsen oder Ur und den ersten domestizierten Rindern ab. Auerochsen kamen mit Menschen in Kontakt, und im Lauf der Zeit wurden die ersten Rinder domestiziert, was sich von Höhlenbildern bis zu den ersten Anbaumethoden nachverfolgen lässt. Heute dominieren einige moderne Hausrindrassen weltweit, während andere Rassen bereits ausgestorben oder vom Aussterben bedroht sind. Ihre nächsten Verwandten aus evolutionärer Sicht zu verstehen, hilft uns zu begreifen, warum sich manche Rinderarten und -rassen angepasst haben und andere ausgestorben sind.

Zwar sind Hausrinder auf der ganzen Welt weit verbreitet, dennoch sind einige Rassen so rar, dass sie offiziell als «stark gefährdet» *(endangered)* gelten. Das kann daran liegen, dass sie nicht genug Milch oder Fleisch liefern oder ihre Zahl aus anderen Gründen beschränkt ist. Weltweit arbeiten viele Interessensgruppen daran, solche Rassen zu erhalten, und es wird sogar versucht, die ursprünglichen Auerochsengene durch Rückkreuzungen wieder «zum Vorschein» zu bringen und moderne Rinderrassen zu erzeugen, die ihren alten Vorbildern besonders ähnlich sehen. Die Genomsequenz moderner Hausrinder wurde 2009 veröffentlicht und umfasst mehr als 20 000 Gene. Unser Wissen über moderne und ausgestorbene Rinder nimmt ständig zu, was uns wichtige Informationen zur Zucht und Entwicklung neuer Rindertypen liefern und höchstwahrscheinlich bei einigen Rinderrassen auch dazu führen kann, verlorene Merkmale zurückzubringen. Im Lauf der Zeit haben sich Züchter sehr darum bemüht, die Milchleistung zu erhöhen, die Fleischqualität zu verbessern und robuste Rassen für schwierige Klimabedingungen zu schaffen. Infolgedessen gibt es Rassen, die besonders krankheitsresistent sind, während andere inzwischen gut mit hohen Temperaturen und Dürreperioden zurechtkommen. Durch Kombination traditionellen Züchterwissens und fortschrittlicher Methoden auf dem Gebiet der Genetik und der künstlichen Besamung ist es heutzutage möglich, die Krankheitsanfälligkeit zu senken und bestimmte Merkmale oder Störungen in Herden gezielt ins Visier zu nehmen.

**Links** *Als der phylogenetisch alte Auerochse domestiziert wurde, schufen unsere Vorfahren Wandbilder ihrer Rinder. Dieses prähistorische Kunstwerk in der Höhle Lascaux IV in Frankreich erlaubt uns einen Blick in die Vergangenheit.*

## DIE BEDEUTUNG VON HAUSRINDERN FÜR DEN MENSCHEN

Vom Beginn ihrer Domestikation bis heute ist die Bedeutung von Hausrindern für den Menschen zunehmend gewachsen. Rinder versorgen uns mit Milch, Fleisch und Leder, und selbst ihre Ausscheidungen werden zum Hausbau oder als Brennstoff verwendet. In Indien gibt es weltweit die meisten Rinder, und dort leben auch die meisten Menschen, die sich vegetarisch oder vegan ernähren. Daher spielt Fleisch für viele Inder keine Rolle, und ihre Religion macht verständlich, warum Rinder dort so verehrt werden. Viele Inder sind Anhänger des Hinduismus, und Rinder werden als heilig («heilige Kühe») statt als Fleischlieferanten betrachtet.

In einigen Ländern gibt es nur sehr wenige Hausrinder, gewöhnlich deshalb, weil das Klima für die Haltung solch großer Pflanzenfresser ungeeignet ist. In Grönland leben gegenwärtig nur sehr wenige Rinder, doch als die Wikinger im 10. Jahrhundert dort anlandeten, war die Insel dicht bewachsen; daher ließen sich diese seefahrenden Skandinavier dort nieder, betrieben Ackerbau und hielten Rinder. Als sich Klima und Vegetation veränderten, wurde die Rinderzucht schwieriger; daher ist ihre Zahl inzwischen deutlich geschrumpft.

Heute lebt mehr als eine Milliarde Hausrinder auf der Erde, und ihre Bedeutung geht weit über die Nahrungsproduktion hinaus. Diese Tiere spielten eine Schlüsselrolle dabei, dass die Menschheit ihren nomadischen Lebensstil als Jäger und Sammler aufgab und zu einer sesshaften, von der Landwirtschaft abhängigen Lebensweise überging, wie sie für so viele Gesellschaften weltweit typisch ist. Rinder haben mit den Bauern auf den Feldern gearbeitet, Karren gezogen und die Dünger für die Äcker produziert – und tun das zum Teil heute noch. Sie haben Leder für Kleidung, Schuhe und andere wichtige Gebrauchsgegenstände geliefert und sind sogar als dekorative Elemente, als Sport- und als Show-Tiere eingesetzt worden. Zudem haben Rinder wichtige Rollen in Kultur und Religion gespielt.

**Rechts** *Zebus stammen vom Indischen Auerochsen ab und weisen einen charakteristischen Buckel sowie hängende Ohren auf. Sie liefern Fleisch und Milchprodukte, dazu Dung als Brennstoff und Dünger sowie Häute für Kleidung, Schuhe und Haushaltsgegenstände.*

## DAS RIND ALS WIRTSCHAFTSFAKTOR

Die wichtige Rolle von Rinderprodukten für die Lebensmittelversorgung führt zwangsläufig dazu, dass Hausrindern ein ökonomischer Wert zugeordnet wird. In den meisten Ländern verbinden Menschen das Rind mit Milchproduktion. Schon immer haben Kühe Milch für ihre Kälber erzeugt, doch zunehmend werden Kühe gezüchtet, um Milch für Menschen zu liefern. Ob diese Milch für unser Frühstück, zum Kochen oder als Säuglingsnahrung verwendet wird – sie ist in jedem Fall ein wichtiger Wirtschaftsfaktor. Die anatomischen und physiologischen Voraussetzungen der Milchproduktion zu verstehen, ist wesentlich, um die ökonomische Bedeutung von Rindern richtig einzuschätzen.

Im Lauf der Zeit haben sich einige Rassen anatomisch stark verändert, sodass Kühe heute sehr große Mengen an Milch produzieren. Milch wird in den Milchdrüsen erzeugt, bei denen es sich tatsächlich um abgewandelte Schweißdrüsen handelt. Kühe haben im Lauf der Zeit die Bänder (Ligamente) und das starke Bindegewebe entwickelt, das nötig ist, um das hohe Gewicht der Milch im Euter zu tragen, und der gesamte Körper musste sich umstellen, um eine derartig hohe Milchproduktion aufrechtzuerhalten. Einige Rassen wurden auf eine hohe Milchleistung gezüchtet, und die ökonomischen Konsequenzen haben große Auswirkungen auf die Weltwirtschaft. Zudem steht eine Reihe von Krankheiten in direkter Beziehung zur Milchproduktion; darum ist es wichtig, diese Krankheiten zu verstehen und zu behandeln.

Die Fleischproduktion ist die zweite wichtige ökonomische Triebfeder für die Rinderhaltung. Die Nachfrage nach dem Fleischtyp und der Fleischqualität, die der Markt und die Konsumenten verlangen, hat sich verändert. Futternutzung, Kälbergröße, leichtes Kalben, Wachstumsgeschwindigkeit und Fettgehalt des Fleisches mit einer Maximierung der Milchproduktion auszubalancieren, ist keine leichte Aufgabe.

**Oben** *Milch ist eine weltweit vertriebene Ware.*

**Mitte** *Allein in den USA werden jährlich fast 13 Mio. Tonnen Rindfleisch produziert.*

## ANATOMIE & VERHALTEN

Das männliche und das weibliche Fortpflanzungssystem sind bei Nutztieren entscheidend wichtig, und es gilt, hohe Fruchtbarkeitsraten zu erzielen. Die durchschnittliche Trächtigkeitsdauer beträgt bei Kühen wie beim Menschen neun Monate. Körperbau und Organsysteme von Rindern weisen einige Besonderheiten auf. Um sich in angemessener Weise um Hausrinder zu kümmern, muss man sich mit ihren Krankheiten und Problemen auskennen, Gesundheit und Wohlergehen des Bestandes müssen sichergestellt werden, Futter, Wasser und die nötigen Unterkünfte müssen zur Verfügung stehen, und das Verhalten der Tiere muss berücksichtigt werden.

Das Verhalten von Rindern ist angesichts der notorischen Angriffslust mancher Bullen und auch Kühe, ihres Gedächtnisses und ihrer Intelligenz ein sehr interessantes Thema. Wie Studien gezeigt haben, kann sich der Milchertrag von Kühen erhöhen, wenn man ihnen Musik vorspielt, aber nur dann, wenn diese Musik langsam und rhythmisch ist; bei schnellerer Musik trat dieser positive Effekt nicht ein. Trotz vieler Tausend Jahre Beobachtung von und Beschäftigung mit Rindern haben wir noch viel über ihr Verhalten und ihre Bedürfnisse zu lernen.

Die Diskussion rund um Umwelt und Klima hat heute eine Schlüsselfunktion, was die zukünftige Rolle der Rinderhaltung angeht. Praktiken bei der Haltung und Zucht von Rindern werden in Beziehung zum Erhalt des Bodens – und unseres Planeten – gesetzt, und sie werden infrage gestellt, angegriffen und diskutiert. Von Religion und Kultur über Kinderbauernhöfe bzw. Streichelzoos bis zur Kunst ist unsere Liebe zu Rindern jedoch weltweit allgegenwärtig, und dieses Buch bietet weitere Einblicke in unsere Beziehung – in der Vergangenheit, in der Gegenwart und in der Zukunft – mit diesen so vielfältigen und oftmals gar verehrten Tieren.

**Rechts** *Kinderbauernhöfe und Streichelzoos ermöglichen Kindern wie auch Erwachsenen, in engen Kontakt mit Kühen und ihren Kälbern zu treten, was eine positive Beziehung zwischen Rind und Mensch stärkt.*

KAPITEL 1

# *Evolution & Entwicklung*

# Vorfahren des modernen Hausrinds

Moderne Hausrinder haben eine bemerkenswerte Geschichte. Sie gehören zu den Säugetieren und innerhalb dieser Klasse zur Ordnung Paarhufer (Artiodactyla), zur Unterordnung Wiederkäuer (Ruminantia), innerhalb dieser zur Infraordnung Stirnwaffenträger (Pecora) und schließlich zur Familie Hornträger (Bovidae). Diese Familie ist sehr artenreich und wird in acht Unterfamilien unterteilt. Moderne Hausrinder und ihre nächsten Verwandten sind in der Unterfamilie Bovinae zusammengefasst, die weiter in drei Tribus oder Triben aufgespalten wird. Das Hausrind selbst gehört zur Tribus Bovini.

Das moderne Hausrind entwickelte sich aus dem Auerochsen, einem heute ausgestorbenen Wildrind, das einst in ganz Europa, Nordafrika und großen Teilen Asiens verbreitet war. Der Auerochse wird auch als Ur bezeichnet, seine lateinische Fachbezeichnung lautet *Bos primigenius* (früher auch *Bos urus* oder sogar *Bos taurus*). Es gab drei Unterarten von *Bos primigenius*, die heute ausgestorben sind, und zwei rezente domestizierte Unterarten. Die ausgestorbenen Unterarten sind der Europäische Auerochse *(B. p. primigenius)*, der Indische Auerochse (*B. p. namadicus*) und der Afrikanische Auerochse *(B. p. africanus)*. Der Auerochse gehört zur selben Tribus wie das Hausrind, der Tribus Bovini.

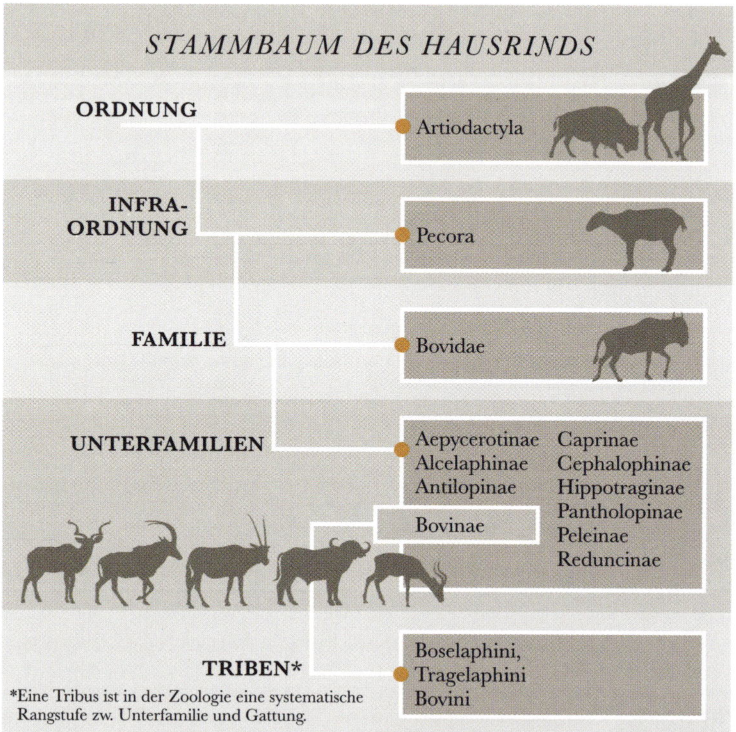

**Rechts** *Die Wildrinder von Chillingham sind eine alte Rasse, die mehr als 800 Jahre zurückreicht. Sie stammen von urtümlichen Rinderrassen in Britannien ab und gehen wie diese letztlich auf den Auerochsen zurück.*

**Links** *Wilde Auerochsen durchstreiften die Erde schon vor 2 Mio. Jahren; die letzte der drei Unterarten starb 1627 aus.*

Fossilfunde sprechen dafür, dass sich der Indische Auerochse bereits vor rund 2 Millionen Jahren entwickelte; das letzte bekannte Exemplar starb vor etwa 4400 Jahren in Südindien. Vor ihrem Aussterben wanderten die Tiere nach Osten wie auch nach Westen und erreichten Europa vor rund 270 000 Jahren. Die indische Unterart wurde ebenfalls domestiziert, und aus ihr entwickelte sich vor etwa 9000 Jahren das Buckelrind oder Zeburind, kurz Zebu. Interessanterweise lebte der Indische Auerochse in der Nähe von Wüstengebieten und hat das moderne Zebu in dieser Hinsicht beeinflusst, denn Zebus sind recht dürreresistent.

Der Europäische Auerochse überlebte am längsten von den drei Unterarten; er war über ganz Europa, Sibirien, Zentral- und Ostasien verbreitet. Die Domestikation der eurasischen Unterart um 6000 v. Chr. im Nahen Osten und möglicherweise auch im Fernen Osten führte zur Entwicklung der modernen taurinen Hausrinder samt der typischen Hornform und der dunklen Färbung der Bullen mit einem helleren Aalstrich auf dem Rücken. Auerochsen waren als Kämpfer in der römischen Arena sehr beliebt. Diese phylogenetisch alten Pflanzenfresser wurden auch gern gejagt; als sie seltener wurden, durften nur noch der Adel und königliche Familien ihnen nachstellen – das illegale Erlegen eines Auerochsen konnte mit dem Tod bestraft werden. Neben der Bejagung führten Mangel an Weideflächen und Krankheiten, die sich die Wildtiere von domestizierten Rindern zuzogen, zu einem Rückgang der Populationen, bis man Auerochsen nur noch in Europa fand. Im 17. Jahrhundert starb der Auerochse dann endgültig aus; das letzte bekannte Weibchen starb in einem Wald in Masowien, Polen, eines natürlichen Todes.

**Unten** *Zebus, auch Buckelrinder genannt, stammen vom Indischen Auerochsen ab. Heute gibt es mehr als 75 Zebu-Rassen; sie alle kommen mit Hitze, Dürre und starker Sonneneistrahlung gut zurecht.*

Der Afrikanische Auerochse entwickelte sich aus der eurasischen Unterart, die vor rund 25 000 Jahren aus dem Nahen Osten einwanderte. Man nimmt an, dass er bereits vor Beginn des Mittelalters wieder ausstarb und im Gegensatz zu den beiden anderen Unterarten nicht domestiziert wurde. Letzteres ist jedoch umstritten, denn die Sanga-Rinder (Sammelbegriff für einheimische afrikanische Rinder südlich der Sahara) könnten von diesem Auerochsen abstammen und sich später mit taurinen Rindern und Zebus gekreuzt haben. Sanga-Rinder haben einen Buckel wie Zebus, doch genetische Analysen zeigen deutliche Ähnlichkeiten mit taurinen Rindern. Es wird auch intensiv diskutiert, ob die turano-mongolischen Rinderrassen, die man heute noch in China, der Mongolei, Korea und Japan findet, vom Auerochsen abstammen und vor rund 35 000 Jahren domestiziert wurden, doch ihr genetischer Hintergrund wird noch analysiert. Man nimmt zudem an, dass der Europäische Bison oder Wisent vom Auerochsen abstammt.

Diese urtümlichen Auerochsen waren große Tiere und brachten es ähnlich wie der Wisent auf ein Gewicht von 700–1500 kg, und ihre Hörner konnten eine Länge von 80 cm erreichen. Wie bei modernen Hausrindern war der Größenunterschied zwischen Männchen und Weibchen beträchtlich. So brachten es männliche Auerochsen in Dänemark und Deutschland beispielsweise auf eine Schulterhöhe von 150–180 cm; Weibchen waren in der Regel 25 cm kleiner. Wie Knochenuntersuchungen zeigen, waren die Kühe etwa 10–20 % kleiner als die Bullen, doch das hing neben anderen Faktoren von Lebensraum, Nahrungsangebot, den Individuen selbst und deren Alter ab. In den letzten hundert Jahren ist versucht worden, aus alten Rinderrassen Rinder zu züchten, die Auerochsen äußerlich ähneln (Abbildzüchtung, s. S. 79). Das sogenannte Heckrind wurde von den Zoodirektoren Heinz und Lutz Heck in den 1920er-Jahren in Deutschland gezüchtet. In den letzten zehn Jahren ist eine Reihe von Programmen entwickelt worden, um den Auerochsen besser zu erforschen und zu verstehen und unter Umständen «wiederauferstehen» zu lassen.

**Unten** *Der Schädel des Auerochsen ist größer und länger gestreckt als bei den meisten modernen Rinderrassen. Seine eindrucksvollen Hörner setzte er gegen Raubtiere wie Wölfe und Bären ein.*

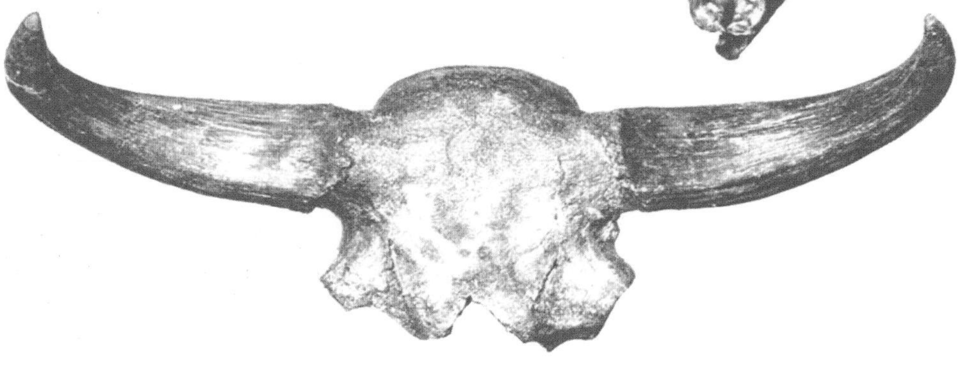

Wenn wir die Uhr noch weiter zurückdrehen, so gelangen wir zu *Bos acutifrons*, einem Rind, das als Vorfahr des Auerochsen gilt. Fossilfunde einschließlich der Hörner in Pakistan und Indien stammen aus der Mitte des Pleistozäns, das vor 2,5 Millionen Jahren begann und vor 11 700 Jahren endete. Der Auerochse entstand vor rund 2 Millionen Jahren und lebte rund 500 000 Jahre mit seinem Vorfahr zusammen, doch *Bos acutifrons* starb vor ca. 1,5 Millionen Jahren aus. Etwa zur gleichen Zeit durchstreiften urtümliche Vertreter der Gattungen *Equus* (die heute Pferde, Esel und Zebras umfasst) und *Elephas* (zu der die Elefanten zählen) diese Lebensräume.

Auch wenn aktuelle Forschungsergebnisse für eine Abstammung des modernen Hausrinds vom Auerochsen und weiter zuruck von *Bos acutifrons* sprechen, deuteten ältere Studien darauf hin, dass Merkmale von Gaur, Banteng, Bison, Yak und Kouprey Eingang in die Abstammungslinie gefunden haben. Vor *Bos acutifrons* entwickelte sich aus einer anderen Tribus der Unterfamilie Bovinae (Eigentliche Rinder) die Tribus Bovini, zu der alle vorherigen Arten gehören. Diese erstgenannte Tribus wird als Boselaphini bezeichnet; sie enthält zwei noch heute lebende Gattungen bzw. Arten, die Nilgauantilope *(Boselaphus tragocamelus)* und die Vierhornantilope *(Tetracerus quadricornis)*. Die ältesten Fossilien und heute ausgestorbenen Vertreter dieser Tribus datieren bis zu 8 Millionen Jahre zurück. Studien sprechen dafür, dass Vertreter der Boselaphini die Vorfahren der Bovini (einschließlich moderner Hausrinder) und der Tragelaphini (der anderen Tribus der Unterfamilie Bovinae) waren.

**Unten** *Diese Malereien aus einer spanischen Höhle zeigen vermutlich einen Auerochsen aus der Steinzeit. Dieser Vorfahr des modernen Hausrinds war in Europa und auch einigen außereuropäischen Regionen weit verbreitet und wurde in vielen Kunstwerken dargestellt.*

# Verwandte Arten & entfernte Vettern

Wenn man sich die Ähnlichkeiten, Unterschiede, allgemeinen Merkmale und Kennzeichen dieser drei Triben in der Unterfamilie Bovinae genauer anschaut, gewinnt man ein besseres Verständnis für Rinder, ihre engsten Verwandten und ihre entfernten Vettern.

## BOSELAPHINI

Die Boselaphini sind die Vorfahren der Bovini und der Tragelaphini. Die Tribus enthält viele ausgestorbene Vertreter, doch auch zwei rezente (heute lebende) Gattungen: *Tetracerus* und *Boselaphus*. Die Gattung *Tetracerus* umfasst eine einzige rezente Art, die Vierhornantilope *(T. quadricornis)*, die eine Schulterhöhe von 0,5 m hat, in Indien und Nepal lebt und im Gegensatz zu anderen wilden Paarhufern vier statt nur zwei Hörner ausbilden kann. Sie ernährt sich vorwiegend von frischen Blättern und lebt einzelgängerisch oder in sehr kleinen Gruppen. Die Art gilt inzwischen als gefährdet *(vulnerable)*. Nicht nur ihr natürlicher Lebensraum ist bedroht, wegen ihres auffälligen Hornschmucks wird sie auch Opfer von Trophäenjägern.

Die letzte, heute noch lebende *Boselaphus*-Art ist die Nilgauantilope *(B. tragocamelus)*. Ihr wissenschaftlicher Name ist eine Kombination aus Griechisch und Latein und bedeutet so viel wie Kuh/Ochse, Hirsch, Ziegenbock und Kamel, was einen Eindruck von den vielen verschiedenen körperlichen Merkmalen dieses Boviden vermittelt. Im Gegensatz zu der kleinen Vierhornantilope erreicht diese Antilope eine Schulterhöhe von 1–1,5 m. Sie lebt ebenfalls in Indien und Nepal, kommt aber auch in Pakistan vor und wurde kürzlich in Bangladesch gesichtet. In den 1920er- und 1930er-Jahren wurden Nilgauantilopen in Texas ausgewildert, wo sie sich so gut vermehrten, dass inzwischen rund 37 000 frei lebende Antilopen den Staat durchstreifen. Die Tiere haben in der Regel ein ruhiges Temperament, die Kälber sind scheu. Die Population ist deutlich größer als jene der Vierhornantilopen; gegenwärtig ist der Bestand nicht gefährdet.

**Unten** *Die letzte heute lebende* Boselaphus-*Art ist die Nilgauantilope. Wie archäologische Funde zeigen, wurden diese Tiere bereits vor 8000 Jahren vom Menschen bejagt.*

## BOVINI

Die Bovini werden gewöhnlich in drei Untertriben unterteilt: 1. Saola oder Vietnamesisches Waldrind, 2. Afrikanische Büffel, Anoa und Wasserbüffel und 3. Bison, asiatische Büffel und taurine Rinder (darunter auch das Hausrind). Wichtig ist, in diesem Zusammenhang darauf hinzuweisen, dass es nicht nur die klassischen Hausrinder gibt, die vom Auerochsen abstammen, sondern dass auch aus Wildformen wie Gaur, Yak, Banteng und Wasserbüffel Haustierformen gezüchtet wurden.

Die Tribus Bovini umfasst zahlreiche Gattungen, darunter die Gattung *Bubalus* (Asiatische Büffel), zu der der Wasserbüffel oder Arni mit den Typen Sumpf- und Flussbüffel gehört, wie auch der Tiefland- und der Berg-Anoa, der Tamarau oder Mindoro-Büffel und der ausgestorbene Cebu-Tamarau oder Zwergbüffel; Letzterer war nur 75 cm groß und wog lediglich 160 kg. Der Wasserbüffel gehört hingegen zu den größten Rindern; die Wildform kann eine Schulterhöhe von 180 cm und ein Gewicht von mehr als einer Tonne erreichen; Hausbüffel sind meist deutlich kleiner und leichter. Die Domestikation des Flussbüffeltyps begann vor rund 5000 Jahren in Indien, jene des Sumpfbüffeltyps vor 4000 Jahren in China. Obwohl die allermeisten Wasserbüffel domestiziert sind, gibt es in vielen Ländern noch wilde Herden. Die modernen Hausbüffel stammen wahrscheinlich von wilden Wasserbüffeln ab. Trotz der großen Anzahl der heute lebenden domestizierten Wasserbüffel steht der wilde Wasserbüffel seit 1996 als «stark gefährdet» auf der Roten Liste; 2010 gab es nur noch 3400 Individuen. Wildbüffel sind gewöhnlich größer als Hausbüffel, und diese majestätischen Geschöpfe tragen das größte Gehörn aller heute lebenden Rinder – seine Spannweite kann bis zu 2 m betragen. Die meisten dieser gefährdeten Tiere leben in Naturschutzgebieten, doch viele haben sich mit verwilderten oder domestizierten Büffeln gekreuzt. Das ist einer der Gründe für ihre starke Gefährdung, doch Jagd, sich wandelnde Umweltbedingungen, Krankheiten und Habitatverlust tragen ebenfalls zu ihrer Bedrohung bei. Wasserbüffel erreichen nicht selten ein Alter von bis zu 40 Jahren, und das älteste Weibchen führt die Herde.

Ältere Männchen sind häufig Einzelgänger, während jüngere Bullen oft kleine Herden von bis zu zehn Tieren bilden. Wie Hausrinder sind

**Unten** *Heute gibt es zwei Typen von Wasserbüffeln – den Sumpf- und den Flussbüffel. Weltweit nutzen Menschen rund 130 Mio. Wasserbüffel als Fleischquelle, als Zugtiere und wegen diverser anderer Produkte.*

sie Weidetiere, fressen aber nicht nur Gräser, Krautpflanzen und Gesträuch, sondern lieben auch Feldfrüchte und Zuckerrohr, was sie in Konflikt mit lokalen Landwirten bringt. Die verschiedenen Büffeltypen können sich fruchtbar kreuzen, doch eine Kreuzung zwischen Wasserbüffeln und Hausrindern führt nicht zu überlebensfähigen Kälbern.

Eine weitere Gattung in der Tribus Bovini ist die Gattung *Syncerus*, zu welcher der Afrikanische Büffel gehört. Der Afrikanische Büffel unterscheidet sich deutlich vom Wasserbüffel, denn er ist vor allem wegen seines aggressiven Temperaments nie domestiziert worden. Eine weitere interessante Gattung ist die Gattung *Pelorovis*; sie enthielt eine ausgestorbene Riesenform, die zu den größten Rindern überhaupt gehörte; die Männchen wurden bis zu 2 Tonnen schwer und erreichten eine Körperlänge von bis zu 3 m. Die Gattung *Bison* umfasst den Amerikanischen Bison, den in Europa heimischen Wisent sowie die ausgestorbenen Arten *Bison palaeosinensis* (Steppenbison), *B. antiquus* und *B. latifrons*. Die umgangssprachliche Bezeichnung «Büffel» (amerikanisch *buffalo*) für all diese Tiere spiegelt viele der Ähnlichkeiten wider, die wir in ihrer Anatomie, ihrem allgemeinen Aussehen und ihrem Verhalten beim Vergleich mit «echten» Büffeln sehen.

Die Gattung *Pseudoryx* enthält ausschließlich die Saola, auch Vu-Quang-Antilope oder Vietnamesisches Waldrind genannt. Dieses Waldrind ist mit Rindern, Ziegen und Antilopen verwandt und in Vietnam sowie Laos beheimatet. Saolas sind in freier Wildbahn sehr selten und werden häufig in Gefangenschaft gehalten; sie wurden erst 1992 offiziell entdeckt und als neue Art identifiziert.

Und schließlich gibt es in der Tribus Bonini noch die Gattung *Bos*, die besonders wichtig ist, da sie Auerochse, Banteng, Gaur, Gayal, Yak, *Bos palaesondaicus* (ausgestorben), Kouprey und natürlich die Hausrinder – taurine Rinder und Zebus – enthält. Der folgende Teil des Buches konzentriert sich auf die Gattung *Bos* (Eigentliche Rinder) und vor allem auf die modernen Hausrinder.

## TRAGELAPHINI

Die dritte Tribus in der Unterfamilie Bovinae bilden die Tragelaphini. Diese Rangstufe enthält lediglich zwei Gattungen: *Taurotragus* (Elenantilopen) und *Tragelaphus* (Schirrantilopen). Tragelaphini und Boselaphini sind enger

**Links** *Heute sind rund 1,5 Mio. Bantengs, enge Verwandte des modernen Hausrinds, domestiziert (Bali-Rind); die Wildform ist jedoch stark gefährdet. Es war die zweite stark gefährdete Art, die erfolgreich geklont wurde.*

miteinander verwandt als mit den Bovini. Die Tragelaphini entwickelten sich vor rund 15–18 Millionen Jahren vermutlich in Afrika aus den Boselaphini, breiteten sich anschließend aber nach Eurasien und möglicherweise auch nach Südasien aus. Die Vertreter der Tribus Tragelaphini werden auch als Schraubenhornantilopen bezeichnet. Umstritten ist, wie viele Gattungen und Arten es in dieser Tribus gibt (je nach Standpunkt zwischen 9 und 25), doch sie umfasst auf jeden Fall Kudus, Elenantilopen, Nyalas und Schirrantilopen. Die meisten Schraubenhornantilopen sind in ihrem Bestand ungefährdet, doch die Riesen-Elenantilope gilt inzwischen als gefährdet und der Bergnyala als stark gefährdet.

## DER ZUVERLÄSSIGE WASSERBÜFFEL

Wasserbüffel gehören mit einem Bestand von rund 130 Millionen Tieren zu den weltweit wichtigsten Haustierarten. Auch wenn ihr Bestand geringer ist als derjenige von Hausrindern, werden Wasserbüffel vielseitig genutzt und sind in vielen Ländern unverzichtbar für die Produktion von Fleisch, Milch und Leder, und aus ihren Knochen und Hörnern werden Schmuck und Musikinstrumente hergestellt. Zudem dienen sie als Lasttiere und arbeiten in der Landwirtschaft; es gibt Büffelkämpfe und Büffelrennen. Die Tiere stehen darüber hinaus im Zentrum religiöser und kultureller Zeremonien und Feste.

Ursprünglich stammen Wasserbüffel aus Süd- bzw. Südostasien und China, doch inzwischen sind sie über die ganze Welt verbreitet, und man findet sie auch in Amerika, Australien, Europa und Teilen Afrikas.

**Links** *Die nachtaktive, waldlebende Bongoantilope gehört zur Gattung* Tragelaphus. *Beide Geschlechter tragen spiralförmig gewundene Hörner, und ihr kastanienbraunes Fell hat weiße Streifen.*

# Die Art in all ihrer Vielfalt

**Unten** *Moderne Hausrinder werden in zwei Gruppen eingeteilt: Buckelrinder oder Zebus und taurine Rinder, die keinen Buckel oder Höcker tragen.*

Moderne Rinderrassen basieren auf zwei Ausgangstypen, die sich entsprechend ihrer traditionellen geografischen Heimat entwickelt haben: der taurine Typ, der keinen Buckel hat und aus Europa, Afrika und Asien stammt, und der «indische» Typ, der einen Buckel trägt und aus Südasien und Ostafrika kommt.

Beide Typen sind inzwischen über die ganze Welt verbreitet. Taurine Rinder und Buckelrinder können sich fruchtbar kreuzen, sodass viele Hybriden und Rassen entstanden sind. Sie können sich darüber hinaus auch mit anderen Vertretern der Gattung *Bos* paaren, wie Yak, Gaur und Banteng.

Indem wir uns die Vertreter von *primigenius, indicus* und *taurus* nacheinander anschauen, können wir uns mit ihren Ähnlichkeiten und Unterschieden vertraut machen und verstehen, warum es sich bei ihnen um Unterarten handelt.

## *BOS PRIMIGENIUS PRIMIGENIUS*

*Bos primigenius primigenius* (der Auerochse) überlebte bis 1627, doch alle drei Unterarten sind inzwischen ausgestorben. Die eindrucksvollen, bis zu 80 cm langen Hörner brauchten als Tragstruktur einen größeren Schädel, als wir ihn bei den meisten modernen Rindern finden. Auerochsen hatten auch schlankere Beine und waren sehr muskulös, besonders in der Nackenregion, und die Kühe hatten ein relativ kleines Euter. Malereien in Höhlen und ägyptischen Gräbern geben Hinweise auf die Fellfarbe von Auerochsen. Sie sprechen dafür, dass die Jungtiere kastanienbraun, die erwachsenen Männchen hingegen dunkler gefärbt waren, mit einem hellen Aalstrich auf dem Rücken, und die Weibchen ihre rotbraune Fellfärbung beibehielten.

Viele wissenschaftliche Studien haben den Stammbaum von Hausrindern zurück zum Auerochsen verfolgt. Da so viele der heutigen Rassen in unterschiedlichem Maße Auerochsen-DNA enthalten, vertreten manche Experten die Ansicht, dass der Auerochse nicht etwa ausgestorben ist, sondern sich lediglich phylogenetisch weiterentwickelt hat. Zweifellos gibt es zahlreiche Unterschiede im Skelettbau, doch lässt sich auch erkennen, wie eng verwandt Auerochse und moderne Hausrinder sind.

**Unten** *Moderne Hausrindbullen haben in der Regel einen schmaleren Schädel als ihre Auerochsen-Vorfahren, können jedoch ein ebenso eindrucksvolles Gehörn tragen; meist haben sie kräftigere Beine und ein weniger aggressives Temperament.*

## *BOS TAURUS INDICUS*

Diese Unterart ist auch als Zebu oder Buckelrind bekannt. Im Allgemeinen sind diese Rinder leicht an ihrem Widerristhöcker zu erkennen. Bei einigen Rassen hängen die Ohren, und sie haben eine große Wamme – eine Masse lockerer Haut, die von Hals oder Kehle hängt. Die Unterart, die aus Asien stammt, ist inzwischen in der ganzen Welt verbreitet.

Buckelrinder vertragen Hitze und Dürre gut, was sie geeignet für wärmere Länder macht. Diese Toleranz verdanken sie unter anderem ihrer Fähigkeit, bei Nahrungsmangel ihre Stoffwechselrate zu senken; dies gelingt ihnen um rund 40 % besser als den meisten taurinen Rindern. Sie brauchen weniger Wasser als die meisten taurinen Rinder und legen schneller an Gewicht zu.

Heutzutage gibt es viele verschiedene Rassen, die zahlreiche wichtige Rollen für die Gesellschaft übernehmen: Sie produzieren Milch und Fleisch, arbeiten in der Landwirtschaft, ziehen Karren, tragen Menschen und Güter, werden zur Gesellschaft gehalten, und ihre Häute werden zu Leder verarbeitet.

## *BOS TAURUS TAURUS*

Die Unterart *taurus*, deren Vertreter auch als taurine oder europäische Hausrinder bezeichnet werden, stammt von Auerochsen im Nahen Osten ab. Obwohl sie aus wärmeren Gegenden stammen, haben diese Rinder sich inzwischen gut an ein kühleres Klima angepasst. Taurine Rinder haben zudem eine geringere Resistenz gegen Zecken und Tropenkrankheiten als die nahe mit ihnen verwandten Buckelrinder. Und auch wenn es taurine Rinderrassen in Westafrika und Lateinamerika gibt, sind sie heute in tropischen Regionen weniger stark verbreitet. Sie lassen

**Unten** *Buckelrinder werden häufig zum Ziehen von Karren oder Pflügen eingesetzt und versorgen Menschen rund um die Welt mit lebenswichtigen Nahrungsmitteln wie Milch und Fleisch.*

sich leicht von Zebus unterscheiden, weil ihnen deren typischer Buckel fehlt.

Zwischen diesen beiden Unterarten gibt es viele Unterschiede, doch sie können sich miteinander fortpflanzen, und hybride Nachkommen und Kreuzungen sind häufig. Das Damietta-Rind in Ägypten und das Damaskus-Rind in Syrien sind eindeutig Hybriden zwischen frühen Vertretern der Buckelrinder und der taurinen Rinder. Beide Typen leben schon seit Langem in diesen Regionen.

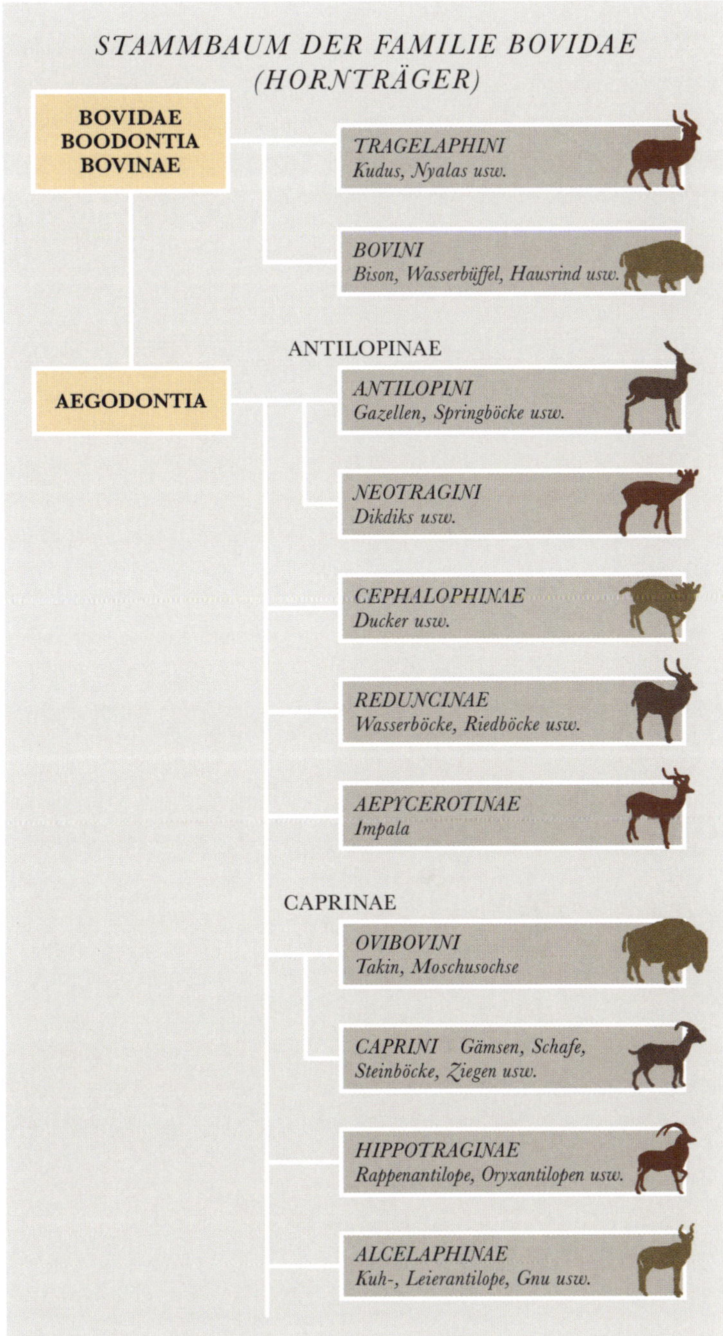


**Oben** *Dieser Stammbaum zeigt Hausrinder und verwandte Arten sowie entfernte Vettern innerhalb der Klassifikation der Familie Bovidae. Die ersten Boviden entstanden vor 20 Mio. Jahren. Diese Familie umfasst nach heutigem Kenntnisstand 543 rezente und ausgestorbene Arten, darunter auch das Hausrind.*

**Unten** *Taurine Rinder kommen anders als Buckelrinder mit hohen Temperaturen und Wassermangel nicht gut zurecht. An kühleres Klima haben sie sich hingegen bestens angepasst.*

# Die Eroberung der Welt

Heutzutage leben mehr als eine Milliarde Rinder auf der Welt, und es ist faszinierend zu sehen, woher sie ursprünglich stammen und wie sie sich im Lauf ihrer Evolution entwickelten und anschließend über die ganze Welt verbreiteten.

Schon vor der Domestikation des Auerochsen, dem Vorfahren des modernen Hausrinds, spielten die Bovinae, also die Echten Rinder, zweifellos eine wichtige Rolle für den Menschen. Auerochsen wurden von unseren Vorfahren gejagt; sie waren Wildtiere und nicht domestiziert. Wir kennen zwei kritische Zeitpunkte vor 8000 und 10 500 Jahren, als der Auerochse domestiziert wurde und aus ihm die Buckelrinder und die taurinen Rinder entstanden. Wir wissen, dass die Auerochsen-Vorfahren im größten Teil von Europa verbreitet waren (nicht aber in Irland und im nördlichen Skandinavien), in Zentralasien, Ostasien (Japan), Nordafrika, im Nahen Osten und in Indien. Fossile Überreste in Ostchina wurden auf 3000 Jahre vor heute datiert.

## AUFSTIEG UND AUSBREITUNG DER *TAURINEN* RINDER

Moderne DNA-Analysen lassen erkennen, wo und wann sich die taurinen Rinder entwickelten. Der Auerochse wurde im Kaukasus und in Mesopotamien domestiziert. Im Kaukasus, gelegen zwischen dem Schwarzen und dem Kaspischen Meer, fand der Auerochse hervorragende Lebensbedingungen. Vermutlich wurden vor 10 500 Jahren in Mesopotamien (entspricht dem heutigen Irak, dem Osten von Syrien und dem Südosten der Türkei) rund 80 Auerochsen gezähmt, aus denen die Unterart der taurinen Rinder entstand. Zu der Zeit, in der der Europäische Auerochse vermutlich in Mesopotamien domestiziert wurde, fand in dieser Region gleichzeitig die große neolithische Revolution statt. Das Neolithikum (Jungsteinzeit), der letzte Abschnitt der Steinzeit, begann vor rund 12 000 Jahren und endete vor rund 6500 Jahren. Die Menschen wurden sesshaft und begannen Siedlungen anzulegen und Ackerbau zu betreiben; in Mesopotamien wurden die ersten Getreide angepflanzt. Diese Entwicklung wurde durch die Erfindung des Rades, der Schrift, der Mathematik und der Astronomie unterstützt, die alle in dieser Region erfolgten. Gemeinsam mit diesen Faktoren trugen die Domestikation des Auerochsen und die Züchtung von Hausrindern dazu bei, diese Zivilisationen zu entwickeln und die Region zur Blüte zu bringen.

**Unten** *Dieses neolithische Steinrelief aus der heutigen Türkei unterstreicht die Bedeutung, die Rinder seit jeher für die menschliche Zivilisation hatten.*

## AUFSTIEG UND AUSBREITUNG DER BUCKELRINDER

Um die gleiche Zeit, als sich die taurinen Rinder entwickelten, wurden in Südasien aus dem Indischen Auerochsen die Buckelrinder oder Zebus domestiziert. Schon vor 8000–10 000 Jahren gab es die ersten Zebus; Hinweise sprechen dafür, dass um 6000 v. Chr. Zebus in Pakistan lebten. Und wir wissen auch, dass der Indische Auerochse bis vor wenigstens 4000–5000 Jahren Seite an Seite mit Buckelrindern lebte.

Um 2000 v. Chr. gab es bereits Buckelrinder in Ägypten – man findet ihre Abbilder auf Felsen und in Gräbern und auch auf Keramikgefäßen –, aber dort waren sie nicht entstanden, und vermutlich waren sie in dieser Region auch nicht besonders weit verbreitet. Vor rund 1000 Jahren wurden Zebus nach Ostafrika eingeführt. Man nimmt an, dass sie vom Horn von Afrika kamen (die Region, die Dschibuti, Eritrea, Äthiopien und Somalia umfasst) oder übers Meer transportiert wurden. Knochenfunde in Kenia datieren auf 100–200 v. Chr. zurück. Die Bronzestatue eines Buckelrinds in Äthiopien wurde auf ca. 330 n. Chr. datiert, doch dabei handelt es sich natürlich eher um einen Hinweis auf ihre Anwesenheit als um einen echten Beweis. Archäologische Befunde sprechen dafür, dass Zebus um 1000 n. Chr. am Horn von Afrika lebten. Dies ist später als in anderen Teilen Afrikas, doch in diesen Regionen gab es nicht viele archäologische Ausgrabungen, die geeignet gewesen wären, Rinderfossilien zu identifizieren; daher lebten Zebus möglicherweise schon früher am Horn von Afrika. Diese Informationen passen zusammengenommen gut zu ägyptischen Schriften über den Handel jener Tage. Sie diskutieren Handelsverbindungen zwischen Ägypten und Punt an der Küste Äthiopiens um 2000–1400 v. Chr. und berichten von «Rindern mit kurzen Hörnern», die in floßartigen Booten transportiert wurden. Und wir wissen, dass Buckelrinder in den Jahren 700–1500 n. Chr. in Subsahara-Afrika lebten.

### *DER FRUCHTBARE HALBMOND*

**Der Fruchtbare Halbmond, die «Wiege der Zivilisation», war die Region, in der Rinder, Ziegen, Schafe und Schweine domestiziert wurden.**

**Die Region umfasste den heutigen Irak, Syrien, Israel, Ägypten, Palästina, Libanon, Jordanien sowie Teile der Türkei und des Irans.**

**Links** *Indizien wie diese Schnitzerei eines Buckelrinds, Höhlenmalereien, fossile Knochen, historische Manuskripte und DNA-Analysen – sie alle haben uns geholfen, die reiche Geschichte und Evolution von Hausrindern zu verstehen.*

**Rechts** *Wenn Menschen Reisen unternahmen, reisten Rinder oft mit. Christoph Kolumbus führte Rinder 1493 in die Neue Welt ein; die Rasse Texas Longhorn stammt von diesen ersten Rindern ab.*

## DAS GEHEIMNIS DER SANGA- UND DER TURANO-MONGOLISCHEN RINDER

Möglicherweise haben zwei weitere Domestikationsprozesse stattgefunden, doch bislang sind diese Rindergruppen nicht als eigenständige Unterarten anerkannt. Die Sanga-Rinder stammen aus Ostafrika und sind auf altägyptischen Wandmalereien abgebildet, daher wissen wir, dass sie in diese Region transportiert wurden. Archäologische Indizien sprechen dafür, dass diese Rinder im 9.–11. Jahrhundert in Südafrika lebten. Es ist umstritten, ob sie das Ergebnis eines separaten Domestikationsprozesses waren oder aus einer Hybridisierung von Buckelrindern und taurinen Rindern in Ostafrika stammen.

Möglicherweise sind auch die turano-mongolischen Rinder das Ergebnis eines unabhängigen Domestikationsprozesses von Auerochsen vor rund 35 000 Jahren. Diese Rinder unterscheiden sich anatomisch und genetisch von taurinen Rindern und sind hervorragend an extrem kalte und harte Witterungsbedingungen angepasst; insgesamt ähneln sie taurinen Rindern jedoch stärker als Buckelrindern. Turano-mongolische Rinder leben heute in der Mongolei, China, Korea und Japan.

## GLOBALE VORHERRSCHAFT

Nachdem Zebus nach Afrika eingeführt worden waren, wurden sie mit taurinen Rindern gekreuzt, sodass Hybridrassen entstanden. Buckel- und taurine Rinder verbreiteten sich bereits früh über Nordafrika und den Nahen Osten. Wir wissen, dass die Mehrheit der mehr als 1000 Rassen, die es heute gibt, zu den taurinen Rindern gehört. Insgesamt gibt es rund 75 Buckelrindrassen, die aus Afrika und Indien stammen, und die verbliebenen der 1000 Rassen sind taurine Rinder oder Hybriden der beiden Typen. Rinder wurden über Jahrhunderte hinweg in verschiedene Teile der Welt transportiert, und ihre Zahl ist im Lauf der Zeit rapide gewachsen.

Kolumbus brachte Rinder in die westliche Hemisphäre, als er 1493 die Karibik erreichte, und Hernán Cortés brachte 1519 einige Tiere nach Mexiko, während Juan Bautista de Anza 1773 die ersten Rinder nach Kalifornien einführte.

Die ersten Buckelrinder trafen 1788 in Australien ein. Berichte lassen darauf schließen, dass die Gründerpopulation aus zwei Bullen und fünf Kühen Teil der «ersten Flotte» war – der ersten Schiffe, die, aus England kommend, die ersten europäischen Siedlungen in Australien anlegten. Diese Schiffe machten sich 1787 auf die Reise und nahmen in Südafrika Rinder an Bord. Erst 1832 war der Australian Cattle Dog als Rasse voll ausgereift; bis zu diesem Zeitpunkt wurden andere Hunderassen zum Hüten der Rinder eingesetzt, doch die Tiere waren nicht besonders zahm und nur schwer zu handhaben, was zur Zucht des Australian Cattle Dog führte. Bis 1814 hatte Neuseeland Rinder aus England und später vom europäischen Kontinent importiert.

Schätzungen zufolge gab es 2018 knapp über eine Milliarde domestizierte Rinder (einschließlich Wasserbüffel) weltweit. Manche Schätzungen gehen sogar von 1,4 Milliarden Tieren aus, davon rund 400 Millionen Milchkühe. Die höchsten Rinderzahlen weisen Indien, Brasilien, China, die USA und die EU auf, auch wenn diese Zahlen Jahr für Jahr schwanken. Die fünf Topregionen beherbergen 82 % des gesamten Weltbestands, wobei allein auf Indien rund 30 % entfallen – erstaunliche 305 Millionen Rinder. Buckelrinder wurden erst im 20. Jahrhundert nach Brasilien eingeführt, wo sie mit taurinen Rindern gekreuzt wurden; daher ist es erstaunlich, dass ihre Zahl dort so enorm gestiegen ist. Das Land steht, was seine Rinderpopulation angeht, an zweiter Stelle weltweit und weist mit mehr als 20 Millionen zudem die höchste Zahl an Milchkühen auf.

Erhebungen zufolge werden in 206 Ländern/Staaten/abhängigen Gebieten Hausrinder gehalten, wobei auf Saint Pierre im Nordatlantik nur 30 Rinder leben und Grönland mit seinen 56 000 Einwohnern gar keine offiziell gelisteten

**Links** *Hunde erwiesen sich als gute Wahl für das Hüten von Rinderherden, als Rassen wie der Australian Cattle Dog entwickelt wurden. Intelligent, sehr beweglich und robust, sind sie exzellente Hütehunde.*

**Rechts** *Hernán Cortés und Gregorio Villalobos importierten Rinder aus Kuba und brachten sie nach Mexiko. Cortés führte in Form seiner drei lateinischen Kreuze das Brandmarken in der westlichen Hemisphäre ein.*

Hausrinder beherbergt – auch wenn es dort wahrscheinlich einige Rinder gibt. Manche Südhänge der Insel können kleine Gruppen ernähren. Mit seinen kalten Wintern, seiner spärlichen Vegetation und einer Eisdecke, die 80 % der Insel bedeckt, ist Grönland sicherlich nicht besonders gut zur Rinderhaltung geeignet, aber das war nicht immer so. Wie Ausgrabungen gezeigt haben, gibt es Rinderknochen auf der Insel, und wahrscheinlich haben die Wikinger Rinder gehalten. Die Wikinger waren gute Bauern und Jäger, und nachdem sie im 10. Jahrhundert Grönland erreicht hatten, legten sie dort mehr als 600 Bauernhöfe an, denn damals war es in Grönland viel wärmer. Im 15. Jahrhundert, als die «Kleine Eiszeit» die Insel beherrschte, war es dort jedoch viel kälter geworden; es kam zu Unruhen, und schließlich verließen die Wikinger die Insel.

In einigen Regionen leben relativ wenige Hausrinder, weil andere Vertreter der Gattung *Bos* ähnliche Rollen einnehmen und besser an die lokalen Gegebenheiten angepasst sind. Beispielsweise sind Yaks in Nepal und Tibet zahlreich, Gaur und Wasserbüffel sind in Südostasien häufig.

*Diese Karte zeigt, wohin Buckelrinder und taurine Rinder wanderten bzw. transportiert wurden. Die Größe der Silhouetten spiegelt den relativen Anteil der beiden Typen in der entsprechenden Region wider.*

**Tauriner Typ:** Vermutlich wurde der Auerochse in Mesopotamien (heutiger Irak, Ostsyrien und Südosttürkei) vor rund 10 500 Jahren domestiziert und wurde damit zum Vorfahren der taurinen Rinder.

*Bos taurus*

## VORFAHREN MODERNER RASSEN

**Buckelrind-Typ:** Der Indische Auerochse in Südasien wurde vor 8000–10 000 Jahren domestiziert, und von ihm stammen die Zebus oder Buckelrinder ab.

Brahman

**Banteng:** Der Banteng ist eine Wildrindart, die in Südostasien heimisch ist. Diese Rinder haben ein rötlich braunes Fell, einen weißen Gesäßflecken und sind gehörnt. Sie grasen gewöhnlich in kleinen Herden von 2–40 Tieren, und zwar tagsüber wie auch nachts. Die domestizierte Form wird als Bali-Rind bezeichnet.

*Bos javanicus*

*den sicherlich auf der Speisekarte im alten Rom. Rinder dienten als Last- und Zugtiere, wurden für Schaukämpfe eingesetzt und bei religiösen Zeremonien geopfert.*

# Erste Verbindungen mit dem Menschen

Hausrinder wurden vom Menschen gehütet, statt wie ihre Vorfahren lediglich gejagt zu werden. Die zuvor wilden Tiere wurden nun vom Menschen gezüchtet, transportiert und gepflegt. Sie erhielten Nahrung, Wasser und Schutz, während sie ihren Hütern gleichzeitig selbst als Nahrung dienten. Rinder arbeiteten als Zugtiere und wurden sogar bei religiösen Zeremonien eingesetzt. Auch wenn der größte Teil der Zugarbeit in vielen Ländern schließlich von Pferden übernommen wurde, spielen Rinder als Nahrungsquelle wie auch in Religion und Kultur noch immer eine bedeutende Rolle.

Der Versuch, das existierende geografische Puzzle zusammenzusetzen, um die Wanderbewegungen von Rindern nachzuvollziehen, hat selbst eine Evolution durchgemacht, da neue Hinweise gefunden wurden und unsere Techniken Fortschritte gemacht haben. Ein Großteil der Indizien stammt von Knochenfunden bei archäologischen Ausgrabungen. In den letzten Jahren haben DNA-Analysen unser Wissen über die Tierwelt – einschließlich der Hausrinder – in bestimmten Regionen stark erweitert. Genomanalysen ermöglichen uns, die Migration von Menschen und ihren Rindern über Kontinente hinweg nachzuvollziehen, und zeigen, dass die Menschen ihre Rinder mitnahmen. Zudem lassen sich anhand genetischer Analyse Beziehungen zwischen verschiedenen Rassen belegen und herausfinden, wann sie sich entwickelt haben.

**Oben** ***Antike Überreste und Artefakte, wie diese Statue eines Buckelrinds, haben dazu beigetragen, die Geschichte des Rindes zu kartieren.***

## ANTIKE ALLIANZEN

Antike Wandmalereien, die das domestizierte Sanga-Rind darstellen, zeigen, dass sie wichtige Tiere in der Region waren. Die Römer wie auch die Wikinger porträtierten frühe moderne Hausrinder und schrieben sogar über sie, wobei sie deren Bedeutung für die Landwirtschaft unterstrichen.

Wie archäologische Ausgrabungen gezeigt haben, lebten Mensch und Rind eng zusammen. In manchen Regionen mit milder Witterung blieben die Tiere ganzjährig im Freien, in anderen, kälteren Regionen lebten sie zumindest zeitweise in Ställen oder sogar im Haus.

Wir wissen, dass Rinder zwischen verschiedenen Regionen transportiert und gehandelt wurden, und auf diese Weise eroberten sie die Welt.

Verfahren wie die Radiokarbondatierung gingen Hand in Hand mit archäologischen Studien, während Kunstwerke wie Skulpturen, Grab- und Felsmalereien sowie andere künstlerische Ausdrucksformen Hinweise geben, wo es Buckelrinder und taurine Rinder gab. Auch schriftliche Zeugnisse haben dazu beigetragen; das reicht von speziellen Erwähnungen von Hausrindern bis zum besseren Verständnis dafür, welche Handelswege und Schiffsrouten zu verschiedenen Zeiten der Geschichte benutzt wurden. Ungewöhnlichere Hinweise verdanken wir anderen Gütern, die zwischen verschiedenen Weltregionen gehandelt wurden. Wenn man weiß, welche Pflanzen, Getreide und Samen wann transportiert wurden, gewinnt man eine Vorstellung, welche Länder und Städte zu bestimmten Zeiten miteinander kommunizierten und Handel trieben. Auf diese Weise helfen uns Zoologie und Botanik wie auch Kunst und schriftliche Zeugnisse nachzuvollziehen, wo sich Hausrinder entwickelten, wo sie lebten, wohin sie sich im Verlauf der Zeit bewegten und wie diese ersten Beziehungen zum Menschen geschmiedet wurden.

KAPITEL 2

# *Anatomie & Biologie*

# Das Rind als Säugetier

Säugetiere lassen sich anhand charakteristischer Merkmale als solche klassifizieren. Säugetiere müssen Wirbeltiere (Vertebraten) sein und eine Wirbelsäule besitzen, was bei Rindern eindeutig der Fall ist. Ein weiteres Säugermerkmal ist der Besitz eines besonderen Gehirnteils, des Neocortex, der höhere sensorische wie auch motorische Bereiche und wichtige Assoziationszentren umfasst. Das Gehirn eines ca. 600 kg schweren Rindes wiegt durchschnittlich 480 g, und der Neocortex von Rindern ist nicht so hoch entwickelt wie derjenige von Menschen und Delfinen.

Säugetiere sind behaart bzw. sie tragen ein Fell, und das spielt bei Rindern eine wichtige Rolle: Bei kalter Witterung verstärkt sich der Haarwuchs, um das Tier zu schützen. Um Haarwachstum und Kondition sicherzustellen, muss das Tier genügend Nahrung zur Verfügung haben, und beides variiert zwischen den verschiedenen Rinderrassen. Schottische Hochlandrinder haben ein langes Fell und sind daher gut an niedrige Temperaturen angepasst, während Senepol-Rinder in tropischen Gebieten gedeihen, da ihr kurzes glattes Fell ihnen hilft, Wärme besser zu ertragen.

**Unten** *Schottische Hochlandrinder illustrieren das Säugermerkmal «Haare» in bester Weise. Diese Rasse ist optimal an kältere Klimazonen angepasst.*

Säugetiere verfügen darüber hinaus über drei Gehörknöchelchen im Mittelohr: Hammer (Malleus), Amboss (Incus) und Steigbügel (Stapes). Diese Gehörknöchelchen entwickelten sich aus den Kieferknochen und wurden Teil des Gehörs. Der große Einzelknochen im Unterkiefer ist vermutlich stärker und stabiler, besonders beim Zubeißen, als ein Kiefer, der aus mehreren Knochen besteht.

Stoffwechselraten sagen uns, wie viel Energie ein Tier im Lauf der Zeit verbraucht. Eine hohe Stoffwechselrate ist kein definierendes Merkmal von Säugetieren, denn auch Vögel haben tendenziell hohe Stoffwechselraten, oft höhere als Säuger; Reptilien haben in der Regel niedrigere Stoffwechselraten. Säugetiere und Vögel sind eigenwarme (endotherme) Tiere und setzen ihren Stoffwechsel dazu ein, eine ständig hohe Körpertemperatur aufrechtzuerhalten. Reptilien sind wechselwarme (ektotherme) Tiere, die auf Wärme aus ihrer Umgebung, beispielsweise von der Sonne, angewiesen sind.

## *GEWICHT GEGEN STOFFWECHSELRATE*

*In der Regel haben Tiere, die sich mehr bewegen, eine höhere Stoffwechselrate, und je geringer die Masse eines Tieres ist, desto höher ist die Stoffwechselrate. Da die Stoffwechselrate physikalisch eine Leistung darstellt, ist sie hier in Watt (statt wie üblich in Kalorien) angegeben.*

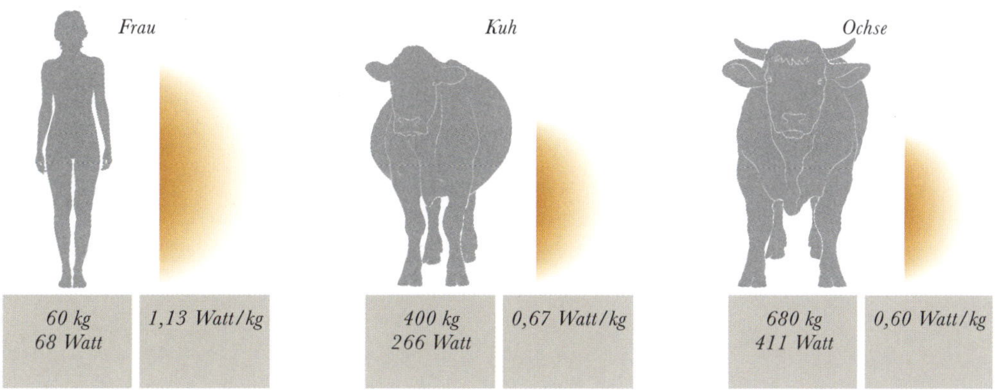


**Oben** *Dieser Bulle hat den Einzelknochen im Unterkiefer, was ideal ist zum Fressen, und die drei Gehörknöchelchen, die zu einem besseren Gehör führen – alles Merkmale von Säugetieren.*

**Links** *Die Frau produziert im Vergleich zur Kuh mehr Watt pro Gewichtseinheit, und die Kuh mehr als der Ochse, was die Theorie stützt, dass die Stoffwechselrate umso höher ist, je weniger Masse das Säugetier aufweist.*

## MILCH

Säugetiere (Mammalia) verdanken ihren Namen der Tatsache, dass sie Milch für ihren Nachwuchs produzieren. Auch wenn es die Weibchen sind, die dies tun, weisen viele Männchen Überreste der anatomischen Strukturen zur Milchproduktion auf, können aber nicht laktieren und haben keine Zitzen. Die taxonomische Bezeichnung der Klasse, Mammalia, leitet sich vom lateinischen Begriff *mamma* ab, was so viel wie «Mutterbrust» bedeutet.

Kaum zu glauben, handelt es sich bei den Milchdrüsen aller Säugerarten tatsächlich um modifizierte Schweißdrüsen. Im Lauf der Zeit haben Kühe eine unübertroffene Fähigkeit zur Milchproduktion entwickelt, und das liegt an diesen Drüsen. Noch interessanter ist die Tatsache, dass die Entwicklung des Milchdrüsengewebes bereits während der Embryonalentwicklung im Uterus beginnt, deutlich bevor eine Milchproduktion erforderlich wird. Tatsächlich weist bereits der sich entwickelnde Embryo das Gewebe auf, das später zu den Milchdrüsen wird. Die Kuh entwickelt vier Milchdrüsen, doch das kann bei anderen Säugerarten anders sein, beispielsweise beim Mensch und beim Pferd, die beide nur zwei haben. Noch andere Säuger, wie Mäuse und Hunde, entwickeln eine paarige Milchleiste mit zahlreichen Milchdrüsen. Wenn Kühe älter werden, entwickeln sich die Drüsen weiter, doch die eigentlich bedeutende Entwicklung findet während der ersten Trächtigkeit und Laktationsperiode statt. Wenn die Kuh anschließend keine Milch mehr gibt, machen die Milchdrüsen biologische und anatomische Veränderungen durch, und weitere Veränderungen treten in späteren Laktationsperioden auf. Zunächst produzieren laktierende Kühe rund 70 % der Milch, die eine voll entwickelte Kuh in der zweiten/dritten Laktationsperiode erzeugt.

**Rechts** *Dieses Hereford-Kalb saugt Milch an einer der vier modifizierten Schweißdrüsen, die bei Kühen als Euter und Zitzen bezeichnet werden.*

# Lebenszyklus

**Stadium 1 & 2: Neugeborenes & Kalb**
Für ein neugeborenes Kalb sind die ersten paar Stunden und Tage nach der Geburt oft von entscheidender Bedeutung. Das Neugeborene muss auf Missbildungen und Erbkrankheiten, Infektionen oder andere Krankheiten untersucht werden. In den meisten Zuchtbetrieben bleiben die Kälber anfangs bei der Mutter, damit sie die Vormilch, das lebenswichtige Kolostrum, mit seinen Antikörpern zu sich nehmen können. Das verleiht dem Kalb einen gewissen Immunschutz gegenüber Infektionen. Die Plazenta (Gebärmutter) des Rindes ist aufgrund ihrer vielen Schichten im Vergleich zur menschlichen Plazenta für Immunglobuline nur schlecht durchlässig. Diese Immunglobuline gelangen von der Mutter in den Fetus, liefern ihm einen gewissen Immunschutz und sind auch in der Vormilch zu finden, was bedeutet, dass diese erste Milch für Kälber noch wichtiger ist als für menschliche Babys. Auf vielen Farmen mit Milchviehhaltung werden die Kälber nach ein paar Tagen mit Flaschenmilch gefüttert, während die Kälber auf Farmen mit Rindermast oft 4–6 Monate bei der Mutter trinken. Auf Rindermastfarmen werden die meisten Männchen im Alter von wenigen Wochen kastriert (und dann als Ochsen bezeichnet), denn die Hormonproduktion während der Pubertät verleiht dem Fleisch einen Geschmack, den viele Konsumenten nicht mögen. Stierkälber in Milchviehbetrieben werden oft kurz nach der Geburt geschlachtet, einige werden als Kalbfleisch verkauft oder gehen an Mastbetriebe, um später in der Fleischindustrie verwertet zu werden. Die Kastration wird häufig mit einer Burdizzo-Zange, Elastrator-Bändern (enge Gummiringe, die mit Zangen aufgebracht werden) oder durch einen chirurgischen Eingriff durchgeführt und sollte vor dem Entwöhnen des Kalbes stattfinden, gewöhnlich innerhalb von 2–3 Tagen. In milch- wie auch in fleischproduzierenden Betrieben werden einige männliche Tiere zur Zucht zurückbehalten, doch aufgrund der wachsenden Beliebtheit von künstlicher Besamung nehmen diese Zahlen ab.

**Unten** *Diese Kälber auf einer Ranch in Utah werden mit Flaschenmilch gefüttert. In den ersten Tagen ist es ratsam, ihnen das Kolostrum der Mutter zu geben.*

Stadium 3 & 4:
**Pubertät & Fortpflanzungsalter**

Eine Kuh kommt mit 12–24 Monaten in die Pubertät; das hängt von Rasse, Umweltbedingungen, Genetik, Nahrungsangebot und einer Reihe weiterer Faktoren ab. Holstein-Färsen kommen unter Umständen erst mit 72 Wochen in die Pubertät, wenn ihr Futter arm an Nährstoffen ist, können bei nährstoffreichem Futter aber bereits mit nur 37 Wochen (9–10 Monate) geschlechtsreif werden. Die Fähigkeit der Kuh, trächtig zu werden und die Trächtigkeit aufrechtzuerhalten, kräftigen und gesunden Nachwuchs zu produzieren, Milch zu geben und rasch erneut trächtig zu werden, sind für den Profit des Produzenten und für die Produktivität der Kuh von entscheidender Bedeutung.

Viele Kühe werden nicht zur Zucht eingesetzt, doch ein Alter von 1–2 Jahren zu erreichen, ist dennoch sehr wichtig. Bei der Massenhaltung von Mastrindern ist das Ziel, Kälber bis zu einem Idealgewicht zu mästen; dann werden sie als «Finisher» bezeichnet. Dieses Gewicht ist oft mit 18 Monaten erreicht; dann werden die Tiere geschlachtet und an die Fleischindustrie und assoziierte Betriebe verkauft, wobei ein paar Tiere zu Zuchtzwecken behalten werden. Die Bullen beginnen mit Erreichen der Pubertät, kontinuierlich Sperma zu produzieren, und auch wenn Zahl und Qualität ihrer Spermien im Lauf der Zeit und aufgrund anderer Faktoren, wie Temperatur und Krankheiten, abnehmen können, bleiben sie biologisch bis ins hohe Alter fortpflanzungsfähig.

**Stadium 5: Fortgeschrittenes Alter**

Rinder können über 20 Jahre alt werden. Allerdings ist es so, dass die meisten Rinder in der Milch- und Fleischindustrie sowie verwandten Industrien kein derart hohes Alter erreichen. In der Regel leben Milchkühe in Industrieländern, wo ein hoher Milchertrag erwartet wird, 4–10 Jahre, durchschnittlich 5 Jahre; in Schwellenländern sind es 9–10 Jahre. Sobald ihre Fruchtbarkeit sinkt und Lahmheit einsetzt, die Milchleistung abnimmt und die Fleischqualität sinkt, wirft das Rind keinen Profit mehr ab. Kühe im Alter von 5–6 Jahren, die 4–5 Laktationsperioden hatten, geben in der Regel nicht mehr so viel Milch.

**Links** *Dieser ältere Afrikanische Büffel grast im Masai-Mara-Nationalpark in Kenia. Büffel, Bisons und Hausrinder haben eine natürliche Lebenserwartung von 20–25 Jahren.*

## LEBENSERWARTUNG

Die irische Kuh Big Bertha starb kurz vor ihrem 49. Geburtstag und hatte 39 Kälber; damit setzte sie einen Kälber- wie auch einen Altersrekord. Sie war so etwas wie eine Berühmtheit und half sogar dabei, Spendengelder für die Bekämpfung von Krebs zu sammeln. Hamish, der Schottische Hochlandrind-Bulle, erreichte ein Alter von 22 Jahren; ältere Bullen sind vor allem aus Indien berichtet worden.

# Fortpflanzung

Eine erfolgreiche Zucht von Milch- und Fleischrindern ist für viele Halter von entscheidender Bedeutung. Generell müssen Rinder, vor allem Weibchen, fruchtbar sein, um wirtschaftlich profitabel zu sein. Bei seltenen Rassen gibt eine verringerte Fruchtbarkeit Anlass zur Sorge, da die Abstammungslinie unter Umständen nicht weitergeführt werden kann.

**Die Kuh**

Die Eizellen (Ova, Singular Ovum) entwickeln sich im Inneren von zwei Eierstöcken (Ovarien). Die Eier entstehen aus Primärfollikeln, die bereits vor der Geburt vorhanden sind; in jedem weiblichen Kalb, das geboren wird, können sich viele Hunderttausend solcher Primärfollikel befinden. Weibliche Tiere werden mit einer begrenzten Anzahl von Eizellen geboren, männliche Tiere können hingegen kontinuierlich Sperma produzieren. Die Primärfollikel müssen sich zu Sekundärfollikeln entwickeln; gewöhnlich entwickeln sie einige wenige pro Ovarial- oder Östruszyklus, doch in der Regel wird nur eine einzige Eizelle aus den Eierstöcken freigesetzt.

Die beiden Eileiter (Ovidukte) sind Schläuche, die die Eizellen aus den Eierstöcken aufnehmen und zur Gebärmutter (Uterus) transportieren. Die Eizellen werden in diesen Eileitern befruchtet, und sobald Eizelle und Spermium miteinander verschmolzen sind, entsteht die Zygote (befruchtete Eizelle). Die Zygote wird in eines der beiden Uterushörner transportiert, wo sie sich weiterentwickelt und wächst. Eine Zellschicht, die als Gebärmutterschleimhaut (Endometrium) bezeichnet wird, kleidet den Uterus aus und macht während Fortpflanzungszyklus und Trächtigkeit starke Veränderungen durch. Der Uterus enthält auch Karunkel – höckerförmige Bildungen, die den fetalen Membranen erlauben, sich anzuheften, und dem Mutterkuchen (Plazenta), sich zu entwickeln. Die Uterusschleimhaut verdickt sich und sorgt für eine Blutversorgung des Embryos; gleichzeitig schützt sie den Nachwuchs mechanisch.

**Unten** *Bullen werden in der Pubertät geschlechtsreif; dann sind sie rund 1 Jahr alt, und ihr Hodensack hat einen Umfang von rund 26 cm. Viele Bullen bleiben bis zu einem Alter von 10–12 Jahren «im Dienst».*

FORTPFLANZUNGSSYSTEM DER KUH

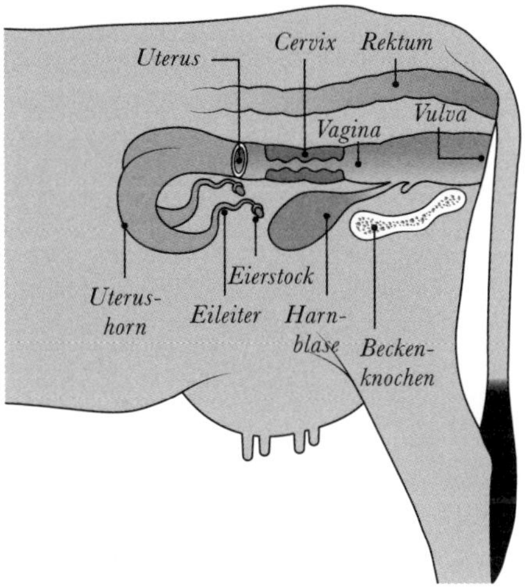


**Links** *Die Eizelle entwickelt sich in den Eierstöcken und wird in den Eileiter abgegeben, wo sie befruchtet werden kann. Der Fetus entwickelt sich in einem der beiden Uterushörner.*

**Rechts** *Sobald ein Bulle geschlechtsreif ist, kommt es in den Hoden zur Bildung und Entwicklung von Spermien. Diese wandern durch den Samenleiter, gelangen von dort in die Harnröhre und werden durch den Penis ausgestoßen (Ejakulation).*

FORTPFLANZUNGSSYSTEM DES BULLEN

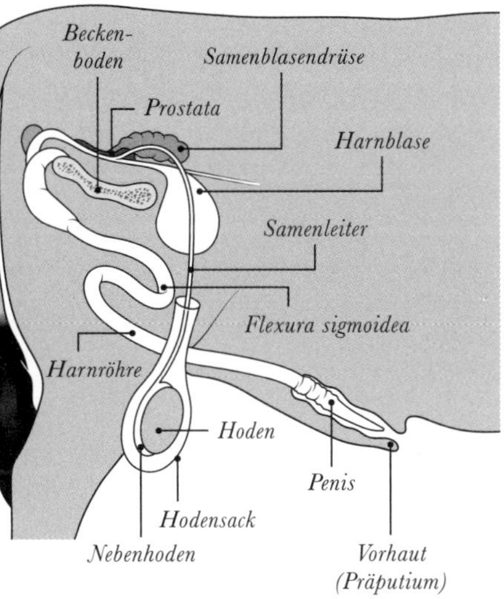


## Der Bulle

Damit sich ein Embryo bildet, muss das männliche Tier (Bulle oder Stier genannt) gesunde und aktive Spermatozoen (Spermien) produzieren, die in den beiden ausgereiften Hoden (Testes) heranwachsen. Innerhalb des Körpers bilden sich bereits im Embryonalstadium des Männchens in der Nähe der Nieren zwei Hoden. Kurz nach der Geburt senken sich die Hoden, sodass sie außerhalb der Körperhöhle liegen, wo es einige Grad kühler ist, was für die Spermienproduktion besser ist. Die Hoden des Bullen liegen im Hodensack (Skrotum), der die empfindlichen Organe schützt und gleichzeitig auf der richtigen Temperatur hält. Muskeln innerhalb des Hodensacks können die Hoden bei Kälte in die Leibeshöhle zurückziehen. Wenn einer oder beide Hoden nicht absteigen (was als Lageanomalie des Hodens bezeichnet wird), ist der Bulle wahrscheinlich steril, vor allem, wenn beide Hoden im Bauchraum bleiben, denn dann werden keine Spermien produziert. Diese Anomalie kann erblich sein, sodass Züchter diesen Bullen nicht zur Zucht verwenden, selbst wenn nur einer der beiden Hoden betroffen ist. Manchmal wird ein Bulle auch kastriert (d. h., die beiden Hoden werden entfernt), um die Fleischqualität zu verbessern, seine Aggressivität zu senken oder Paarungsverhalten zu verhindern.

Zusätzlich zu den Hoden trägt eine Reihe anderer Strukturen dazu bei, dass die Spermien zur Eizelle gelangen. Sobald die Spermien die Hoden verlassen, bewegen sie sich durch den Nebenhoden (Epididymis), wo sie 10–15 Tage verbringen und in Vorbereitung auf die Befruchtung heranreifen. Anschließend gelangen sie in den Samenleiter (Ductus deferens), der die Spermien in den Harnleiter (Urethra) befördert, der bis zur Penisspitze zieht. Eine Vasektomie ist ein chirurgischer Eingriff, bei der der Samenleiter durchtrennt und damit die Abgabe von Spermien unterbunden wird (Sterilisation). Diese Bullen können dazu eingesetzt werden, Weibchen in Hitze zu identifizieren, denn anders als kastrierte männliche Tiere (Ochsen) produzieren sie noch immer Geschlechtshormone. Ebenfalls wichtig sind die akzessorischen Geschlechtsdrüsen, die Spermasekrete produzieren. Wenn durch die Arterien mehr Blut in den Penis gelangt und die Flexura sigmoidea sich ausdehnt, ist der Penis bereit, Sperma in die Scheide (Vagina) der Kuh oder in eine der Vorrichtungen zum Sammeln von Sperma für die künstliche Besamung abzugeben.

# Die Biologie des Züchtens

Kühe haben einen Ovarialzyklus von durchschnittlich 21–22 Tagen (zwischen 18 und 24 Tagen); bei Färsen ist er mit 20 Tagen etwas kürzer. Bei der Kuh wird die Eizelle freigesetzt, ganz gleich, ob die Kuh begattet wurde oder nicht. Das ist für moderne Zuchtbetriebe besonders praktisch, da man künstliche Besamung einsetzen kann.

## DIE ZUCHTREVOLUTION

Die künstliche Besamung (Insemination) hat die Rinderzuchtindustrie in den letzten sechs Jahrzehnten revolutioniert. Das Sperma fruchtbarer, gesunder männlicher Rinder wird gesammelt, zum Schutz der Spermien mittels einer Flüssigkeit, die Nähr- und Schutzstoffe enthält, verdünnt (Semen Extender) tiefgefroren und als tiefgefrorene Proben portionsweise in speziellen Plastikröhrchen aufbewahrt, die weltweit versandt werden können. Vor einigen Jahren produzierte Indien, das Land mit den meisten Rindern, 66 Mio. solcher Gefrierspermaportionen, was den Bedarf von 20–25 % der zuchtfähigen Rinderpopulation abdeckte. Im Jahr 2018 wurden rund 1,5 Mio. Portionen Gefriersperma an die Rindfleischindustrie und fast 22 Mio. an die Milchviehindustrie in den USA verkauft. Die Kosten im Zusammenhang mit dem Kauf des Spermas und dem Service von Dienstleistern, die auf künstliche Besamung spezialisiert sind, belaufen sich auf rund 40–60 Dollar für jedes lebend geborene Kalb. Diese Preise schwanken weltweit stark, und die Spermapreise unterscheiden sich von Bulle zu Bulle. Ein preisgekrönter Bulle mit einer guten Spermaqualität und nachgewiesenen hohen Fertilitätsraten erzielt pro Spermaportion höhere Preise als andere Bullen.

Wie Studien gezeigt haben, werden Anzahl und Beweglichkeit der Spermien von der Gewinnungsmethode sowie die Anzahl und Häufigkeit der Entnahmen bei jedem Bullen beeinflusst – selbst die Tageszeit spielt eine Rolle. Der frühe Morgen, wenn es ruhig ist

**Unten** *Tiefgefrorenes Sperma kann in Plastikröhrchen gespeichert und in speziellen, mit flüssigem Stickstoff gefüllten Behältern aufbewahrt werden. Dank neuerer Techniken beim Sammeln und Aufbewahren von Sperma hat sich die Qualität der künstlichen Besamung verbessert.*

und es wenig Ablenkung gibt, passt am besten zur natürlichen Biologie des Bullen und liefert daher am ehesten Sperma in guter Qualität und Menge. Die Gewinnung des Spermas geschieht in der Regel mithilfe einer künstlichen Vagina, durch Elektrostimulation oder durch eine transrektale Massage der akzessorischen Geschlechtsdrüsen. Viele wissenschaftliche Untersuchungen in den letzten Jahrzehnten haben sich nicht nur auf die angewandten Methoden der Gewinnung konzentriert, sondern auch darauf, wie das Sperma gespeichert wird. Inzwischen ist die künstliche Besamung ein hocheffizientes und in vielen Ländern häufig verwendetes Verfahren.

Die künstliche Besamung hat aber auch Nachteile. Man benötigt eine Spezialausrüstung, sie kann, wenn sie nicht sorgfaltig überwacht wird, den Genpool verarmen lassen, dazu führen, dass die Anzahl der Bullen weltweit sinkt, erfordert viel Wissen über den weiblichen Reproduktionszyklus und kann, wenn die männlichen Rinder nicht getestet werden, Krankheiten verbreiten. Aber auch die natürliche Fortpflanzung ist nicht ohne Risiko: Sie kann ebenfalls Krankheiten verbreiten, kann den Genpool auf bestimmten Farmen reduzieren, wenn es dort nur eine begrenzte Zahl von Bullen gibt, und die Kühe können leichter verletzt werden. Auf der Plusseite steht, dass künstliche Besamung in der Regel die Trächtigkeitsraten erhöht; wenn ein Zuchtbulle stirbt, lässt sich sein verbliebenes Sperma zudem noch weiterhin nutzen; weibliche Rinder, die sich der natürlichen Methode widersetzen, lassen sich oft künstlich befruchten; die Dokumentation der Abstammung ist oft einfacher, und selbst ältere und/oder verletzte Bullen können zur Zucht eingesetzt werden. Zudem kommt zunehmend gesextes Sperma zum Einsatz, also Sperma, das nach dem X- und dem Y-Chromosom aufgetrennt wurde. Das ist besonders in der Milchviehwirtschaft von Bedeutung, um die Zahl der weiblichen Kälber zu vergrößern bzw. der männlichen Kälber zu verringern. Diese Methode erlaubt auch, Samen von Bullen einer Fleischrasse bei Milchkühen zu verwenden, um Fleisch- und Milchrassen zu kreuzen.

**Unten** *Künstliche Besamung kann die Trächtigkeitsrate steigern, die Anzahl der weiblichen oder männlichen Kälber erhöhen, Sperma von Bullen in aller Welt verwenden und das Risiko für die Übertragung von Krankheiten vermindern.*

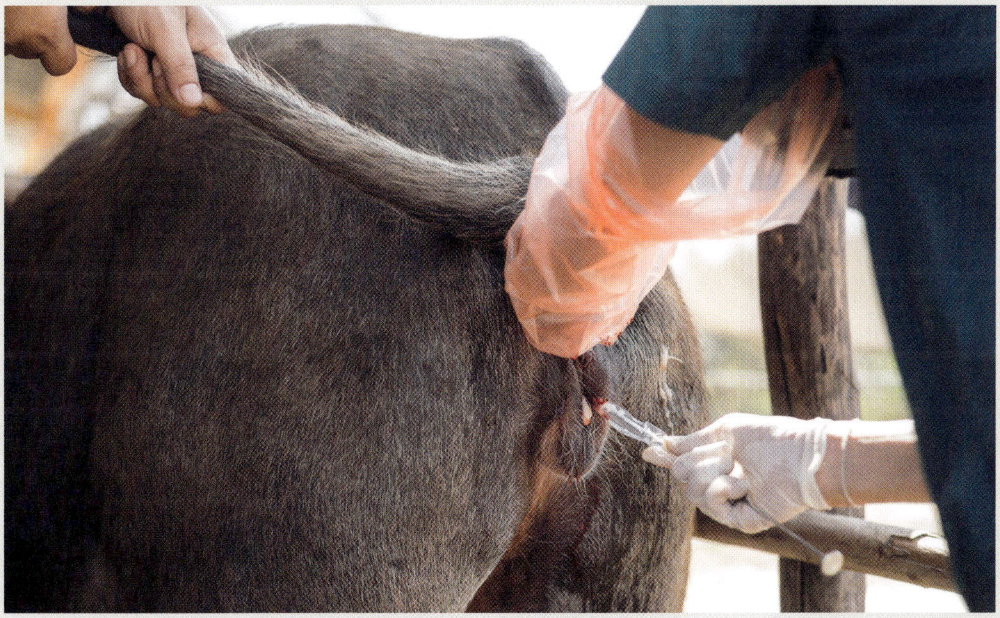

# Trächtigkeit

Der richtige Zeitpunkt für die Paarung ist entscheidend, wenn es darum geht, dass eine Kuh trächtig wird. Wie bei vielen weiblichen Säugetieren gibt es auch bei der Kuh eine bestimmte fruchtbare Zeitspanne. Ganz gleich, ob man der Kuh einen Bullen zuführt oder zu künstlicher Besamung greift, die Wahl des richtigen Zeitpunkts ist der Schlüssel zum Erfolg.

Ein geschlechtsreifer Bulle produziert ununterbrochen Sperma, bis zu 1,7 Milliarden Spermien pro Milliliter flüssiges Ejakulat. Diese Menge nimmt ab, wenn er häufiger an einem Tag kopuliert, und unterscheidet sich je nach Alter und Rasse des Bullen beträchtlich. Sie liegt jedoch sicherlich über der eines menschlichen Mannes, der 20–300 Millionen Spermien pro Milliliter produziert. Die Anzahl der Spermien ist gewöhnlich mehr als ausreichend für eine erfolgreiche Befruchtung.

Wenn man ein Zuchtprogramm plant, kann das Sperma vor dem Eisprung (Ovulation) in den Genitaltrakt der Kuh eingebracht werden und dort bis zu 34 Stunden lang überleben, was die Terminierung der Befruchtung ein wenig erleichtert. Allerdings muss das Sperma mindestens sechs Stunden im Uterus oder den Eileitern verbracht haben, um eine Eizelle zu befruchten; mit anderen Worten kann man sich bei der Besamung nicht auf diese letzten paar Stunden des Östrus verlassen, und es kann zu einer verringerten Erfolgsrate und einer verminderten Oocytenqualität kommen. In den ersten Tagen nach dem Östrus bluten viele Kühe aus der Vulva, doch die Fruchtbarkeit ist in dieser Lutealphase, die als Metöstrus bezeichnet wird, generell gering.

**Unten** *Es gibt drei Stadien des Kalbens: 1. Eröffnungsphase (der Muttermund weitet sich), 2. Austreibungsphase (das Kalb wird geboren), 3. Nachgeburtsphase (die Plazenta wird abgestoßen).*

*IM UTERUS*

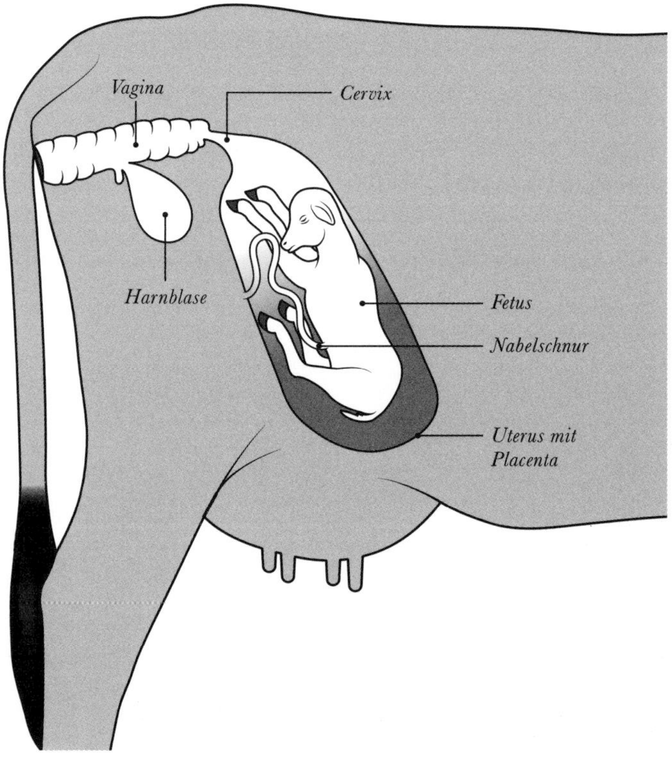

Was den Ovarialzyklus der Kuh angeht, so ist die Wahrscheinlichkeit für eine Trächtigkeit im Östrus am höchsten, doch diese Phase dauert im Durchschnitt nur 15 Stunden, mit einer Spannbreite von 6–24 Stunden. Bei jungen Färsen ist das Östrusstadium in der Regel kürzer als bei älteren Kühen. Zwar hält die aktuelle Östrusphase bei Kühen nur 18 Stunden an, doch Sperma kann eine ganze Weile im Körper der Kuh überdauern. Zu den Anzeichen, dass sich eine Kuh im Östrus (in Hitze) befindet, gehören das Einnehmen einer Haltung, die zum Bespringen einlädt, das Bespringen anderer Kühe, eine geschwollene oder gerötete Vulva, Brüllen und Schleimabgang.

## VON DER ZYGOTE ZUM FETUS

Die Trächtigkeitsdauer beträgt rund 282 Tage. Sie lässt sich oft durch Abtasten des Mastdarms (Rektum) feststellen, was man als rektale Palpation bezeichnet. Während der Trächtigkeit vergrößert sich ein Blutgefäß im Uterus, die Arteria uterina, und man kann sie fühlen, ebenso die Embryonalhüllen und den Fetus selbst. Sobald ein Spermium die Eizelle befruchtet hat, wandert die neu gebildete Zygote durch den Eileiter und entwickelt sich von Tag 4–55 im Uterus. Im Frühstadium der Trächtigkeit wird die Zygote als Embryo bezeichnet, später dann als Fetus.

Der Mutterkuchen (Plazenta) spielt für eine erfolgreiche Trächtigkeit eine Schlüsselrolle; er versorgt den Fetus mit Nährstoffen, Sauerstoff, Hormonen und anderem Nötigen, während er gleichzeitig Abfallprodukte wie Kohlendioxid und andere Ausscheidungsprodukte entsorgt. Die Plazenta beginnt sich an Tag 25 der Trächtigkeit zu entwickeln, etabliert sich bis Tag 40 und nimmt im Lauf der Trächtigkeit an Größe zu. Die Plazenta produziert auch ihre eigenen Hormone, um die Trächtigkeit aufrechtzuerhalten und deren Weiterentwicklung wie auch die des Fetus zu unterstützen. Die Plazenten von Rindern und Menschen übernehmen ähnliche Rollen und Funktionen, sehen aber ganz anders aus. Frauen haben eine einzige große Plazenta, die eine «fetale» und eine «maternale» Seite aufweist. Die Rinderplazenta besteht aus 70 bis 120 Plazentomen, von denen jedes gegen Ende der Trächtigkeit einen Durchmesser von 5–6 cm erreicht. Jedes Plazentom besteht aus zwei Teilen: Den fetalen Anteil bilden die Kotyledonen, den maternalen Anteil die Karunkeln. Beide Teile sind durch die Verschmelzung von maternalen und fetalen Membranen miteinander verbunden und sehen wie knopfartige Strukturen aus. Die Karunkeln sind am maternalen Uterus angeheftet und verbleiben dort auch nach der Geburt, wenn sich die Karunkeln von den Kotyledonen trennen und die Fetalhüllen und Kotyledonen innerhalb von 12 Stunden aus dem Körper ausgestoßen werden. Das wird oft als Nachgeburt bezeichnet.

**Unten** *Bei ihrer Geburt sind Kälber von Amnionflüssigkeit bedeckt, die von der Mutter abgeleckt wird. Kühe verzehren die Nachgeburt, um den Geruch von Blut zu entfernen, der Raubtiere anlocken könnte.*

# Milchbildung

Die Menge an Milch, die eine Kuh produzieren kann, ist von anderen Säugetieren unerreicht. Auch wenn die Biologie und Anatomie, die hinter der Milchproduktion von Rindern steht, viele Ähnlichkeiten mit anderen Säugern aufweist, handelt es sich gleichzeitig um einen höchst spezialisierten Prozess.

Das Euter der Kuh umfasst vier Milchdrüsen oder Mammarkomplexe: die rechte und die linke Hälfte des Euters, die wiederum in das vordere und das hintere Viertel unterteilt werden. Jeder Drüsenkomplex (Viertel) weist zahlreiche sogenannte Milchgänge auf. Diese Gänge bilden ein System zwischen speziellen Zellen, dem in Alveolen angeordneten Drüsenepithel (Drüsenendstücke), das seinerseits von Fett- und Bindegewebe gestützt wird und innerhalb einer Kapsel und Bändern (Ligamenten) liegt. Die Menge an milchbildendem Gewebe nimmt zu, wenn es durch Trächtigkeit und Hormone stimuliert wird, beispielsweise, wenn ein Kalb geboren wird und zu saugen beginnt, geht dann aber nach dem Entwöhnen des Kalbes wieder zurück. Jeder Milchdrüsenkomplex hat eine Zitze, an der das Kalb saugen kann. Bei Milchkühen wird Milch während des Melkprozesses mithilfe von Melkmaschinen aus den Zitzen gesogen.

**Unten** *Das Euter besteht aus vier Mammarkomplexen, und auch wenn diese unabhängig voneinander arbeiten, was Produktion und Freisetzung von Milch angeht, teilt sich jede Seite ihre Versorgung mit Nerven und Blutgefäßen.*

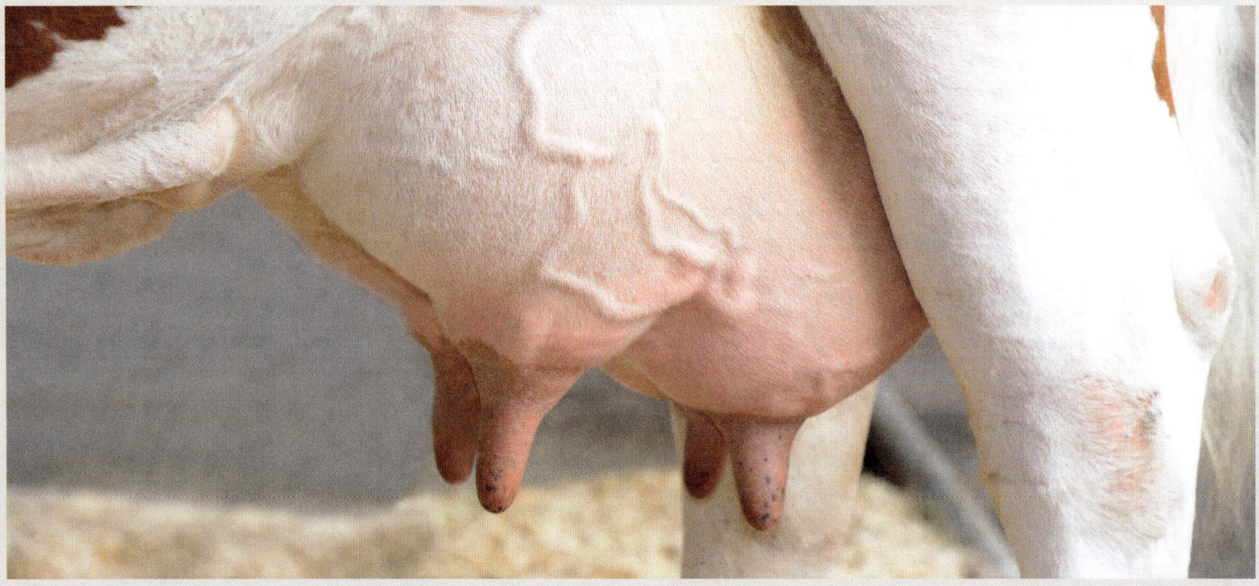

Auch wenn das Euter vier Viertel umfasst, die eigenständige Einheiten sind, arbeiten sie doch nicht völlig unabhängig. Jede Seite des Euters wird gemeinsam von Nerven und Blutgefäßen versorgt. Zudem gibt es Ligamente, die den sogenannten Aufhängeapparat bilden und das Gewicht des Euters tragen, und diese sind zwischen den Euterseiten ebenfalls verbunden. Das bedeutet, dass die beiden Euterhälften separat arbeiten können. Beispielsweise kann eine Hälfte des Euters im Fall einer Erkrankung von einem Tierarzt entfernt werden, und die verbleibende Hälfte kann weiterhin funktionieren. Das heißt jedoch, dass Nerven- oder Blutgefäßprobleme die gesamte Seite in Mitleidenschaft ziehen können.

*DAS EUTER*

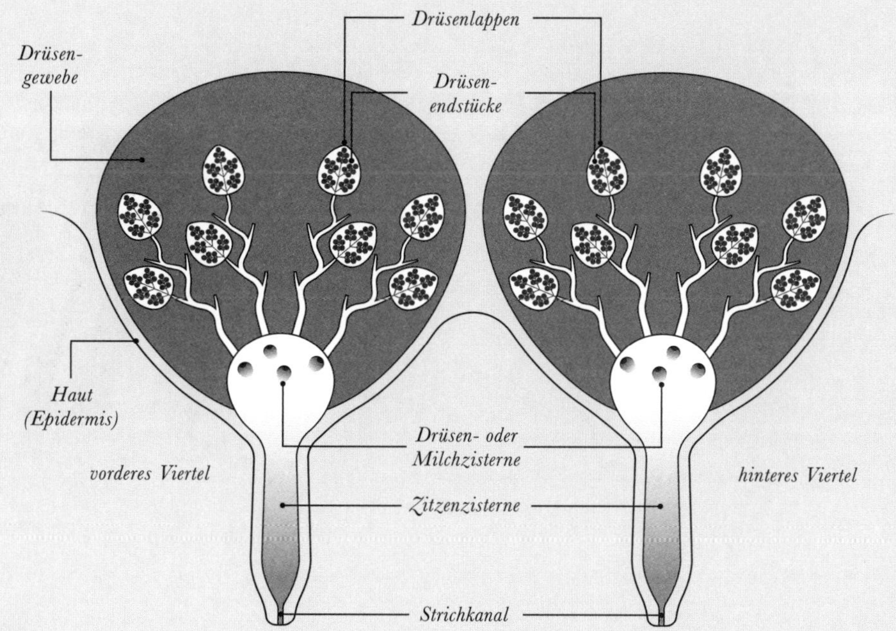


**Oben** *Die Drüsenlappen im Euter enthalten milchproduzierende Zellen, die sogenannten Alveolen der Milchdrüsen, das komplexe System von Gängen, die die Milch in die Zitze leiten.*

## EIN NETZWERK VON GÄNGEN

Die Milchgänge bilden ein komplexes Netzwerk und beginnen mit zahlreichen kleinen Gängen, die durch das ganze Gewebe ziehen und sich in immer größere Gänge und schließlich in einen einzigen großen Gang entleeren, der in die Zitze führt. Die Milch gelangt dann aus der Drüsenzisterne (auch Euter- oder Milchzisterne genannt), die direkt über der Zitze liegt, in die Zitzenzisterne. Die Drüsenzisternen können sich stark ausdehnen, wenn sie Milch speichern. Rund um die Zitzenzisterne spannt sich Muskelgewebe, das verhindert, dass die Milch aus der Zitze rinnt, ohne dass gesaugt wird. Wenn Milch das Euter tatsächlich verlässt, dann gelangt sie durch den Zitzen- oder Strichkanal zu einer Öffnung am Ende der Zitze, dem Ostium papillare, und tritt dort aus.

Auch wenn die Blut- und Nervengefäße und der Aufhängeapparat auf beiden Seiten des Euters miteinander verbunden sind, verläuft die Milchproduktion in jedem der Drüsenkomplexe separat und in den vier Drüsen unabhängig voneinander. Wenn daher ein Viertel unter Umständen keine oder weniger Milch produziert, können die anderen noch immer Milch erzeugen. Es gibt allerdings auch einige Faktoren, die die Milchproduktion in allen vier Drüsenkomplexen stoppen können.

Die Milchproduktion ist nicht nur für Kälber, sondern auch für Menschen überlebenswichtig, und das schon seit vielen Tausend Jahren. Seit Langem gilt Milch als wichtige Quelle für Proteine, Fett, Kalzium und Vitamine. Im Lauf der Zeit ist viel Mühe darauf verwendet worden, die Milchausbeute und -qualität zu steigern sowie Krankheiten und Störungen des Laktationssystems zu verstehen.

# Anatomie eines weiblichen Rindes

Die Anatomie des Rindes wird häufig in elf Systeme unterteilt:

1. **Integumentsystem**: Haut, Haare, Klauen, andere verwandte Gewebe.
2. **Skelettsystem**: Über 200 Knochen.
3. **Muskelsystem**: Wesentlich für Bewegung und Atmung.
4. **Nervensystem**: Umfasst das Gehirn, das Rückenmark und das periphere Nervensystem.
5. **Kreislaufsystem**: Herz und Blutgefäße.
6. **Lymphatisches System**: Netzwerk von Organen, Geweben und Gefäßen, die zum Abtransport von Abfallstoffen und zur Bekämpfung von Infektionen beitragen.
7. **Atmungssystem**: Umfasst die Lunge, sorgt für die Atmung, nimmt Sauerstoff auf und gibt Kohlendioxid ab.
8. **Endokrines System**: Produziert Hormone, die zur Kontrolle vieler Alltagsfunktionen beitragen.

9. & 10. **Verdauungs- und Exkretionssystem**: Dienen der Aufnahme und Resorption von fester Nahrung und Flüssigkeit sowie der Ausscheidung von Abfallprodukten.

11. **Fortpflanzungssystem**: Sorgt für die Produktion von Nachwuchs.

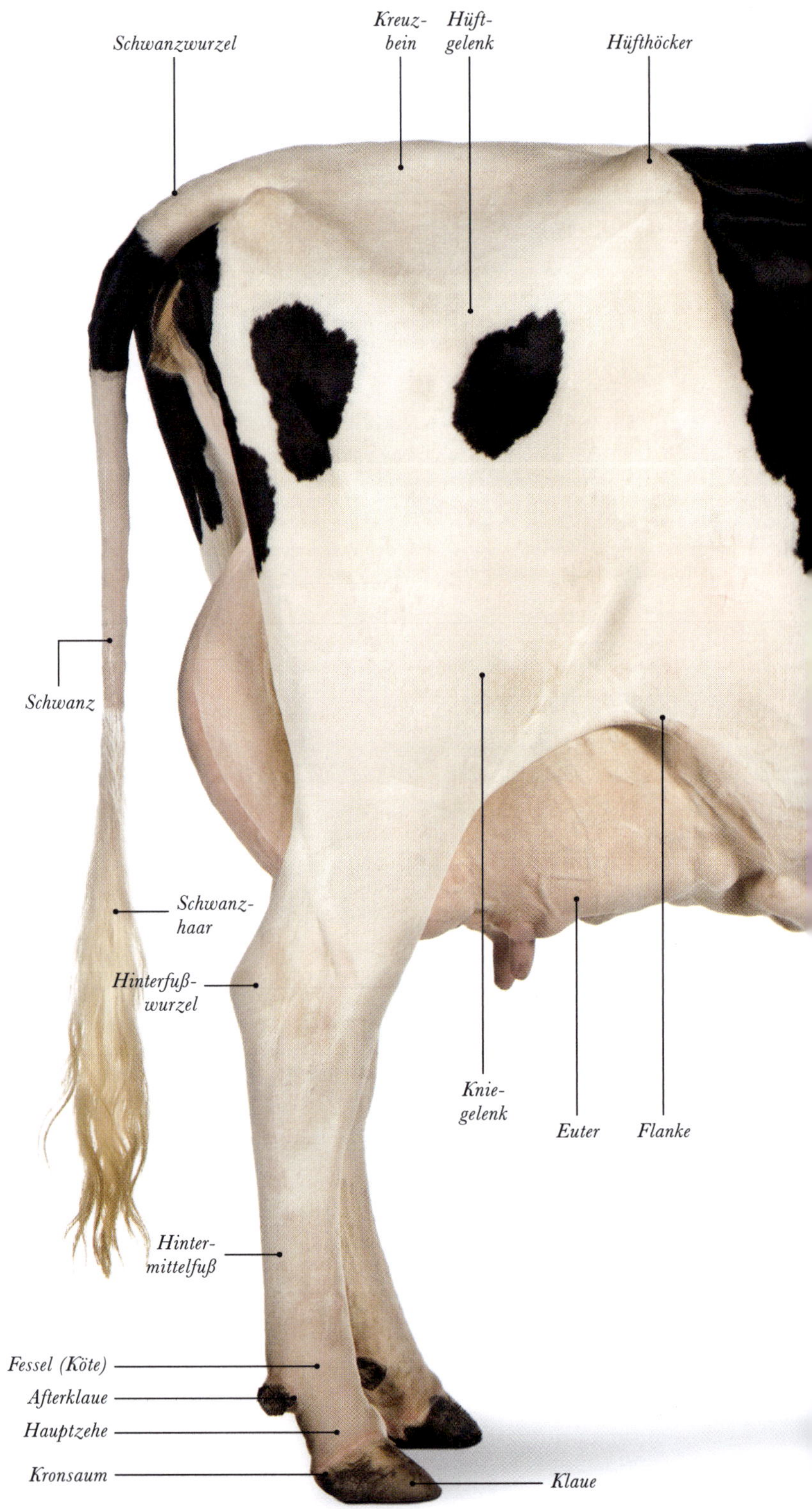


**Rechts** *Topografische Anatomie und äußerer Bau des Rinderkörpers. Die topografische Anatomie beschreibt Körperstrukturen nach ihrer räumlichen Lagebeziehung.*

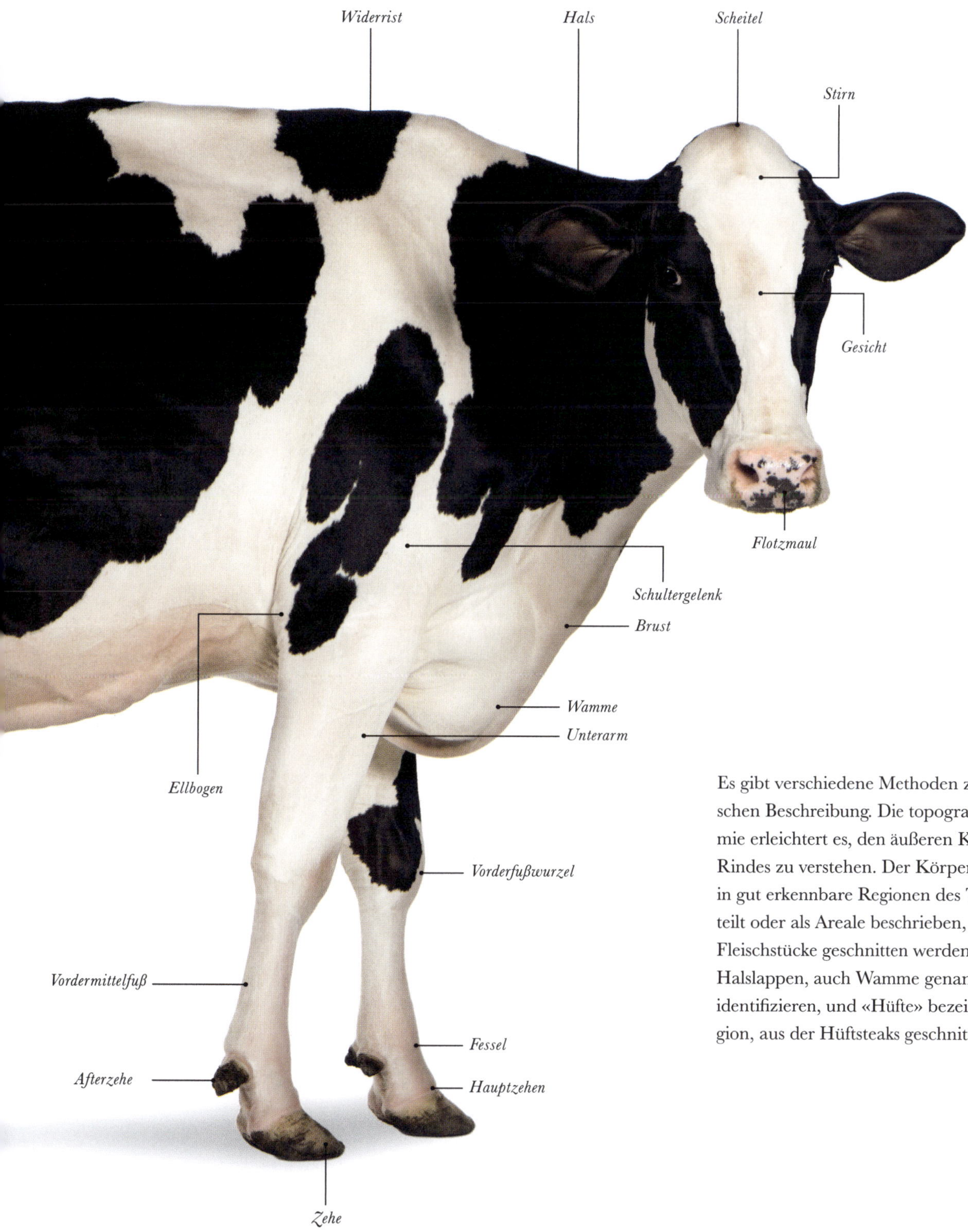


Es gibt verschiedene Methoden zur anatomischen Beschreibung. Die topografische Anatomie erleichtert es, den äußeren Körperbau des Rindes zu verstehen. Der Körper wird häufig in gut erkennbare Regionen des Tieres unterteilt oder als Areale beschrieben, aus denen Fleischstücke geschnitten werden. So ist der Halslappen, auch Wamme genannt, leicht zu identifizieren, und «Hüfte» bezeichnet die Region, aus der Hüftsteaks geschnitten werden.

# Das Skelett

Das Skelett sorgt dafür, dass das Rind stehen und sich bewegen kann, und schützt die inneren Organe im Körper. Über diese Grundfunktionen hinaus spielt das Skelett eine Schlüsselrolle dabei, das Tier gesund zu erhalten. Nicht nur, dass das Knochenmark Blutzellen produziert, sondern die Knochen unterstützen die Fettspeicherung und dienen als Reserve für wichtige Mineralstoffe, darunter Kalzium. Bei Rindern ist Kalzium nicht nur für starke Knochen unverzichtbar, sondern sie können zudem Kalzium freisetzen, wenn dies für die Milchproduktion gebraucht wird. Die Ernährung einer Kuh muss besonders in den späteren Phasen der Trächtigkeit und während des Säugens (Laktation) sorgfältig überwacht werden, um sicherzustellen, dass sie genug Kalzium zu sich nimmt. Rund 7–8 % aller Kühe pro Jahr leiden unter Kalziummangel (Hypokalzämie), auch Milchfieber genannt, wobei Rasse, Alter der Kuh, Laktationsstadium, Ernährung und Milchertrag alle eine Schlüsselrolle spielen und diese Prozentzahlen beeinflussen.

## KNOCHENENTWICKLUNG

Bevor sich im heranwachsenden Embryo Knochen bilden, entsteht Knorpelgewebe; es wird im Lauf der Zeit durch noch unreifes Knochengewebe ersetzt wird, das sich anschließend zu reifem Knochengewebe entwickelt. Diesen Vorgang nennt man Ossifikation, und er hört mit der Geburt nicht auf. Die Knochen des heranwachsenden Kalbes sind wie die der meisten jungen Säugetiere flexibler als die der Alttiere, denn sie besitzen mehr Knorpel- und weniger Knochengewebe – Rinder bilden da keine Ausnahme. Bei den größeren Rassen erstreckt sich das Knochenwachstum gewöhnlich über einen längeren Zeitraum als bei kleineren Rassen. Jeder Knochen entwickelt sich mit einer anderen Geschwindigkeit, und seine Entwicklung hängt von Faktoren wie Geschlecht, Rasse, Umweltbedingungen, Trächtigkeitsstatus und Nährstoffangebot ab. Bei 30 Monate alten Rindern sind die Lenden- und Brustwirbel noch gar nicht verknöchert; bei 42–72 Monate alten Tieren sind die Lendenwirbel hingegen gewöhnlich vollständig ossifiziert, während sich bei 96 Monate alten Tieren die Brustwirbel immer noch entwickeln.

Das Hormon Östrogen fördert bei Färsen die Knochenentwicklung; daher ist ihre Knochenentwicklung in der Regel weiter fortgeschritten als bei jungen Ochsen, und sie sind früher ausgewachsen. Ebenso haben Kühe, die bereits einmal gekalbt haben, in der Regel ein ausgereifteres Skelett als solche, die noch keinen Nachwuchs hatten. Dieser Effekt ist so stark, dass Rindern Östrogenimplantate eingepflanzt werden, um ihr Wachstum zu fördern, sodass sie rascher schlachtreif werden.

## KNOCHENWACHSTUM

Der Schädel besteht anfangs aus vielen getrennten Knochen, die sich gegeneinander verschieben, wenn der Fetus durch den Geburtskanal gepresst wird. Im Lauf der Zeit verschmelzen diese Knochen miteinander und bilden einen festeren Schädel.

Knochen können sich auch vergrößern, wenn sie stärker belastet werden, so müssen die Knochen eines schwer arbeitenden Ochsen wachsen, um der Muskulatur die nötige Ansatzfläche zu bieten. Bei erwachsenen (adulten) Rindern nehmen die Knochen an Umfang, nicht an Länge zu, doch die Knochen junger Rinder können in die Länge wie in die Breite wachsen.

## GESCHÄDIGTE KNOCHEN

Mikrofrakturen und Frakturen (Knochenbrüche) müssen das ganze Leben eines Rindes hindurch repariert werden. Dieser Prozess wird gewöhnlich von unreifem Knochengewebe («Faserknochen») durchgeführt, das die Hauptfraktur repariert und im Lauf der Zeit von ausgereiftem Knochengewebe ersetzt wird, um die Struktur zu stärken. Inzwischen mehren sich Hinweise darauf, dass Mikrofrakturen das Risiko für Lahmheit beim Rind erhöhen. Bei Rindern treten Knochenbrüche in der Regel gehäuft bei Tieren unter 12 Monaten auf. Frakturen der Langknochen, wie in den Extremitäten, werden oft nicht behandelt, es sei denn, dass Tier ist jung. Die betroffene Region kann durch Schienen, Gipsverbände bzw. durch interne oder externe Fixierungsmethoden immobilisiert werden. Ist eine Klaue verletzt, kann man zu ihrer Entlastung unter die andere Klaue einen Holzklotz kleben.

### *SKELETT EINES RINDES*

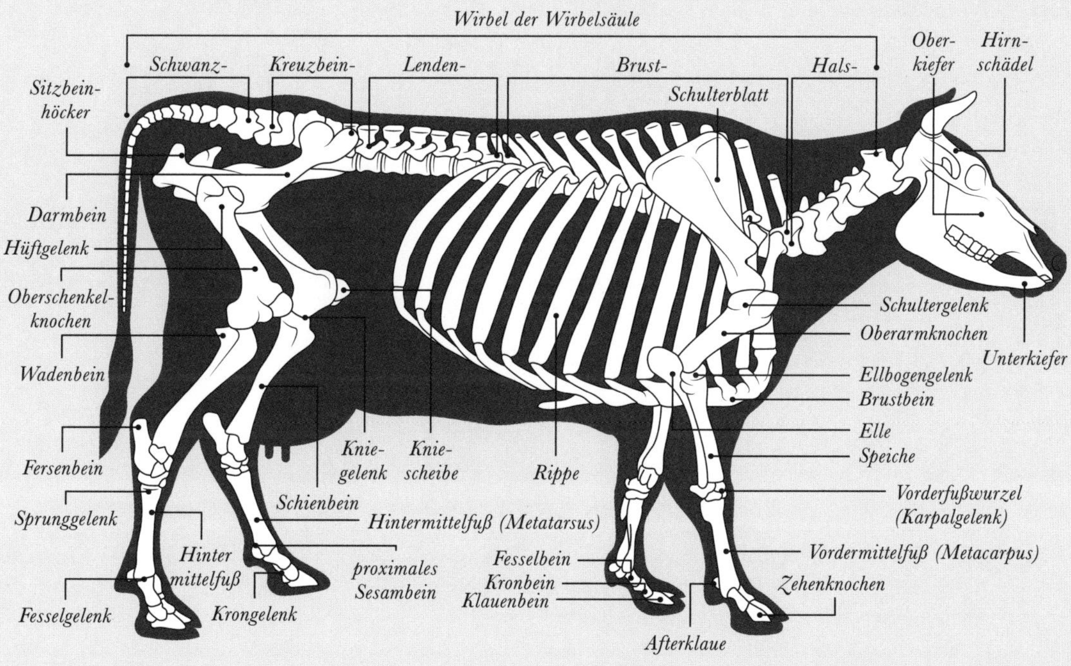


**Unten** *Das Skelett eines ausgewachsenen Rindes weist gewöhnlich 207 Knochen auf, was der Zahl beim erwachsenen Menschen entspricht.*

**Appendikularskelett** *Knochen der Gliedmaßen (Extremitäten).*

**Achsenskelett** *Knochen von Thorax, Wirbeln (einschließlich der Schwanzwirbel), Rippen und Brustbein.*

**Wirbelsäule** *49–51 Wirbel bilden die Wirbelsäule – 7 Hals-, 13 Brust-, 6 Lenden-, 5 Kreuzbein- und 18–20 Schwanzwirbel.*

**Schädel** *Macht starke Veränderungen während der Entwicklung vom Fetus zum Adulttier durch; das Hörnerwachstum verändert die Schädelanatomie noch weiter.*

**Visceralskelett** *Knochen in Weichgewebe, einschließlich der Ossa cordis (Herzknochen).*

# Kopf & Hörner

**Unten** *Im Lauf der Entwicklung vom neugeborenen Kalb bis zum adulten Rind verändert der Schädel seine Form, und zu weiteren Veränderungen kommt es beim Wachstum der Hörner.*

Kopf, Schädel und Hörner eines Rindes sind in vielen Kulturen von symbolischer Bedeutung. Bei einigen indigenen Stämmen in Nordamerika ist der Rinderschädel ein Sinnbild für lebenslangen Schutz vor den Elementen, Sportteams benutzen ihn, um Kraft und Macht zu verkörpern, und indigene Balinesen stellen aus Schädeln traditionellerweise Kunstwerke her, sodass sie nicht vergeudet werden. Die Hauptaufgabe des Schädels beim Rind besteht darin, das Gehirn zu schützen, Sinnesorganen wie Augen, Ohren und Nase ein Zuhause zu bieten und Eingangspforten für den Verdauungs- und den Atmungstrakt zu liefern, sodass Nahrungs- und Wasseraufnahme wie auch Atmung möglich werden.

Der Schädel wird in zwei Abschnitte eingeteilt: in den Hirnschädel (hinten), der das Gehirn umgibt, und den Gesichtsschädel (vorn). Der Schädel setzt sich aus den Knochen Hinterhauptsbein, Schläfenbein, Scheitelbein und Stirnbein zusammen. Bei gehörnten Rindern weist das Stirnbein viele Knochenfortsätze auf; aus diesen können sich schließlich Hörner entwickeln. Die Gesichtsregion unterteilt sich in die Orbitalregion (rund um die Augen), die Nasalregion (im Bereich der Nase) und die Oralregion (im Mundbereich, mit Unterkiefer und Zähnen).

*SCHÄDEL DES RINDES*

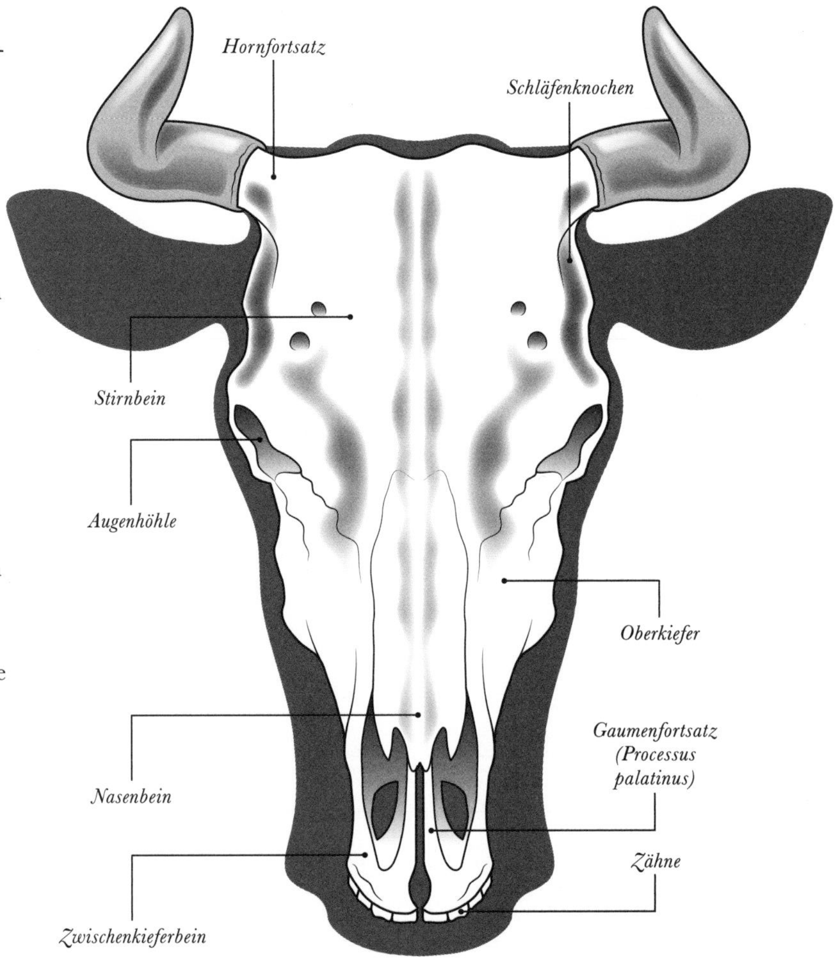

## REKORDBRECHER

Die Hörner enthalten einen zentralen Knochenzapfen, den Hornfortsatz, der, wenn das Tier 6 Monate alt ist, hohl ist. Diese Struktur ist von einer verdickten Haut umgeben. Während manche Tierarten Hörner haben, tragen andere ein Geweih, wie es Hirsche tun. Ein Geweih ist nur zeitweilig vorhanden, beispielsweise in der Brunftzeit, anschließend werden die Geweihstangen abgeworfen, und dem Träger wächst im Folgejahr ein neues Geweih: Hörner sind hingegen permanente Strukturen. Ihre Größe kann beeindruckend sein. Der gegenwärtige Rekordhalter für die längsten Hörner mit einer Spannweite von 262,5 cm ist ein Texas Longhorn-Bulle namens Cowboy Tuff Chex. Dieser preisgekronte Bulle wurde fur 165 000 US-Dollar verkauft, und jede seiner Spermienproben kostet 325 US-Dollar. Die längsten, jemals offiziell vermessenen Hörner maßen jeweils 140 cm und hatten einen Umfang von 79 cm. Leider mussten sie operativ entfernt werden, denn der Träger, ein indischer Bulle namens Gopal, litt ihretwegen unter gesundheitlichen Problemen. Den Rekord für die größte Spannweite hält Poncho Via, ein Texas-Longhorn-Bulle in Alabama mit 3,24 m, doppelt so breit wie ein großer Konzertflügel. Da er erst sieben Jahre ist, können seine Hörner noch weiter wachsen. Aber selbst wenn das der Fall ist, ist es unwahrscheinlich, dass er den Allzeit-Rekord für die längsten Hörner im Tierreich bricht. Dieser Rekord gebührt einem in Indien lebenden asiatischen Wasserbüffel *(Bubalus arnee)*, der es 1955 auf eine wirklich erstaunliche Spannweite von 4,22 m brachte. Ein Ankole-Watusi-Ochse namens Lurch wies mit 95,25 cm den größten Hornumfang aus; später starb er am Krebs, der sich in seinen Hörnern entwickelte. Der Bulle mit dem größten Umfang war CT Woodie, ebenfalls ein Ankole-Watusi, dessen Hörner einen Umfang von 103,5 cm aufwiesen. Wegen ihres unterschiedlichen Hormon- und Wachstumsniveaus werden die Hörner von Bullen und Ochsen separat verglichen.

### HORNLOS?

Ein weit verbreitetes Missverständnis ist, dass weibliche Rinder keine Hörner tragen, aber das stimmt nicht. Ihre Hörner sind in der Regel kleiner als die der männlichen Rinder, doch ob ein Tier Hörner trägt oder nicht, ist eine Frage der Genetik und der Rasse statt des Geschlechts.

Einige Rinderrassen sind von Natur aus hornlos (genetisch hornlos, *Polled*), bei anderen werden die Hörner künstlich entfernt (Enthornen) oder an der Entwicklung gehindert, indem die Hornanlagen zerstört werden (Entknospen oder Veröden); oft geschieht dies mit tierärztlicher Hilfe. Rinder werden meist aus Sicherheitsgründen enthornt oder entknospt, denn die Hörner können andere Tiere oder Menschen, die mit ihnen umgehen, gefährden. Manchmal werden die Hörner der Rinder auch entfernt, um die Tiere vor Gesundheitsproblemen zu bewahren, die mit Hörnern einhergehen – wenn die Hörner beispielsweise zu groß und schwer werden, abbrechen, kanzerogen werden oder Infektionen verursachen. Entknospen ist üblicher als Enthornen, denn Letzteres kann schmerzhaft für das Tier sein. Ein operativer Eingriff wird eher bei älteren Tieren vorgenommen; die Hornanlagen werden hingegen oft kauterisiert (verödet), oder es wird eine Paste aufgetragen, die das Hornwachstum verhindert.

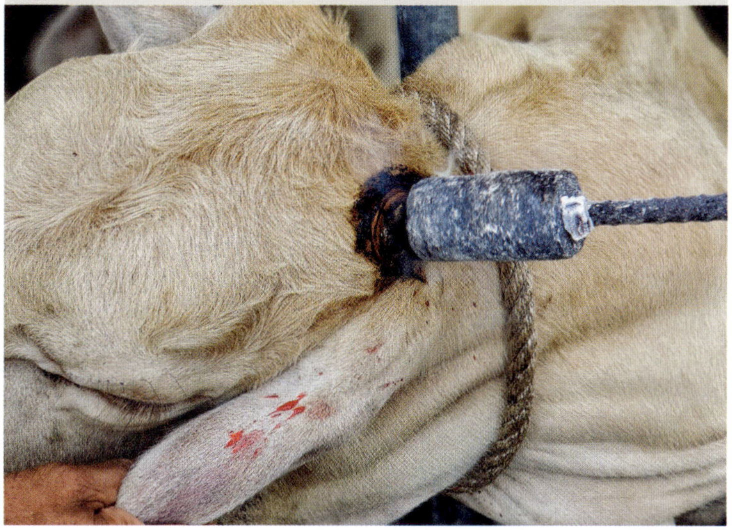

# Zähne & Kiefer

Der adulte Rinderkiefer enthält vier Zahntypen: Schneidezähne (Incisivi), Eckzähne (Canini), Vorbackenzähne (Prämolaren) und Backenzähne (Molaren). Insgesamt sind es 32 Zähne, sechs Prämolaren und sechs Molaren im Oberkiefer und sechs Schneidezähne, zwei Eckzähne, sechs Prämolaren und sechs Molaren im Unterkiefer. Die Milchzähne der Kälber sehen ganz anders aus; das Milchgebiss besteht aus sechs Prämolaren im Ober- und im Unterkiefer, zwei Eckzähnen im Unterkiefer und sechs Schneidezähnen im Unterkiefer. Die oberen Schneidezähne und Eckzähne fehlen bei Rindern und auch bei den meisten anderen domestizierten Wiederkäuern. Sie sind durch eine Gaumenplatte ersetzt, die aus Bindegewebe mit einem stark verhornten Epithel besteht.

**Rechts** *Die Zähne von Rindern sind gut an pflanzliche Ernährung angepasst, bei der sie Gras vom Boden rupfen und gegen den Gaumen drücken.*

Die Zähne sind bei Rindern ähnlich aufgebaut wie bei anderen Säugetieren, mit einer Zahnkrone, die über das Zahnfleisch hinausragt, einer Zahnwurzel, die im Kiefer verankert ist, und einer Zahnhalsregion, die beides verbindet. Die Zahnkrone ist von Zahnschmelz überzogen, es folgt eine Schicht Dentin, dann die Zahnhöhle, und die Zahnwurzel ist von Zement überzogen. Anhand der Zahnstruktur lässt sich das Alter eines Rindes feststellen. Die permanenten ersten beiden Sätze der drei Schneidezähne brechen zu unterschiedlichen Zeiten durch: mit 1,5–2 Jahren der Schneidezahn, der als I1 bezeichnet wird, mit 2–2,5 Jahren der Schneidezahn I2, mit 3 Jahren der Schneidezahn I3, und die beiden Reckzähne brechen mit 3,5–4 Jahren durch. Rinder unterscheiden sich von Fleischfressern auch insofern, als ihre Schneide- und ihre Eckzähne ähnlich geformt sind; einige Experten sind der Ansicht, bei den Eckzähnen handele es sich tatsächlich um den vierten Satz Schneidezähnen bei Rindern. Diese Schneide- und Eckzähne, die als brachydonte Zähne bezeichnet werden, wachsen voll aus und brechen erst dann durchs Zahnfleisch durch. Im Gegensatz dazu sind die Prämolaren und die Molaren (die oft gemeinsam als Backenzähne bezeichnet werden), hypsodont und wachsen nach dem Durchbrechen weiter. Mit zuneh-

**Oben** *Zähne sind besonders für die Altersbestimmung von Kühen nützlich, da die verschiedenen Zahntypen mit unterschiedlicher Geschwindigkeit wachsen und sich unterschiedlich schnell abnutzen.*

mendem Alter nutzen sich die Zähne ab und verlieren an Schärfe.

Der Unterkiefer (Mandibula) eines Rindes ist im Vergleich zum Oberkiefer (Maxilla) relativ schmal. Die Kaubewegung erfolgt bei Rindern seitlich, was bedeutet, dass die Zähne sich beim Wiederkäuen mit derselben Geschwindigkeit abnutzen, denn beim Wiederkäuen wird erst die eine, dann die andere Seite des Kiefers beansprucht. Beim Weiden drücken Rinder das Gras mit ihren Zähnen im Unterkiefer gegen das Munddach (den harten Gaumen). Der harte Gaumen ersetzt die Zähne im Oberkiefer und findet sich bei vielen Pflanzenfressern (Herbivoren), wie Hirschen, Schafen und Giraffen.

*GEBISS DES RINDES*

**Rechts** *Jeder Zahn hat eine Krone, einen Hals und eine Wurzel. Rinder verfügen über Schneide- und Eckzähne, Prämolaren und Molaren. Bei diesem Rind ist der Eckzahn noch nicht zu sehen, daher ist es wohl jünger als 3,5 Jahre.*

## KAUEN

Zähne, Kiefer, Zunge und Muskeln am Kopf, wie die Kaumuskeln (Musculus masseter und M. temporalis) ermöglichen dem Rind, seine Grasnahrung aufzunehmen und wiederzukäuen. Die Muskeln am Rinderkopf unterscheiden sich von denjenigen von Fleischfressern, denn sie befähigen das Rind, seine Nahrung zu zermahlen, statt einfach abzubeißen und zu kauen, wie es Raubtiere tun. Der Temporalis ist bei Fleischfressern größer. Im Gegensatz dazu haben Rinder einen sehr stark ausgebildeten Masseter in der Wangenregion, der für das Kauen eine entscheidende Rolle spielt. Es gibt drei Hauptdrüsen – Ohrspeicheldrüse, Unterkieferspeicheldrüse und Unterzungenspeicheldrüse –, die Speichel produzieren und dem Rind ermöglichen, trockenes Futter zu fressen, sowie Enzyme, die dazu beitragen, die Nahrung abzubauen.

Da das Maul im Alltagsleben eine so wichtige Rolle spielt, werden Tiere, die mit schweren Fehlbildungen geboren werden, wie einer Gaumenspalte, in der Regel euthanisiert, um dem Tier Leid zu ersparen. Wenn Milch beim Saugen in die Nasenöffnungen gerät, zeigt das dem Landwirt an, dass der Gaumen untersucht werden sollte. Wie bei den meisten anderen Tieren können Zähne, Kiefer und Weichgewebe verletzt oder infiziert werden. Erkrankungen wie Aktinomykose («Lumpy Jaw»), Aktinobazillose («Holzzunge») und Nekrobazillose sind allesamt bakterielle Erkrankungen, die sich mit Antibiotika behandeln lassen. Die Aktinomykose ist eine Infektion, die auftritt, wenn permanente Backenzähne durchbrechen und es zu einer Verletzung in diesem Bereich kommt. Die Erkrankung ist sehr schmerzhaft und verringert den Milchertrag, denn dem Tier fällt es schwer, faserhaltige Nahrung zu

### *MUSKELN UND DRÜSEN FÜRS KAUEN*

**Unten** *Zwei der wichtigsten Kaumuskeln sind der Temporalis (Schläfenmuskel) und der Masseter (Kaumuskel). Der Masseter, bei dem auf diesem Bild der obere Anteil entfernt wurde, ist bei Pflanzenfressern sehr groß. Der tief liegende Schläfenmuskel ist nur zum Teil freigelegt.*

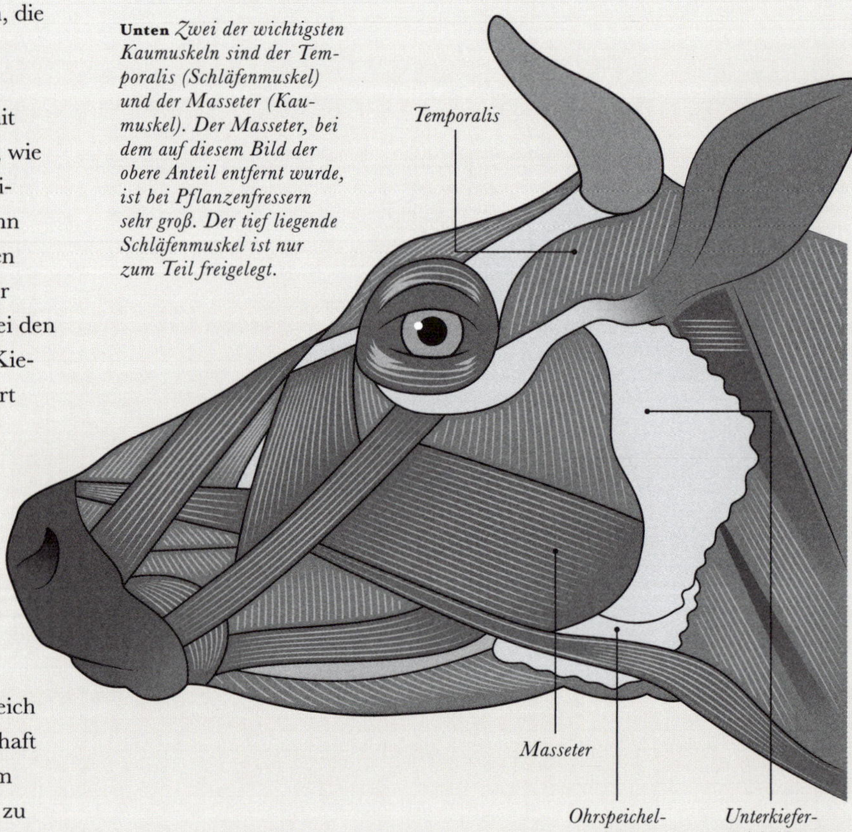

**Oben links** *Wiederkäuen ist für Rinder unverzichtbar, nicht nur, um ihre Nahrung mechanisch zu zerkleinern, sondern auch, um sie chemisch, mittels Enzymen im Speichel, abzubauen.*

**Oben** *Nur selten erholt sich ein Rind vollständig von einer Aktinomykose. Zu dieser Infektion kommt es, wenn Zähne durchbrechen oder aufgrund einer Verletzung in dieser Region.*

konsumieren. Zwar lässt sich die Infektion mit Antibiotika behandeln, doch die meisten Tiere mit Aktinomykose werden geschlachtet, denn das Risiko ist hoch, dass die Infektion wiederkehrt oder zeitweilig in Remission geht. Aktinobazilloseinfektionen führen zu einer schmerzhaft geschwollenen Zunge. Zu den Symptomen, die bei einer Nekrobazillose auftreten, gehören ein Anschwellen der Wangenregion und ein exzessiver Speichelfluss. Wird die Infektion nicht behandelt, kann sie sich ausbreiten und schließlich zum Tod führen.

Kieferfrakturen sind ungewöhnlich, denn der Unterkiefer (Mandibula) ist relativ stark, doch sie können bei einem Zusammenstoß mit Landmaschinen entstehen. Im Lauf der Geburt kann der Kiefer bei dem Versuch gebrochen werden, den Kopf des Kalbes während einer schwierigen Geburt oder bei einer Lageanomalie neu zu positionieren. Kiefernbrüche können behandelt werden, indem man das Tier einsperrt, es mit weicher Nahrung füttert und gleichzeitig mit Antibiotika behandelt, und es gibt komplexe chirurgische Verfahren, um einen gebrochenen Kiefer zu richten, doch bei schweren Bruchen wird das Tier in der Regel euthanasiert.

Die meisten Halter putzen ihren Rindern nicht die Zähne; die Mundhygiene und -pflege konzentriert sich auf die Kontrolle von Zähnen und Mundraum auf Infektionen. Rinder ernähren sich von faserreichem Material, das ihre Zähne wie eine natürliche Zahnbürste säubert.

## SELTSAM, ABER WAHR

- Präsident George Washington trug künstliche Gebisse, die aus Rinder-, Flusspferd- und Walrosszähnen gefertigt waren.
- Rinderzähne und -schädel werden weltweit zu Dekorationszwecken und zur Schmuckherstellung verkauft.
- Einige Zahnpasten werden aus Rinderprodukten wie Dung, Ghee und Urin hergestellt und enthalten oft Milch.
- Rinderzähne können in Wasser gekocht und die resultierende Flüssigkeit zu medizinischen Zwecken verwendet werden.

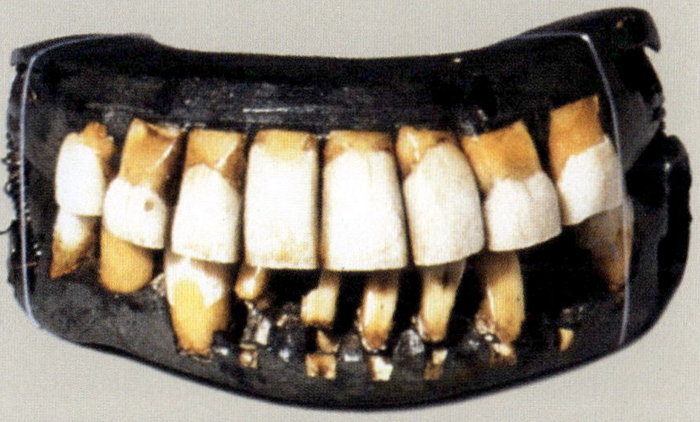

*George Washingtons Zähne*

# Nahrungsaufnahme & Verdauungssystem

Da der Körper die aufgenommene Nahrung nicht direkt nutzen kann, braucht er ein Verdauungssystem. Die Nahrung muss zu Aminosäuren, Fettsäuren und einfachen Zuckern (Monosachariden) abgebaut werden, sodass jede Zelle die Kohlenhydrate, Proteine und Fette in der Nahrung nutzen kann. Das Maul nimmt die Nahrung auf und produziert Speichel, um mithilfe von Enzymen im Speichel mit dem Abbau der Nahrung zu beginnen. An dieser Stelle unterscheidet sich das Verdauungssystem ein wenig von dem anderer Säuger. Rinder verfügen im Speichel über ein Enzym namens Lysosom und eine Speichel-Amylase, das man auch bei Pferden und Schweinen findet, während die meisten Wiederkäuer keine Amylase produzieren. Um mit ihrer trockenen, faserreichen Nahrung zurechtzukommen, müssen Rinder rund 200 Liter Speichel pro Tag produzieren – beim Menschen sind es nur 1–2 Liter pro Tag.

**Unten** *Rinder nehmen oft trockenes Futter wie Heu zu sich, daher müssen ihre Speicheldrüsen mehr als 100 l Speichel pro Tag produzieren.*

Zusätzlich zum chemischen Abbau der Nahrung mithilfe von Speichelenzymen fördert der Prozess des Kauens selbst den Abbau mechanisch, denn er sorgt für eine größere Oberfläche, an der die Enzyme angreifen können. Die Lippen von Rindern sind nicht so weich wie die anderer Säuger, zum Beispiel Pferden, daher sind sie weniger flexibel, doch sie sind ebenso wie die Zunge gut geeignet, um Gras abzurupfen. Die Zunge ist sehr muskulös, sodass sie sich leicht in alle Richtungen bewegen und Nahrung leicht ergreifen und manipulieren kann. Ihre Rauigkeit verdankt die Zunge zahlreichen kleinen Auswüchsen, sogenannten Papillen. Bei Rindern findet man fadenförmige, pilzförmige und konische Papillen sowie Wallpapillen. Konische Papillen gibt es nur bei Wiederkäuern

**Rechts** *Die Zunge dient nicht nur dazu, Nahrung zu ergreifen, sondern enthält auch Papillen, die als Geschmacksknospen bezeichnet werden. Sie führen dazu, dass die Rinderzunge sich rau anfühlt.*

**Unten** *Rinderspeichel enthält die Enzyme Lysozym und Speichel-Amylase. Nach dem Kauen wird die Nahrung heruntergeschluckt, zum Wiederkäuen später aber wieder hochgewürgt.*

wie Rindern, während fadenförmige Papillen bei Rindern weitgehend fehlen (bei einigen Individuen jedoch vorhanden sind); sie finden sich aber bei Pferden, Schweinen und Hunden. Die fadenförmigen und die konischen Papillen enthalten keine Geschmacksknospen, wohl aber die anderen Typen.

Sobald sich die Nahrung im Maul befindet, muss sie den Rachen (Pharynx) passieren. Dieser Bereich enthält Muskeln, die sicherstellen, dass Wasser und Nahrung in die Speiseröhre weitergeleitet werden, während die Luft in die Luftröhre gelangt. Wie Menschen weisen auch Rinder in dieser Region Mandeln (Tonsillen) auf; man unterscheidet zwischen Rachenmandeln, Tubenmandeln, Zungenmandel und Gaumenmandeln. Die Gaumenmandeln sind diejenigen, die wir mit Mandelentzündung assoziieren, und sie liegen bei Rindern an einem ähnlichen Ort. Die Mandeln werden häufig mit Immunabwehr und der Bekämpfung von Infektionen in Verbindung gebracht. Die Mandeln von Rindern können sich infizieren, in welchem Fall sie nicht in die Nahrungskette gelangen oder von Menschen verzehrt werden sollten.

## IN DEN MAGEN … UND WEITER

Nach dem Herunterschlucken muss die Nahrung durch die Speiseröhre (Ösophagus) in den Magen transportiert werden. Auch wenn viele Leute meinen, Rinder hätten vier Mägen, handelt es sich eigentlich um einen einzigen Magen mit vier Regionen. Bei den meisten Säugern wird der Magen in vier Abschnitte unterteilt, die als Ösophagusregion, Kardia- (Mageneingang), Fundus- (Magengewölbe) und Pylorus-Region (Pförtner) bezeichnet werden. Bei Rindern weist die Ösophagusregion drei Teile auf, nämlich Reticulum (Netzmagen), Pansen (Rumen) und Blättermagen (Psalter oder Omasum); diese drei werden als Vormagen bezeichnet. Scharfe oder metallene Objekte, die von Rindern verschluckt werden, verfangen sich oft im Netzmagen und können dort verbleiben oder die Auskleidung des Magens durchbohren. Netzmagen und Pansen gemeinsam sind sehr groß und können bei einem adulten Rind 110–235 Liter fassen. Nahrung gelang in den Vormagen, wird von Bakterien verdaut und gelangt dann in die Drüsenregionen des Magens, die Kardia-, Fundus- und Pylorus-Region, die gemeinsam auch als Abomasum (Labmagen) bezeichnet werden und den eigentlichen Magen bilden. Bei Kälbern wird die Milch am Pansen vorbeigeleitet und gelangt direkt in den Labmagen.

Bakterien sind für Rinder überlebenswichtig. Säugetiere können pflanzliche Nahrung nicht direkt abbauen, weil ihnen das dazu nötige Enzym, Cellulase, fehlt. Das ist für Rinder, die reine Pflanzenfresser sind, ein Problem. Daher beherbergen Rinder in ihrem Verdauungssystem Bakterien und andere Mikroorganismen und produzieren Cellulase; diese Art der Verdauung nennt man Fermentation. Bakterien produzieren auch B-Vitamine, Vitamin K und Aminosäuren und stellen selbst eine Proteinquelle dar. Diese fermentative Verdauung erzeugt rund 30–50 Liter Gas pro Stunde, darunter Methan und Kohlendioxid. Rinder rülpsen, um diese Gase loszuwerden, denn deren Ansammlung kann zu Meteorismus oder Blähsucht führen. Bei Blähsucht erhöht sich der Druck im Körper des Tieres und kann zu Störungen der Herz- und Lungenfunktion führen, was schließlich mit dem Tod endet. Dieses Problem wird häufig durch den Verzehr von zu viel Hülsenfrüchten (Leguminosen) hervorgerufen. Wenn erste Symptome auftreten, wie eine aufgeblähte linke Abdomenseite, Unwillen, zu weiden und sich zu bewegen, rasche Atmung und allgemeines Unwohlsein, kann man das Tier mit Anti-Meteorismus-Medikamenten behandeln. Das Risiko lässt sich mindern, wenn man Weiden mit Leguminosen wie Klee meidet, ebenso durch eine vermehrte Fütterung der Tiere mit faserreicher Nahrung wie Heu.

Wenn die Nahrung aus dem Magen austritt, gelangt sie in den Dünndarm, der sich seinerseits in drei Teile unterteilen lässt: Zwölffingerdarm (Duodenum), Leerdarm (Jejunum) und Krummdarm (Ileum). Die Bachspeicheldrüse (Pankreas) erzeugt Natriumhydrogencarbonat wie auch Verdauungsenzyme, die ins Duodenum abgegeben werden, wo sie den Abbau der Nahrung unterstützen. Der Inhalt des Dünndarms gelangt dann in den Dickdarm, der aus Blinddarm (Caecum), dem aufsteigendem Ast des Grimmdarms (Colon ascendens), dem Quercolon (Colon transversum), dem absteigenden Grimmdarm (Colon descendens) und Enddarm (Mastdarm und Analkanal) besteht. Die Hauptaufgabe des Darms ist die Resorption von Wasser und Nährstoffen in den Blutstrom, der sie im ganzen Körper verteilt, und die Ausscheidung von Abfallprodukten. Der Darm eines Rindes ist in etwa 20-mal so lang wie das Tier, im Durchschnitt rund 40 m. Das ist vergleichsweise viel länger als bei anderen Tieren. Der Darm eines Wals kann 150 m lang sein, das ist nur das Achtfache seiner Körperlänge. Generell kann der Dünndarm bei Pflanzenfressern 25- bis 75-mal so lang wie der Körper sein, während er bei Fleischfressern meist nur 4- bis 8-mal so lang ist. Die Länge variiert auch bei ausgewachsenen Fleischrindern mit 28–43 m im Vergleich zu Milchrindern mit 44–52 m. Der Dickdarm ist kürzer als der Dünndarm, und seine Länge variiert bei Fleischrassen zwischen 7 und 12 m und bei Milchrassen zwischen 13 und 14 m.

Auch die Leber ist ein unverzichtbares Organ für Rinder. Sie spielt eine Schlüsselfunktion für den Stoffwechsel und liefert einen wichtigen Beitrag zur Immunfunktion. Die Leber entgiftet Abfallstoffe im Blut und eliminiert sie, kontrolliert den Blutzuckerspiegel und unterstützt unter anderem Immunreaktionen. Sie sezerniert zudem Gallenflüssigkeit, die in der Gallenblase gespeichert und konzentriert wird, bevor sie in den Zwölffingerdarm entlassen wird, wo sie die Fettverdauung unterstützt. Infektionen mit dem Großen Leberegel *(Fasciola hepatica)* sind häufig, da Rinder die Larven des Parasiten beim Grasen aufnehmen können und diese anschließend in die Leber wandern. Das kann sich chronisch auf ihr Körpergewicht und ihren Gesundheitszustand auswirken, zu Blutarmut (Anämie, Mangel an roten Blutzellen) führen und die Anfälligkeit für andere Infektionskrankheiten erhöhen. Auch wirtschaftlich führt eine solche Leberegelinfektion zu Schäden, denn sie reduziert Milchmenge und -qualität. Da die Parasiten im Lauf der Zeit Resistenzen gegen Wurmmedikamente (Antihelmintika) entwickeln, führt dies zusammen mit dem Klimawandel, einer Veränderungen der landwirtschaftlichen Praktiken und zunehmenden Rindertransporten von Weide zu Weide oder sogar von Land zu Land dazu, dass die Inzidenz von Parasiteninfektionen ständig steigt.

**Unten** *Kaum zu glauben, dass 40 m Darm in ein Rind passen. Das Verdauungssystem dient dazu, Nahrung abzubauen und lebenswichtige Nährstoffe zu resorbieren.*

## *VERDAUUNGSTRAKT*

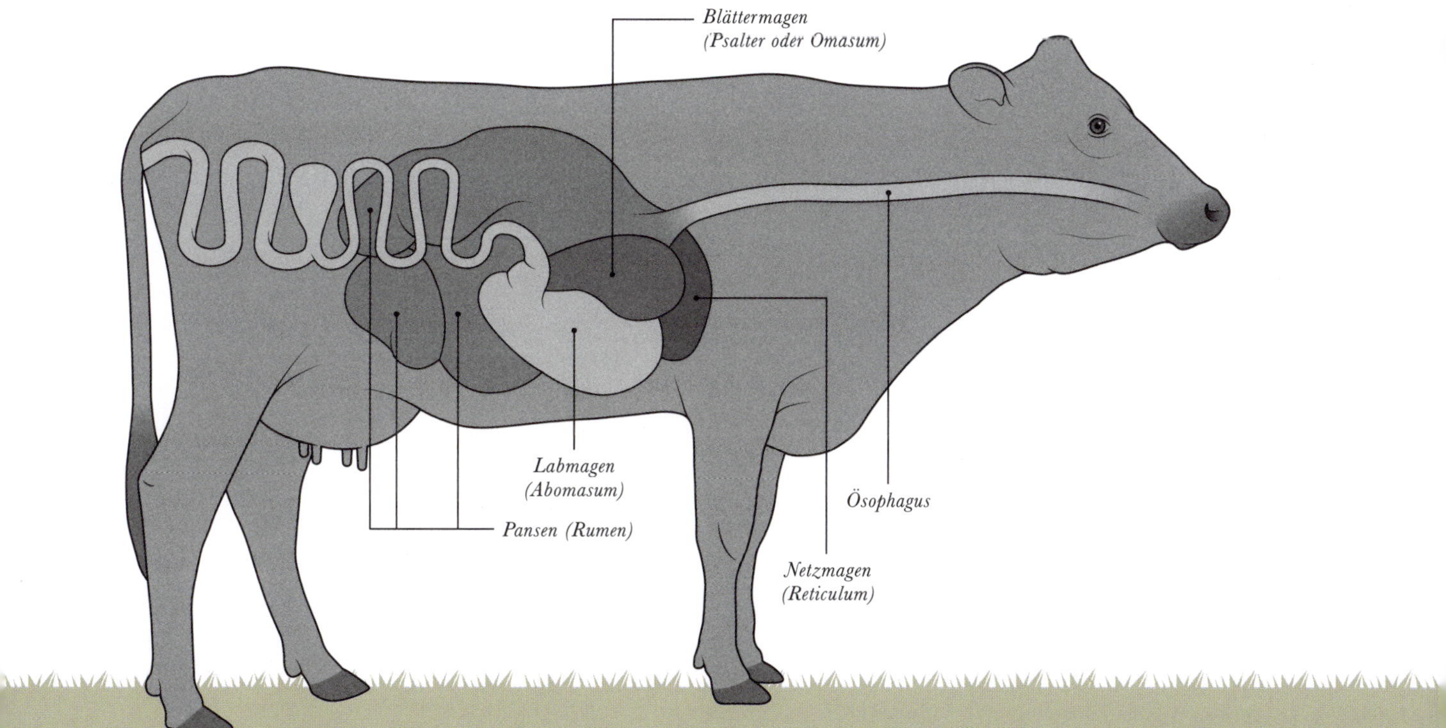

# Entwicklung der Klaue

Rinder sind Paarhufer: Sie verteilen ihr Gewicht auf eine gerade Anzahl von Zehen, in diesem Fall zwei. Ihre Hufe werden auch als Klauen bezeichnet und manchmal als geteilt oder gespalten beschrieben, womit gemeint ist, dass der Huf in zwei Zehen unterteilt ist. Die Klauen von Rindern sind hochspezialisiert und haben sich im Lauf der Zeit beträchtlich weiterentwickelt, um ihr Körpergewicht zu tragen und ihnen zu erlauben, sich in unterschiedlichen Terrains zu bewegen. Rinder haben zwei verlängerte mittlere Zehen in jeder Klaue, dazu kommen rudimentäre Afterklauen, auf denen kein Gewicht lastet. Im Gegensatz dazu haben Menschen und Mäuse fünf Zehen, Pferde nur eine Zehe und Nashörner drei Zehen. Wie neuere Studien zur Rindergenetik zeigen, spielt eine ganze Reihe von Genen bei der Reduzierung von ursprünglich fünf auf heute zwei Zehen eine große Rolle. Genetiker und Paläontologen glauben, dass diese Veränderung wahrscheinlich vor rund 55 Millionen Jahren eintrat, im Eozän, deutlich vor der Evolution der bekannten Vorfahren moderner Rinder.

Die Klauen schützen Skelett, Weichteile, Blutgefäße, Nerven und andere Gewebe innerhalb der Struktur. Bei Rinderembryonen kann man die sich entwickelnden Zehen ab dem 32. Tag der Trächtigkeit erkennen. Die Klaue selbst besteht aus modifizierter Haut mit einer sehr dicken Außenschicht, der Epidermis oder Oberhaut. Die Epidermis weist keine Blutgefäße auf, die darunter liegende Schicht, die Dermis, hingegen schon. Die Dermis wird auch als Lederhaut (Corium) bezeichnet.

Die wächsern erscheinende äußere Schicht der Klaue wird als Glasurschicht bezeichnet; der Kronsaum ist der Bereich, wo die behaarte Haut in die Klaue übergeht; die Klauenwand wird von dieser Epidermisregion abgeschieden. Zwischen Klauenwand und Corium liegt ein Gewebe, das als Lamina bezeichnet wird. Die verhornte Sohle und der Ballen der Klaue stehen mit dem Boden in Kontakt, und über dem Ballen liegt Fettgewebe, das als Hufkissen bezeichnet wird und zur mechanischen Dämp-

**Unten** *Vor rund 55 Mio. Jahren hat sich die Anzahl der Zehen bei den frühen Vorfahren des Rindes von 5 auf 2 Zehen verringert.*

## HUF

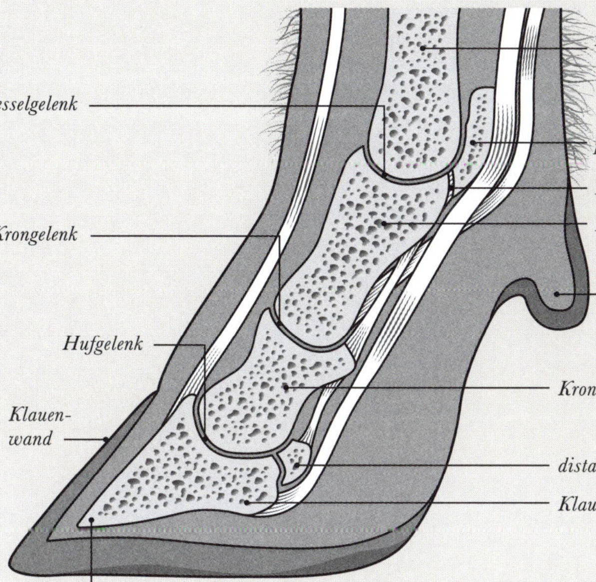


fung (Schockabsorption) beiträgt, wenn das Tier auftritt.

Die Zwei-Zehen-Struktur umfasst mehrere Knochen, Muskeln, Bänder und Sehnen, dazu Blutgefäße und Nerven. Zu den wichtigsten Knochen gehören Fesselbein (PI), Kronbein (PII) und Hufbein (PIII), dazu proximale und distale Sesambeine. Die Bänder (Ligamente) im Huf sind elastisch und verbinden die Knochen miteinander. Beispiele sind die Kreuzbänder, die die beiden Zehen des Fußes miteinander verbinden.

Eine Reihe von Sehnen unterstützt die Fußbewegung, indem sie eine Verbindung zwischen Muskeln und Knochen schaffen. Es gibt drei Hauptgelenke im Fuß: Fessel-, Kron- und Hufgelenk, die dem Fuß seine Beweglichkeit verleihen.

**Oben** *Das Zehenorgan (Klaue) des Rindes hat im Vergleich zu vielen anderen Arten im Lauf der Evolution viele Anpassungen durchgemacht und sich stark verändert.*

**Rechts** *Die Klauen gehören zu den wichtigsten Bereichen des Rindes, da Lahmheit sowie Klaueninfektionen und -probleme weit verbreitet sind.*

### KLAUENGESUNDHEIT

Bei Rindern betreffen 89–92 % aller Fälle von Lahmheit Strukturen des Fußes. Manche Halter rüsten ihre Tiere mit sogenannten Kuheisen oder Ochseneisen aus, besonders dann, wenn sie als Zugtiere eingesetzt werden. Das ist schwieriger als bei Pferden, da Rinder nicht gut auf drei Beinen balancieren können, während das vierte beschuht wird.

Gängiger ist es, die Klauen zu schneiden, um den Fuß gesund zu erhalten. Fortschritte in der Technik des Klauenschneidens haben zu einem verbesserten Training der Halter beigetragen, denn sowohl zu viel als auch zu wenig des Guten schadet der Gesundheit der Rinder.

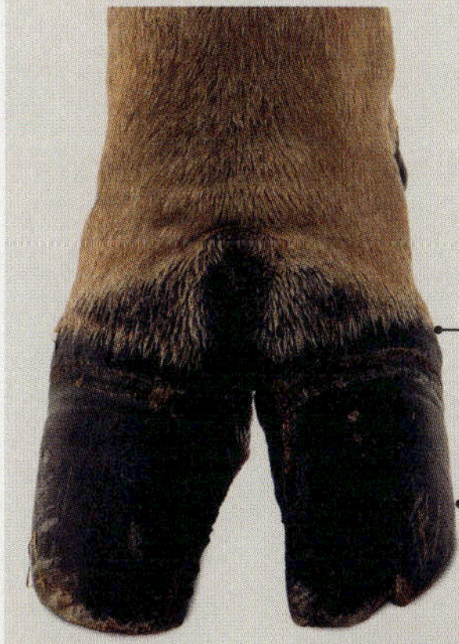


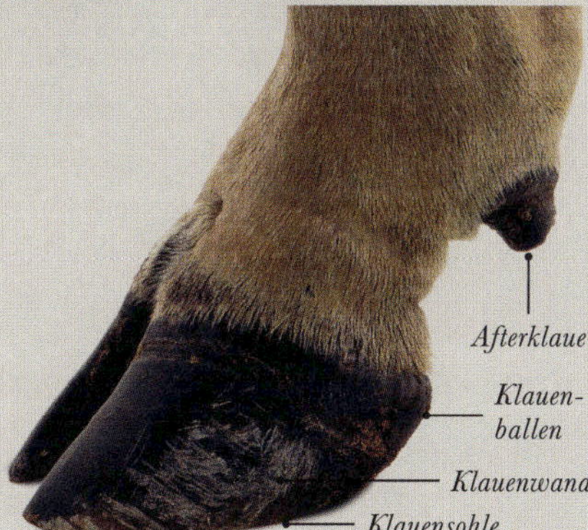

# Gliedmaßen & Lahmheiten

Rinder haben zwei Vorder- und zwei Hinterbeine. Jedes Vorderbein ist beweglich mit dem Schulterblatt (Scapula) verbunden und besteht selbst aus Oberarm (Humerus), Elle und Speiche, die zu den Vorderfußwurzel- oder Karpalknochen und Vordermittelfuß- oder Metacarpalknochen führen, während die Zehenknochen (Phalangen) zwei kräftige Zehen und zwei Afterklauen bilden; und schließlich gibt es noch die Sesambeine. Im Gegensatz zu den beiden Zehen, welche die Klaue bilden, erreichen die Afterklauen den Boden nicht, es sei denn, er ist sehr weich.

Die Hinterbeine setzen als Beckengürtel an, der aus Darm-, Sitz- und Schambein besteht, und der Oberschenkelknochen (Femur) artikuliert dort mit dem Darmbein (Ilium). Er endet am Kniegelenk, wo sich die Kniescheibe (Patella) befindet. Nach unten schließen sich Schienbein (Tibia) und Wadenbein (Fibula) an, wobei Letzteres im Vergleich zu anderen Arten relativ klein ist. Es folgen die Hinterfußwurzel- oder Tarsalknochen, die Hintermittelfuß- oder Metatarsalknochen sowie die Zehenknochen (Phanlangen) mit ihren Sesambeinen.

Wenn man diese Extremitätenknochen mit denjenigen anderer Arten vergleicht, so weisen viele Arten zwar die gleichen Knochen auf, doch die Form der einzelnen Knochen unterscheidet sich deutlich. Diese Knochen haben sich im Lauf der Evolution an die besonderen Bedürfnisse der Rinder angepasst und verändern sich auch im Lauf der Entwicklung vom Kalb zum ausgewachsenen Tier; sie passen sich sogar an, wenn es bei bestimmten Rassen oder Individuen zu einer besonders starken Muskelentwicklung kommt.

**Unten** *In den meisten Fällen ist Lahmheit die Folge einer Erkrankung, doch es kann auch zu Brüchen (Frakturen) kommen, die sich in Einzelfällen gut behandeln lassen.*

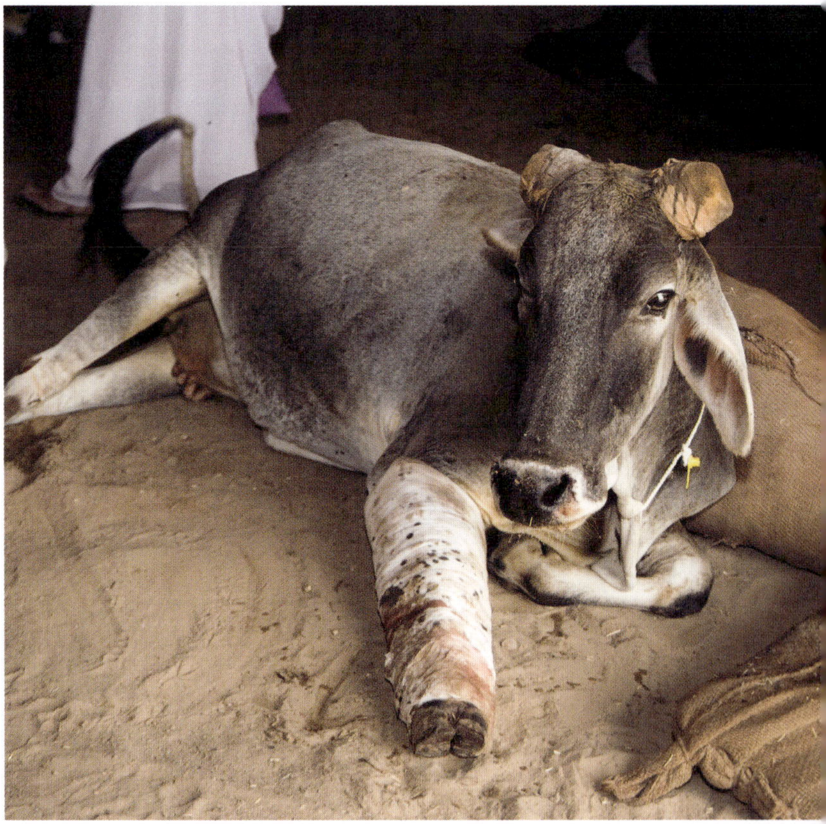

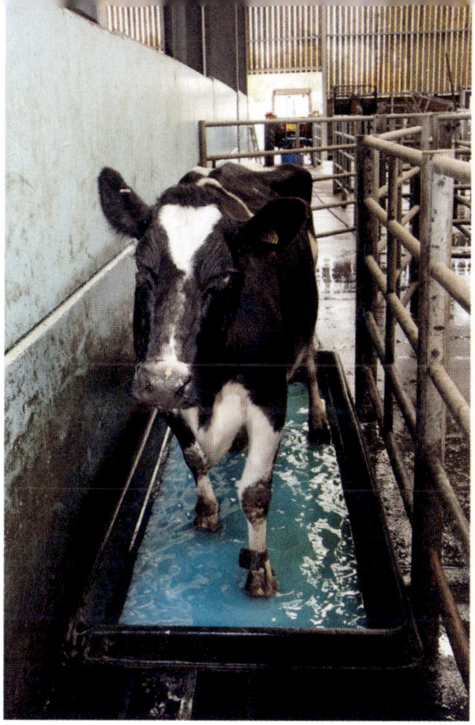

**Links** *Klauenbäder sind ein probates Mittel, um Infektionen und damit Lahmheit zu reduzieren. Wenn die Behandlung inkorrekt durchgeführt wird, kann sie jedoch zur Ausbreitung von Infektionen führen und die Chemikalien können die Haut verätzen.*

## LAHMHEIT – EIN PAAR STATISTISCHE DATEN

In rund 70 % aller Fälle geht eine Lahmheit direkt auf Fuß- bzw. Klauenerkrankungen und mechanische Verletzungen wie eine Quetschung/Fraktur des Fußes zurück. Aber auch Verletzungen der oberen Skelettpartien oder großer Muskeln, Gelenkentzündungen und Läsionen an Injektionsstellen können Lahmheit hervorrufen.

Wie neuere Studien gezeigt haben, kann zusätzliches Knochenwachstum bei Rindern ebenfalls Lahmheit bewirken, eine Erkrankung, die noch untersucht wird. Der Gesundheitszustand und der relative Körperfettanteil eines Rindes lassen sich mit einem Punkteschema bewerten (Körperkonditionswert, Body Condition Score, BCS). Kühe mit einem niedrigen BCS-Wert und häufiger Lahmheit haben ein höheres Risiko, erneut lahm zu werden und weniger Milch zu produzieren. Erhebungen sprechen dafür, dass zu jedem Zeitpunkt 22–50 % aller Milchkühe lahmen; bei den Bullen sind es nur 26 %. Junge Fleischrinder lahmen nur selten (weniger als 5 %), doch bei älteren Rindern steigt die Zahl auf rund 15 %. Lahmheit verzögert die Gewichtszunahme, verursacht Schmerzen und stellt beim Transport eine Komplikation dar; daher ist sie ein ernstes Problem für die Industrie. Daher bemühen sich Halter, Wissenschaftler, Veterinäre und produzierende Industrie gemeinsam, Lahmheit vorzubeugen und sie zu verstehen, um ihre Häufigkeit zu verringern.

### *AUFBAU DER VORDER- UND HINTERBEINE*

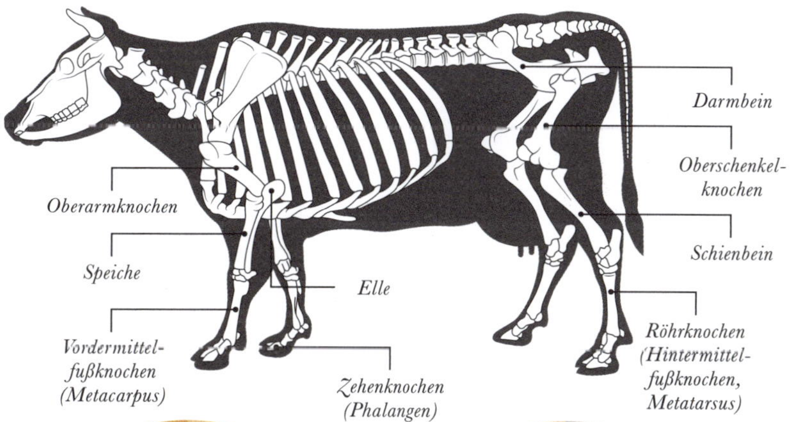


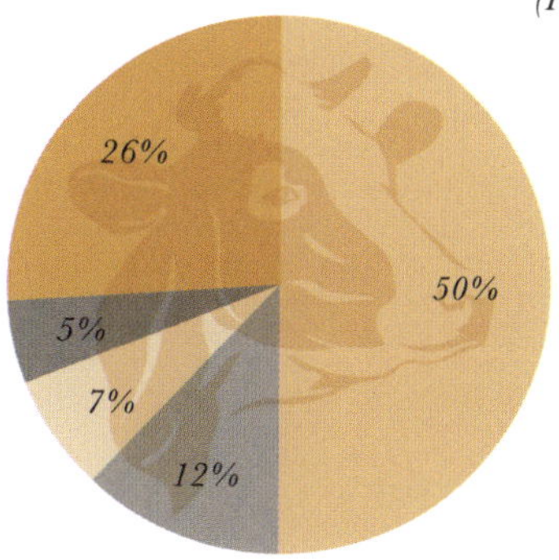


*Die häufigsten Knochenbrüche bei Rindern*

- *Metacarpus und Metatarsus*
- *Schienbein*
- *Elle und Speiche*
- *Oberarmknochen*
- *andere (einschl. Oberschenkel, Becken und Zehenknochen)*

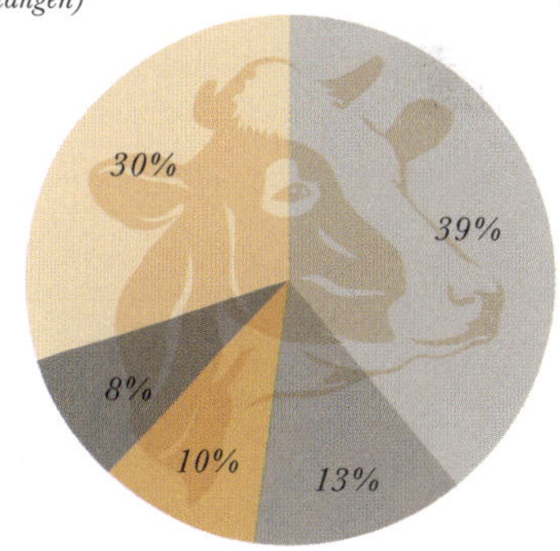


*Die häufigsten Ursachen von Lahmheit bei Milchkühen*

- *Sohlengeschwür (Rusterholzsches Geschwür)*
- *Sohlenblutung*
- *Mortellaro-Krankheit (Dermatitis digitalis)*
- *Weiße-Linien-Erkrankung (Wanddefekt)*
- *andere**

**darunter körperliche Verletzungen, Hundebisse, Mangelernährung und Genetik*

# Das Herz & andere Organe

Das Herzkreislaufsystem, also das Herz und die Blutgefäße, sorgen dafür, dass das Blut durch den ganzen Körper gepumpt wird und Nährstoffe, Sauerstoff, Blutplättchen, Hormone und andere Substanzen zu den Zellen gelangen, während Abfallprodukte abtransportiert werden. Um 4 Liter Milch zu produzieren, müssen 1500–1800 Liter Blut das Euter passieren. Das Herz von Rindern gleicht im Aufbau dem anderer Säugetiere; es hat zwei Vor- und zwei Hauptkammern sowie Herzklappen, die ein Zurückfließen des Blutes verhindern. Rinder leiden auch unter ähnlichen Herzkreislauferkrankungen wie andere Säuger, z. B. unter Kardiomyopathie, angeborenen Herzfehlern und Herzinsuffizienz. Durchschnittlich pumpt das Herz eines erwachsenen Rindes rund 73 000 Liter Blut pro Tag durch den Körper, wiegt 900 g, ist 27 cm lang und 4-mal größer als das menschliche Herz. Die Herzschlagfrequenz variiert in Abhängigkeit von der Situation, Umweltbedingungen und Individuum. Eine ruhige Kuh auf einem kleinen Bauernhof hat eine Herzschlagfrequenz von durchschnittlich 63,5 Schlägen pro Minute, die beim Melken auf 72,4 Schläge pro Minute steigt; bei einer temperamentvollen Kuh auf einem großen Bauernhof sind es eher 81 bzw. 92 Schläge pro Minute.

Ein seltenes Merkmal des Rinderskeletts ist das sogenannte Herzskelett. Häufig findet man zwei Einzelknochen (Ossa cordis), die als linker (Os cordis sinister) und rechter Herzknochen (Os cordis dexter) bezeichnet werden. Der größere rechte Herzknochen ist etwa 3–6 cm lang, der kleinere, links gelegene nur ca. 2 cm. Vermutlich helfen diese beiden Herzknochen Muskelbündeln und Herzklappen dabei, sich an kräftiges Gewebe anzuheften und zu verhindern, dass sich die Herzklappen zu stark dehnen, und sie unterstützen die Weiterleitung elektrischer Signale durch das Herz. Eine Reihe von Rinderarten verfügt über Herzknochen, eine solche Struktur ist bei anderen Säugern jedoch sehr ungewöhnlich. Da Rinderherzen rund um die Welt und zu traditionellen Gerichten verarbeitet werden, sei es als Suppeneinlage oder als Steaks, und in Peru auf Spießen gegrillt werden, muss man darauf achten, diese Knochen vor dem Verzehr zu entfernen.

*HERZ*

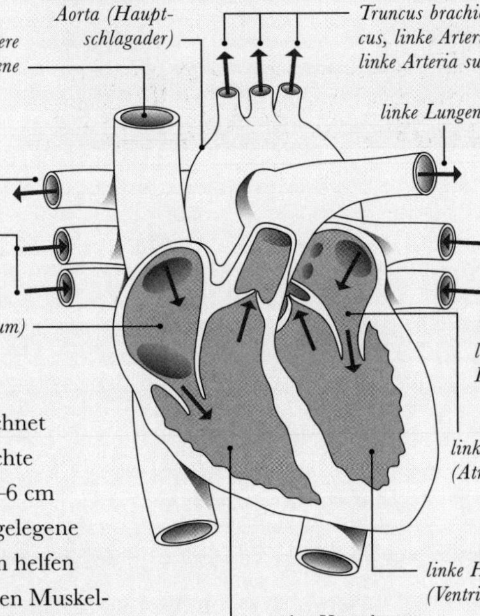


**Oben** *Rinder haben ein typisches Säugerherz. Die Pfeile zeigen den Blutfluss durch das Herz, zur Lunge und in den Körper.*

## LUNGE & NIEREN

Die Rinderlunge ist der menschlichen Lunge so ähnlich, dass manche Experten vermuten, sie liefere ein besseres Modell als die Mäuselunge. Der linke Lungenflügel weist zwei Lappen auf, der rechte vier. Die Luftröhre (Trachea) leitet Luft aus dem Kopfbereich in die Lunge und teilt sich dann in zwei Röhren auf, die als Bronchien bezeichnet werden. Im Gegensatz zur Lungenanatomie der meisten anderen Säuger verzweigt sich der Bronchus, der in den rechten Lungenflügel führt, direkt beim Abgang von der rechten Seite der Luftröhre. Ein weiterer Unterschied ist die Lungenkapazität, die Gesamtmenge an Luft, die von der Lunge aufgenommen werden kann. Im Vergleich zu anderen Säugern, beispielsweise Pferden, haben Rinder eine verhältnismäßig kleine Lungenkapazität. Daher fällte es Rindern schwerer, gegen Lungenprobleme und Lungeninfektionen wie Lungenentzündung (Pneumonie) anzukämpfen.

Die bovinen Nieren spielen eine besondere Rolle dabei, das Blut zu reinigen, Urin (Harn) zu bilden und auszuscheiden und das Flüssigkeitsgleichgewicht beim Rind aufrechtzuerhalten. Sie müssen ihre Leistung je nach Futter- und Wasseraufnahme, Temperatur und den sich verändernden Bedürfnissen des Körpers ständig anpassen, während sie gleichzeitig dafür sorgen, dass Abfallprodukte ausgeschieden werden. Die Niere der meisten Säugetiere ist glatt, doch im Fetus ist sie in mehrere Lappen unterteilt. Die Rinderniere ist insofern sehr ungewöhnlich, als sie ihre fetale, lappige Struktur beibehält, sodass jede Niere aus zwölf Lappen besteht. Jede Niere weist auch eine etwas andere Form auf: Die rechte Niere ist flacher und eher ellipsoid, die linke dicker an einem Ende als am anderen.

**Unten** *Schlüsselelemente des kardiorespiratorischen Systems sind Herz und Lunge. Die Nieren spielen eine entscheidende Rolle für die Reinigung des Blutes und den Wasserhaushalt des Körpers.*

*KÖRPERORGANE DES RINDES*

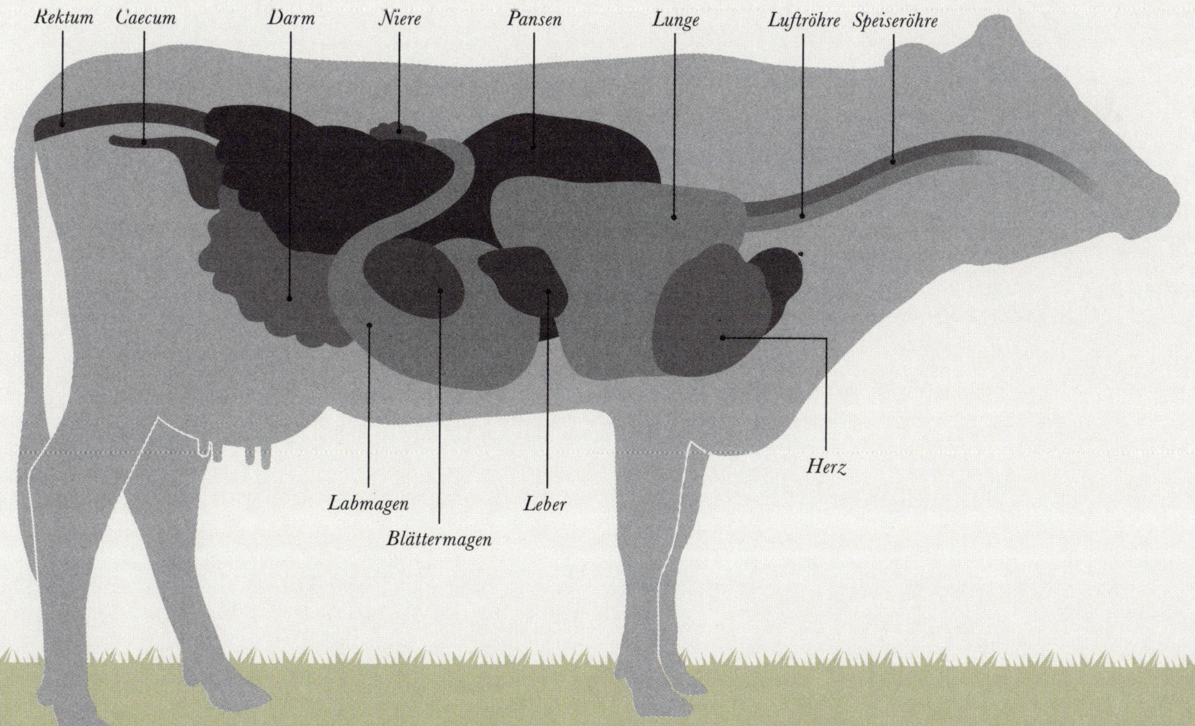

# Hör- & Sehsinn

Rinder haben ein gutes Gehör, ein besseres als Menschen. Sie können Schallfrequenzen im Bereich von 16 bis 40 000 Hertz (Hz) wahrnehmen, während sich unser Hörbereich – beim jungen Erwachsenen – auf 20 bis 20 000 Hz beschränkt. Vor allem im höheren Frequenzbereich hören Rinder deutlich besser; möglicherweise können sie sogar Ultraschall wahrnehmen, wie ihn Fledermäuse ausstoßen. Als Beutetiere sind Rinder ständig auf der Hut vor Beutegreifern, und ihr Gehörsinn spielt dabei eine besonders wichtige Rolle. Zudem ist die lautliche Kommunikation untereinander unverzichtbar, nicht nur zum Schutz der Herde, sondern auch, um Bedürfnisse auszudrücken, und das gilt vor allem für Kälber.

Dieses ausgezeichnete Gehör ist im Lauf der Jahre wissenschaftlich eingehend untersucht worden, und wie sich herausgestellt hat, steigt bei Rindern gewöhnlich die Herzschlagfrequenz, wenn sie unbekannte menschliche Stimmen hören, ob es sich um beruhigende, tiefe Stimmen oder um eher aggressive Stimmen handelt. Dies wird als Furchtreaktion gedeutet – das Tier bereitet sich auf eine Kampf-oder-Flucht-Situation vor. In ähnlichen Situationen reagierten Rinder auf laute, knallende Geräusche nicht so stark, doch insgesamt sprechen die Hinweise dafür, dass man sich, wenn man mit Rindern interagiert, am besten ruhig verhält.

Das Ohr lässt sich in drei Regionen unterteilen: Außen-, Mittel- und Innenohr. Das Außenohr umfasst den sichtbaren Teil des Ohres, wie die Ohrmuschel (Pinna) und den Gehörgang. Die Ohrmuschel lässt sich durch Muskeln bewegen, um Schallwellen aufzufangen; zum Schutz wird im Gehörgang eine braune, wachsartige Substanz produziert, das Ohrenschmalz (Cerumen). Im Mittelohr liegt die luftgefüllte Paukenhöhle, die die drei Gehörknöchelchen Hammer (Malleus), Amboss (Incus) und Steigbügel (Stapes) enthält. Das Innenohr nimmt

*BAU DES OHRES*

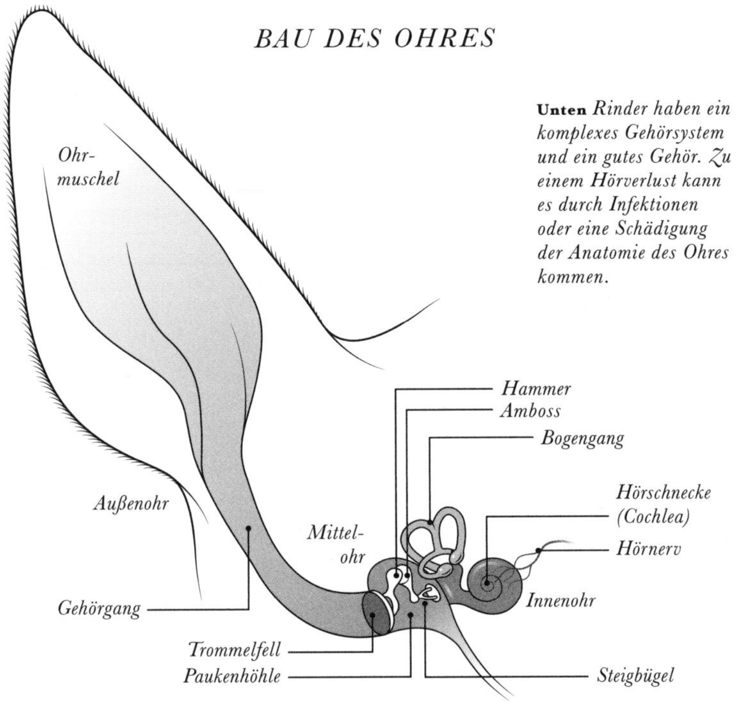


**Unten** *Rinder haben ein komplexes Gehörsystem und ein gutes Gehör. Zu einem Hörverlust kann es durch Infektionen oder eine Schädigung der Anatomie des Ohres kommen.*

sowohl Schallsignale als auch Beschleunigungen wahr, die auf den Kopf wirken; es enthält ein System flüssigkeitsgefüllter Säckchen und Gänge, darunter die drei Bogengänge und den Schneckengang. Dieses System ist in zwei Hauptteile gegliedert, die Hörschnecke (Cochlea) und das Gleichgewichtsorgan (Vestibularapparat). Die Cochlea dient zum Hören, der Vestibularapparat dem Aufrechterhalt des Gleichgewichts. Die Rezeptorzellen im Innenohr, die fürs Hören zuständig sind, werden als Haarzellen bezeichnet. Sie nehmen die Druckschwankungen in der Luft wahr, die von den Schallwellen auf die Flüssigkeit im Schneckengang übertragen werden. Diese Informationen werden dann via Hörnerv über Medulla, Pons und Mittelhirn zum primären auditorischen Cortex (Hörrinde) weitergeleitet. Verletzungen des Vestibularsystems führen zu Gleichgewichtsstörungen, die sich als Kopfschiefstellung, Zur-Seite-Lehnen, Im-Kreis-Laufen, Umfallen oder erratische Augenbewegungen äußern können.

Die Ohranatomie ist wichtig, wenn man an den Ohren der Tiere Ohrmarken befestigen will. Ohrmarken sind ein ausgezeichnetes Mittel, um den Allgemeinzustand der Tiere und den Milchertrag zu überwachen und festzustellen, welches Tier wem gehört, doch man sollte sorgfältig darauf achten, sie an der richtigen Stelle anzubringen und geeignetes Material zu verwenden. Wenn das nicht geschieht, können Ohrgesundheit und Gehör leiden und die Infektionsraten können steigen. Wie Studien gezeigt haben, schädigen Polyurethanmarken die Ohren in der Regel weniger als Metallmarken. Vielfach wird empfohlen, Ohrmarken zu bestimmten Jahreszeiten anzubringen, um schlechtes Wetter oder insektenreiche Zeiten zu meiden, wenn die Gefahr größer ist, dass die Tiere sich an den Ohren kratzen. Auch wenn das Außenohr vorwiegend aus Haut und Knorpel besteht, wodurch es deutlich flexibler als Knochengewebe ist, neigen Rinder dazu, ihren Kopf durch Zaungitter und andere Öffnungen zu stecken, was zu Verletzungen führen kann.

**Oben** *Strukturen im Ohr helfen dem Rind, sein Gleichgewicht zu halten. Beim Anbringen von Ohrmarken sollte man vorsichtig sein, um Infektionen und Schäden zu vermeiden.*

## DER WICHTIGSTE SINN

Der Sehsinn ist der wichtigste Sinn bei Rindern. Die beiden Augen sitzen zu ihrem Schutz in Augenhöhlen im Schädel. Da die Augen seitlich am Kopf liegen, verfügen Rinder über ein großes Sehfeld von 300°. Dieses Sehfeld ist größer als das des Menschen mit nur rund 180°, denn unsere Augen weisen stärker nach vorn, doch dies hat seinen Preis. Da Rinder nicht direkt hinter sich sehen können, reagieren sie auf Bewegungen hinter sich sehr empfindlich. Wenn man diesen Bereich betritt, kann es leicht passieren, dass eine Kuh/ein Bulle sich durch Austreten nach hinten zu verteidigen sucht. Zudem haben Rinder einen blinden Fleck direkt vor ihrer Schnauze. Da ihre Augen weiter auseinanderliegen, ist ihr räumliches Sehen zudem weniger ausgeprägt als beim Menschen. Daher nehmen sie Tiefe, Geschwindigkeit und Entfernung relativ schlecht wahr, und ihr räumliches Sehen ist auf einen Bereich von 25–50° vor ihnen beschränkt. Der Teil des Sehvermögens, die nicht binokular ist, ist monokular (peripher), d. h., die Augen werden separat eingesetzt und Faktoren wie Oberflächenbeschaffenheit, Bewegung und Tiefenschärfe werden weniger gut wahrgenommen. Rinder haben zudem schlitzförmige Pupillen und relativ schwache Augenmuskeln, um die Linsenform zu verändern, was bedeutet, dass sie im Vergleich zu anderen Arten möglicherweise langsamer fokussieren. Diese Eigenschaften bringen es mit sich, dass

*BAU DES AUGES*

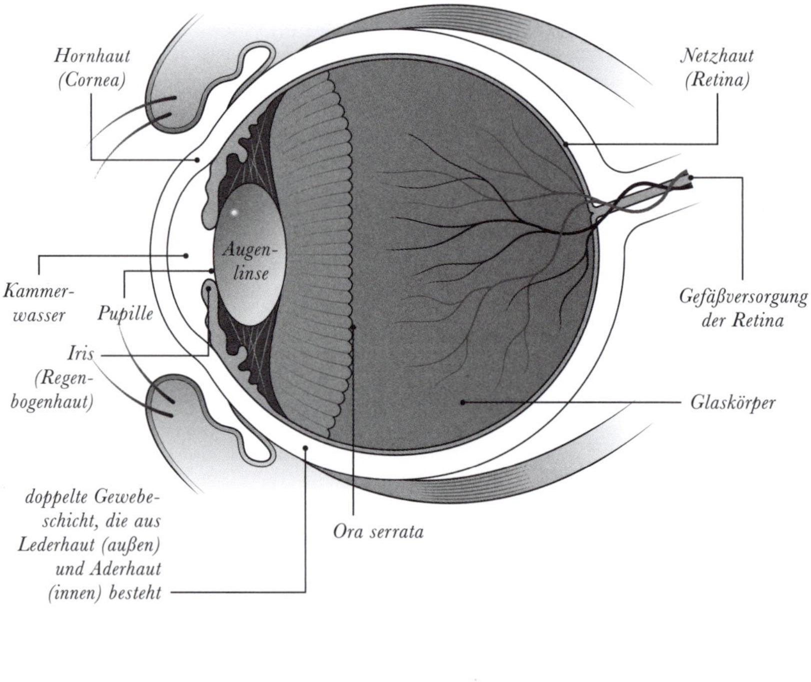


**Oben** *Mit einem «Rundumblick» von 300° haben Rinder ein sehr großes Sehfeld. Eine regelmäßige Überprüfung der Augen auf Infektionen hilft, eine Ausbreitung zu verhindern.*

**Rechts** *Rinder haben Linsenaugen, und diese sind anatomisch ähnlich wie Menschenaugen gebaut; ihre Farbwahrnehmung unterscheidet sich jedoch von der unsrigen.*

sich Kühe oft vor Schatten fürchten, weil sie sich unter Umständen nicht sicher sind, ob es sich bei dem Schatten um ein gefährliches Loch handelt.

Wenn Licht durch die Pupille fällt, wird es mittels der Linse auf der Netzhaut (Retina) fokussiert. Rinder haben Fotorezeptoren, die als Stäbchen und Zapfen bezeichnet werden, genauso wie Menschen, Hunde, Pferde und andere Tieren mit Linsenaugen.

Die Stäbchen sind für das Schwarz-Weiß-Sehen unter allen Lichtverhältnissen zuständig und werden besonders unter lichtschwachen Bedingungen, wie in der Dämmerung, eingesetzt, während die Zapfen nur bei größerer Helligkeit funktionieren und Farbensehen ermöglichen. Die Zapfen reagieren bevorzugt auf einem von drei Wellenlängenbereichen – Blau, Grün oder Gelb. Was das rote Tuch des Matadors angeht, so reagiert der Bulle eher auf die Bewegung der «Muleta» als speziell auf die Farbe. Auch wenn Rinder Farben im langwelligen Bereich wie Orange und Gelb besser sehen als kurzwellige Farben wie Blau, Grün und Violett.

Sobald die Stäbchen und Zapfen Information erhalten, transportiert der Sehnerv Impulse durch das Gehirn zum primären visuellen Cortex (Sehrinde), wo Information in bewusste Wahrnehmung umgesetzt wird. Einige der Impulse werden dazu benutzt, Informationen über die Tageslänge zu sammeln – wichtig für Rinder, die sich ja saisonal fortpflanzen.

**Rechts** *Vermeiden Sie es, direkt hinter einem Rind herzugehen – wenn es eine Gefahr spürt, sie aber nicht sehen kann, kann es mit der Hinterhand austreten, um sich zu verteidigen.*

# Geruchs-, Geschmacks- & Tastsinn

Geruchs-, Geschmacks- und Tastsinn sind überlebenswichtig, um sicherzustellen, dass die Tiere das Richtige fressen, sich auf sicherem Boden bewegen und ihre Herde erkennen.

**Geruchssinn**

Der Geruchssinn basiert auf Sinneszellen, sogenannten Riechzellen, in der Nasenhöhle. Signale der Riechzellen gelangen über den Riechkolben (Bulbus olfactorius) ins Gehirn. Signale des Geruchssinns beeinflussen auch das limbische System, das für emotionale Reaktionen und das damit einhergehende Verhalten zuständig ist. Eine Untergruppe von Riechzellen in einer Struktur, die als Vomeronasalorgan bezeichnet wird, nimmt auch Pheromone wahr, Botenstoffe, die der innerartlichen Kommunikation dienen. Im Rinderurin lassen sich Sexualpheromone nachweisen, und fast jede Körperflüssigkeit kann verschiedene Hormone enthalten. Das erklärt das sogenannte «Flehmen». Darunter versteht man das Heben der Oberlippe, das Bullen und manchmal auch Kühe zeigen und dabei ihr Maul leicht öffnen, um Gerüche zu identifizieren. Rinder können Nahrungsgerüche oder den Geruch einer Kuh in Hitze aus 8–10 km Entfernung wahrnehmen. Blutgeruch kann zu Furcht und Panik führen. Im Allgemeinen haben Rinder einen guten Geruchssinn und verlassen sich auf ihn, um auf verschiedene Situationen zu reagieren, vor allem bei Schlüsselereignissen wie der Paarung.

**Geschmackssinn**

Dank rund 25 000–35 000 Geschmacksknospen auf der Zunge verfügen Rinder über einen wohlentwickelten Geschmackssinn, auch gustatorischer Sinn genannt. Die Zahl ihrer Geschmacksknospen wird jedoch weit von derjenigen des Welses mit 175 000 übertroffen, ist aber der des Huhns überlegen, das nur 24 Geschmacksknospen aufweist. Dank ihres guten Geschmackssinns können Rinder beispielsweise rasch den bitteren Geschmack giftiger Pflanzen erkennen.

Das nutzen Futtermittelunternehmen, indem sie unterschiedliche Aromen verwenden, um die Futteraufnahme zu fördern. Zu den vier grundlegenden Geschmacksrichtungen gehören

**Links** *Rinder haben einen gut entwickelten Geruchssinn: Sie können Geruchsmoleküle noch aus einer Entfernung von 10 km riechen.*

**Rechts** *In freier Natur ist es wichtig, giftige von ungiftiger Nahrung zu unterscheiden; zum Glück verfügen Hausrinder noch immer wie ihre Vorfahren über eine hohe Zahl an Geschmacksknospen.*

süß, salzig, bitter und sauer, es gibt jedoch eine fünfte, die die Aminosäure Glutamat wahrnimmt und als «würzig» beschrieben wird. Einer auf Silage basierenden Ernährung werden häufig Aromen hinzugefügt, um den Geschmack nach Alkohol oder Essig zu maskieren, der durch die Hefegärung entsteht. Manche Zusatzstoffe sind natürlich, wie Knoblauch, andere sind hingegen Fruchtextrakte oder chemische Verbindungen: Ältere Wiederkäuer bevorzugen häufig zitronige Geschmäcker und Aromen. Zusatzstoffe können in sozioökonomisch schlechter gestellten Regionen auch die Futterkosten reduzieren, da sich bitteres oder ranzigeres, billiges Futter mit Aromastoffen «aufpeppen» lässt.

### Tastsinn

Die somatosensorische Wahrnehmung umfasst die Empfindungen von Haut, Gelenken und inneren Organen und wird häufig als taktiler oder Tastsinn bezeichnet. Zwar haben Rinder eine derbe Haut, doch sie können spüren, wenn eine Fliege auf ihrem Rücken landet. Zum Tastsinn gehört auch der Schmerzsinn, der z. B. auf thermische (heiß/kalt), chemische oder mechanische Hautschädigungen anspricht. Die Nozizeptoren (Schmerzrezeptoren) werden durch schädigende Reize erregt, und das Zentralnervensystem reagiert automatisch, indem es die Aufmerksamkeit erhöht und geeignete verhaltensphysiologische wie auch emotionale Reaktionen auslöst, beispielsweise eine Fluchtreaktion. Die Nozizeptoren werden zum Beispiel aktiviert, wenn ein Bulle an seinem Nasenring zieht. Normale Berührung wird von Tastrezeptoren vermittelt; sie senden Impulse zum Gehirn, die dem Rind erlauben, in stärker kontrollierter Weise zu reagieren, als es bei Schmerzsignalen der Fall ist. Haut wie Haarfollikel enthalten Mechanorezeptoren, die auf Berührung reagieren. Die Haut enthält zudem Thermorezeptoren, die der Temperaturwahrnehmung dienen. Die Region um das Maul ist besonders empfindlich und dient oft dazu, die Umgebung durch Berühren zu erkunden. Rinder reagieren empfindlicher auf elektrischen Strom als Menschen, und zwar um einen Faktor 1 : 5. Daher werden Elektrozäune in gewissen Situationen zur Abschreckung eingesetzt, auch wenn der Einsatz in Vormelkhöfen als Crowd Gates («Kuhtreiber») nicht empfohlen wird, ebenso wenig wie elektrische Treibhilfen, denn die Tiere können darauf in gefährlicher Weise reagieren.

**Unten** *Rinderhalter machen sich den Tastsinn zunutze, um Herden mit elektrischen Zäunen zusammenzuhalten oder Tiere am Nasenring zu führen.*

# Fell & Farbschläge

Die Vorfahren der modernen Rinder wurden mit kastanienbraunem Fell geboren, bevor sie eine dunkelbraune bis schwarze Färbung mit einem hellbeigen Aalstrich auf dem Rücken annahmen. Sie hatten ein helles Maul, manche Malereien zeigen einen hellen «Sattel» auf dem Rücken und lange blonde Stirnlocken. Die Zucht hat zu einer riesigen Palette von Farbschlägen, Haar- und Felltypen geführt. Zwei Grundpigmente, Eumelanin (schwarz/braun) und Phäomelanin (rot/gelb) und ihr Verhältnis zueinander sind für die meisten Färbungen verantwortlich, die wir bei modernen Rinderrassen finden. Diese beiden Farbstoffe werden von einem Gen kontrolliert, das für den Melanocortin-Rezeptor 1 (MC1R) codiert. Zusätzlich wird die Pigmentproduktion innerhalb einer Zelle durch die Menge des Enzyms Tyrosinase eingeschränkt – Eumelanin erfordert einen höheren Enzymspiegel als Phäomelanin. Bei einigen Rassen, wie Charolais und Simmentaler, bewirkt eine Mutation die weiße Fellfärbung. Das nennt man Aufhellung oder Verdünnung (Dilution), und es führt zu einem großen Spektrum von Färbungen, darunter weiß, cremefarben, dun (blond), weizenfarben, gelb, hellrot, grau und braun. Von anderen Arten ist bekannt, dass Hunderte von Genen die Fellfärbung kontrollieren, was wahrscheinlich auch für Rinder gilt, und einige davon sind auch schon entdeckt worden.

Inzwischen hat man festgestellt, dass manche Gene und Mutationen offenbar nur bestimmte Rassen betreffen. So weisen Dexter-Rinder beispielsweise eine genetische Codierung im Tyrosinase related Protein 1-Gen (Trp-1-Gen) auf, was in einer blonden Färbung (dun) resultiert; andere Rassen haben diesen veränderten Code hingegen nicht. Der Genort Silver-Locus (SILV) verleiht Schottischen Hochlandrindern ihre charakteristische Färbung, doch ob dies einzigartig ist, müssen weitere Studien erbringen.

**Unten** *Fellfärbung, Länge, Variation und Haartyp werden herangezogen, um Individuen und Rassen zu unterscheiden, und erlauben Rindern häufig, sich an unterschiedliche Klimazonen anzupassen.*

*FARBSCHLÄGE*

*schwarz und weiß*

*braun und weiß*

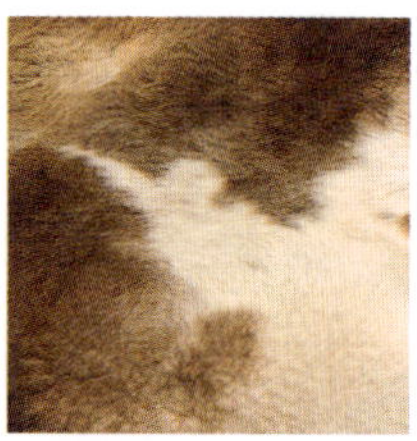

*hellbraun und weiß*

*braun, kurzhaarig*

*weiß, kurzhaarig*

## *VERSCHIEDENEN FARBSCHLÄGE UND ZEICHNUNGEN*

Ganz gleich, wie das Rind gefärbt ist, der genetische Code ist wichtig und hat Konsequenzen für die Kreuzung und die Farbvarianten beim Nachwuchs. Albinorinder sind selten, aber es gibt sie. Bei einem echten Albinismus sind Augen, Haut und/oder Fell unpigmentiert, was nicht dasselbe ist wie ein weißes Tier. Beispielsweise werden Schottische Hochlandrinder in seltenen Fällen mit weißem Fell anstelle des üblichen rostroten bis braunen Fells geboren. Genetische Rückschläge bedeuten, dass weißes Fell auch ohne Pigmentmangel vorkommen kann.

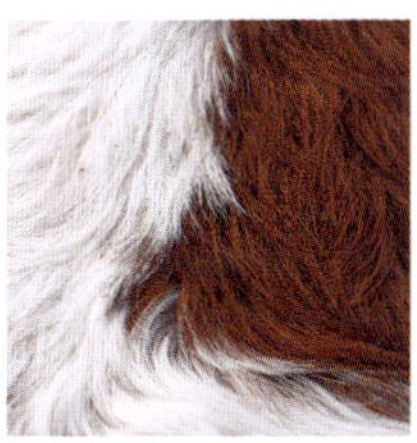

*rot und weiß, gelockt*

*hellbraun, langhaarig*

Rinder können auch einfarbig oder gefleckt sein. Die Roan-Färbung («stichelhaarig», eine gleichmäßige Mischung aus weißen und farbigen Haaren) ist bei Rassen wie dem Weißblauen Belgier und dem Shorthorn-Rind häufig und wird zumindest bei diesen beiden Rassen vom Mastzellen-Wachstumsfaktor-Gen kontrolliert.

Haarlänge und Haartyp reichen von dick, lang und gelockt (beispielsweise Schottische Hochlandrinder und einige Longhorn-Rassen) bis zu dem glatten, kürzeren Haarkleid, wie es für Rinder in wärmeren Klimazonen (wie Carora- und Boran-Rinder) typischer ist. Felltyp und Fellfärbung variieren zwischen den Rassen und haben sich im Lauf der Zeit entwickelt; oft helfen sie dem Tier, in seiner Umwelt besser zu überleben. Grooming (Fellpflege) ist wichtig, wenn es darum geht, preisgekrönte Rinder auf Shows zu zeigen, und durch Scheren/Schneiden können Rinder vor Überhitzung geschützt werden.

**Oben** *Kontrollierte Fortpflanzung oder Zucht wird oft eingesetzt, um spezielle Fellschläge zu erzielen, und die Forschung ist dabei aufzudecken, welche spezifischen Gene und Mutationen dafür verantwortlich sind.*

# Das Rindergenom

Die Bedeutung von Rindern weltweit zeigt sich auch darin, dass Rinder zu den ersten Nutztieren gehörten, deren Genom vollständig sequenziert und kartiert wurde. Im Jahr 2009 entschlüsselten Wissenschaftler das Genom einer acht Jahre alten Hereford-Kuh aus den USA, und ihre 22 000 Gene wurden der Öffentlichkeit zugänglich gemacht. Ihre Gene wurden in einer der renommiertesten wissenschaftlichen Fachzeitschriften, *Science*, publiziert, wobei zwei Originalartikel und ein spezieller Podcast in derselben Ausgabe erschienen. Forscher aus 109 Universitäten, Instituten und Unternehmen aus aller Welt, darunter die USA, verschiedene europäische Länder, Australien, Neuseeland, Brasilien, Kanada, Japan und Singapur, waren daran beteiligt. Die Erkenntnisse, die wir diesen und späteren Studien verdanken, sind enorm, und dieses Verständnis der genetischen Information hat dazu beigetragen, genetische Vielfalt, Evolution und Erkrankungen von Rindern aufzuklären.

Bald nachdem das Genom des modernen Hausrinds veröffentlicht wurde, wurden 2010 und 2015 die mitochondriale und die nukleare Genomsequenz seines Vorfahren, des Auerochsen, publiziert. Ein 6750 Jahre alter Knochen aus Großbritannien diente dazu, die faszinierenden genetischen Geheimnisse dieses Vorfahren zu lüften. Das hat Vergleiche von modernem Hausrind und seinem Vorfahren erlaubt und dazu beigetragen, die Veränderungen zu verstehen, die im Lauf der Domestikation

**Rechts** *Genetische Analysen haben uns viel über den Stammbaum des Rindes und seine Wanderungen durch die Jahrtausende verraten; ihnen verdanken wir auch Informationen über den Auerochsen (Zeichnung aus dem 19. Jh.).*

**Oben** *Vom Verständnis der Genetik dieser nepalesischen Lulu-Kuh, Angehörige einer in Nepal heimischen Zwergrasse, über Krankheitsanfälligkeit bis zur Zucht auf spezifische Merkmale hin vermitteln uns fortschrittliche technologische Verfahren ständig neue Erkenntnisse über Rinder.*

auftraten; so ließ sich auch zeigen, dass der Auerochse sowohl der Vorfahr der taurinen Rinder als auch der Buckelrinder ist und zwischen den beiden Unterarten eindeutige Unterschiede bestehen. Dank der genetischen Analyse ließ sich auch belegen, dass diese Auerochsen in verschiedenen Regionen lebten und sich generell voneinander unterschieden.

## TECHNISCHE VERFAHREN ZUR ZUCHT

Genomsequenzierung hat zum Beispiel bei der Rassebestimmung (Breed Determination) geholfen – ein Teil dieser Arbeit wurde bereits vor Veröffentlichung der gesamten Sequenz durchgeführt. Die Ursprünge mancher Rassen oder Individuen lagen nicht immer auf der Hand, doch Gentests können helfen. Ein gutes Beispiel ist das Lulu-Rind (eine nepalesische Zwergrasse), das wie ein taurines Rind aussieht, aber, wie sich herausstellte, ein Hybride zwischen taurinem Rind, Buckelrind und Yak ist. Ebenfalls interessant ist, dass einige traditionelle britische Rinderrassen viel mehr Auerochsen-Genom enthalten als zuvor vermutet. Es gibt bereits einige Zuchtprogramme, die darauf abzielen, mehr Auerochsenmerkmale wiederherzustellen. Wenn wir wissen, die DNA welcher Rasse derjenigen des Auerochsen besonders ähnlich ist, wird eine gezieltere Zucht möglich. Diese Zuchtverfahren werden oft als «Rückzüchtung» oder «Abbildzüchtung» bezeichnet.

Es gibt auch modernere Verfahren, beispielsweise das Klonen. Das erste ausgestorbene Tier, das geklont wurde, war der Pyrenäensteinbock. Der erstgeborene Klon lebte nur sieben Minuten, aber die Technik ist weiterentwickelt worden, und es besteht die Möglichkeit, dass der Auerochse eines Tages geklont werden kann, vor allem, da moderne Kühe solche Klone als Leihmütter austragen könnten.

Können wir die Zeit zurückdrehen und den heute ausgestorbenen Vorfahren unserer Hausrinder wieder auswildern? Können wir genetische Verfahren anwenden, um heutige Krankheiten und Störungen unserer Rinder zu verstehen? Zweifellos verfügen wir inzwischen über moderne Verfahren, die uns helfen können, heutige Rinderrassen besser zu verstehen, Krankheiten zu bekämpfen und die Art zu erhalten.

KAPITEL 3

# Sozialleben & Verhalten

# Haltung

Eine Rinderherde verhält sich je nach Umgebung unterschiedlich, und ihre Individuen zeigen je nach Alter verschiedene Bedürfnisse. Bei Haltung in offener Landschaft bleiben die Tiere dichter beieinander als dort, wo es mehr Deckung gibt. Bei reiner Stallhaltung sollten die Kälber getrennt von älteren Tieren (und mit separater Belüftung) gehalten werden. Lüftungsöffnungen und Fenster sollten so beschaffen sein, dass möglichst keine Fliegen und anderen Insekten eindringen können, denn diese bedeuten ein gewisses Risiko. Nach dem Entwöhnen stellt man jüngere, kleinere Tiere am besten in kleinen Gruppen zusammen, idealerweise im Alter bis zu vier Monaten jeweils 3–5, danach 6–12 Tiere.

Es gibt verschiedene Haltungsformen, von Kälberhütten («Iglus») über Unterstände bis hin zu Ställen mit Foliendach. Der Stall sollte idealerweise vor direkter Sonneneinstrahlung schützen, im Winter Wärme bieten und frei von Zugluft sein; außerdem muss er eine adäquate Wasserversorgung und Entsorgung der Exkremente gewährleisten.

Luftqualität und Temperatur sind stets zu kontrollieren – zu viel Staub in der Luft etwa kann zu Atemwegsproblemen führen. Eine gute Belüftung verringert zudem Gerüche, führt zu besserer Futteraufnahme, entfernt gefährliche Keime und verlängert auch die Lebensdauer des Stallgebäudes. Dies ist schon beim Bau des Stalles zu berücksichtigen. Oft kommen Ventilatoren und verschiedene Lüftungssysteme zum Einsatz. Ein zu starker Luftstrom kann jedoch Zugluft entstehen lassen.

Ist die Temperatur zu hoch, sinkt die Futteraufnahme der Tiere; sie schwitzen und leiden unter Stress. Bei zu niedriger Temperatur verbrauchen die Rinder Energie, um ihre Körperwärme zu erhalten, sodass die Wachstumsrate sinkt. Optimal für die Kälberaufzucht ist eine Temperatur von rund 16 °C (vertretbar sind Schwankungen im Bereich von 10–29 °C). Luftfeuchtigkeit, Wind, gegebenenfalls auch

**Unten** *Milch besteht zu 87 % aus Wasser, daher brauchen laktierende Kühe 60–100 l Wasser am Tag. Der Wasserbedarf variiert zudem je nach Größe, Rasse und Umgebungsbedingungen.*

Regen und Matsch beeinflussen ebenfalls das Wohlbefinden der Tiere.

Die optimale Luftfeuchte für Jungtiere liegt bei 65–75 %. Sie wird nicht nur durch den Wasseranteil der Luft, Wetter und die Umgebung (etwa Felder oder Flüsse) beeinflusst, sondern auch durch die Atemluft sowie Ausscheidungen (Urin, Kot, Schweiß) der Tiere. Zur Beurteilung des Wohlbefindens bei wärmerem Wetter wird oft der TH-Index (THI, Temperature-Humidity-Index) herangezogen. Bei Temperaturen oberhalb 29 °C und/oder einer Luftfeuchte ab 85 % können Gesundheitsschäden bei den Rindern auftreten. Eine Temperatur von 22 °C bei 100 % Luftfeuchtigkeit ist genauso riskant wie 29 °C bei 35 % Luftfeuchtigkeit. Bei 22 °C und 45 % Luftfeuchtigkeit liegt der THI bei 68; dann lässt oft die Milchproduktion nach. Geringere Milchleistung, weniger Kalbungen aufgrund geringerer Befruchtungsrate, ein Nachlassen des Wiederkäuens und der Futteraufnahme, eine erhöhte Rektaltemperatur, ja sogar vermehrte Erkrankungen und Todesfälle können bei Hitzestress und/oder zu hoher Luftfeuchtigkeit auftreten. Bei heißem Wetter verlegt man den Umgang mit den Tieren am besten auf die frühen Morgenstunden und bewegt sie, wenn nötig, nur langsam. Sprinklersysteme können zur Kühlung der Rinder beitragen, und Schatten und gute Belüftung sind unerlässlich.

Faktoren wie Licht und Dunkelheit (!) tragen zu einem gesunden Hormonhaushalt bei, der eine bessere Gewichtszunahme bzw. Milchleistung und bei weiblichen Tieren eine raschere Geschlechtsreife fördert. Etwa 16–18 Stunden Tageslicht bei 6–8 Stunden Dunkelheit sind für die meisten Bestände optimal; bei modernen Ställen lassen sich diese Größen so einstellen, dass die Rinder weiterhin selbst wählen können. Grelles Licht wird von den Tieren meist gemieden.

**Rechts** *Spezielle Kälberhaltungssysteme steigern die Gesundheit und Produktion. Kälberhütten lassen sich einfach reinigen und leicht bewegen.*

## DIE FÜNF FREIHEITEN

Weltweit basieren die meisten Tierschutzgesetze auf den «fünf Freiheiten». Auch Haltungs- und Landwirtschaftsstandards sollten diese Ideale widerspiegeln. Die wichtigsten Punkte bei der Tierhaltung sind:

**1. Freiheit von Hunger und Durst** – also Zugang zu Wasser und angemessenem Futter. Der Zugang zu Futter ist situationsabhängig, doch ist genug Platz für den Zugang zu Futtertrögen und Tränken essenziell, um Rangeleien zu unterbinden und die Aufnahme zu fördern. Mindestens 10 % eines Bestandes sollten jederzeit gleichzeitig trinken können, wobei jedes Rind mindestens 14–80 l täglich konsumiert; der Bedarf richtet sich danach, ob es sich um Jungtiere, Saugkälber oder laktierende Kühe handelt. Das Wasser muss frisch und sauber sein. Oft lohnt es sich, Regenwasser aufzufangen, das sich durchaus zur Tränke eignet.

**2. Freiheit von Unbehagen** – dies umfasst unter anderem eine gute Unterbringung und Einstreu in Ruhezonen. Ein rutschfester Untergrund mit guter Drainage flüssiger Ausscheidungen trägt ebenso zu einer angenehmen Umgebung bei wie eine Unterbringung, die gut zu reinigen ist und so auch für das Personal gute Arbeitsbedingungen schafft. Für Rinder ist besonders die Einstreu von großer Wichtigkeit. Damit gepolsterte Ruhezonen wirken Verschmutzungen der Tiere entgegen; Einstreu bindet Feuchtigkeit, mindert das Krankheitsrisiko und reduziert Stress. Einstreumaterialien variieren von Sand und Holzspänen bis hin zu Stroh; Letzteres lockt allerdings die meisten Fliegen an.

**3. Freiheit von Schmerz, Verletzung und Krankheit** – dazu tragen angemessene Unterbringung, Weidegang und tiermedizinische Versorgung bei. Eine gute Belüftung, rutschfeste Böden und das Fehlen spitzer oder scharfer Objekte im Stall, im Auslauf oder auf der Weide sind wichtige Faktoren. Im Stall sollte es auch Bereiche mit festem Boden geben, damit sich die Klauen abnutzen und es nicht zu Lahmheiten kommt. Oft bestehen Stallböden aus aufgerautem Beton, Holz oder Gummi. Bei Spaltenböden ist dafür zu sorgen, dass sich kein Schwefelwasserstoff anreichert – er riecht nach faulen Eiern, bei höherer Konzentration allerdings weniger intensiv. Das Gas bildet sich aus den Ausscheidungen der Rinder und kann auch für Mitarbeiter lebensgefährlich werden. Auf manchen Höfen wird der Stallboden von fest installierten Schiebern gereinigt, andernorts kommen frei fahrende Entmistungsroboter zum Einsatz, denen auszuweichen die Tiere schnell lernen.

**4. Freiheit zum Ausleben normalen Verhaltens** – dies bezieht sich oft auf ausreichend Platz, also nicht zu dicht besetzte Ställe, und das Anbieten von Gesellschaft und einer angereicherten Umgebung (Enrichment), etwa Möglichkeiten, sich zu scheuern. Ein Kalb, das im Laufstall gehalten wird, sollte bis zu einem Körpergewicht von 150 kg mindestens 2–4 m³ Fläche zur Verfügung haben – dann kann es sein Fell pflegen, stehen, sich hinlegen und umhergehen. Adulttiere brauchen ähnlich viel Platz auf festem Boden.

**5. Freiheit von Angst und Leiden** – sie wird gewährleistet durch eine stressfreie Stall- und Hofumgebung, den Umgang mit vertrauten Personen und eine tägliche Routine. In größeren Milchkuhställen, vor allem solchen ohne Außenbereich, gibt es oft Liegeboxen (da männliche Tiere unter und nicht hinter sich urinieren, sind diese Liegeplätze für sie nicht geeignet), in denen die Kühe ungestört ruhen können; das verlängert ihre Liegezeit.

# Ernährung & Schlaf

Die Ansprüche an die Ernährung variieren je nach Rasse, Alter, Geschlecht und Nutzung der Rinder stark. Ob in der Aufzucht und Mast von Rindern für die Fleischindustrie, dem Streben nach hoher Milchproduktion und Fruchtbarkeit für das Molkereiwesen oder bei der Nutzung von Rindern als Zugtiere, generell gilt: Je größer ein Tier ist, desto mehr Energie muss es aufnehmen, um seinen Körper zu versorgen, und desto weniger steht ihm für Wachstum oder Milchbildung zur Verfügung. Die Nährstoffaufnahme wird von Erkrankungen (wie Wurmbefall oder Lungenentzündung) ebenso beeinflusst wie von Negativfaktoren (etwa Drangsalieren durch andere Tiere, hohe Umgebungstemperatur und Stress).

Wenn sie die Möglichkeit zum Grasen haben, verbringen Milchkühe etwa acht, Mastrinder rund neun Stunden täglich mit Fressen. Das Grasen erfolgt stehend, während das Wiederkäuen meist im Liegen während Ruhephasen erfolgt. Das Wiederkäuen dient dem besseren Aufschließen der Nahrung, was wiederum deren Verdauung fördert. Wiederkäuen ist auch ein Zeichen von Wohlbefinden. Wie viel Zeit es in Anspruch nimmt, wird unter anderem durch die Qualität des Grünfutters bestimmt. Hochwertiges Gras erfordert weniger ausgiebiges Wiederkäuen als faserreiches, minderwertiges Gras. Hält man Kälber mit älteren Tieren zusammen, zeigen sie längere Phasen des Grasens und kürzere Wiederkäuzeiten als in reinen Kälbergruppen. Auch das Wetter beeinflusst die Dauer der Nahrungsaufnahme. Bei einer Studie etwa verbrachten die Rinder normalerweise 67 % der Zeit mit Nahrungsaufnahme, bei windigem, nassem Wetter jedoch nur etwa 48 %.

Nicht alle Rinder kommen in den Genuss des Weidegangs, daher muss bei der Aufbewahrung und dem Anbieten von Futter und Wasser höchste Sorgfalt walten. Getreide sollte stets sauber und trocken gelagert werden – und geschützt vor Nagern, denn diese können Krankheiten verbreiten. Milch-, Futter- und Wassereimer sind ideale Nährböden für Keime, daher

**Unten** *Die Ansprüche an die Fütterung variieren je nach Alter, Rasse, Gelegenheit zum Weidegang und anderen Faktoren.*

ist gute Hygiene und sorgfältige Reinigung oberstes Gebot. Raue, zerkratzte Oberflächen fördern ebenfalls das Bakterienwachstum.

Faserreiches Futter wie Stroh und Zuckerrübenschnitzel fördern die Verdauung und Pansengesundheit. Kraftfutter wird meist sorgfältig so rationiert, dass es angemessene Mengen an Mineralien, Vitaminen und Rohprotein zusätzlich zu der generell aufgenommenen Kalorien- bzw. Energiemenge liefert; auch die Menge an Zuckern und Stärke ist zu beachten, damit die Tiere nicht übergewichtig werden. Weidegras bzw. Grassilage, Maissilage, Gerste oder Gerstenschrot, Rot-Klee, Raps, Bohnen, Erbsen, Melasse, sonstige Getreide, Zitrus-, Soja- und Kartoffelpulpe sowie Stroh sind oftmals Bestandteile der Fütterung. Mineralien wie Kalzium (Ca), Phosphor (P), Magnesium (Mg), Kupfer (Cu), Selen (Se), Kobalt (Co), Jod (J), Zink (Zn) und Mangan (Mn) sind für Rinder essenziell. Ein Mangel an diesen Nährstoffen kann schnell zu Krankheiten führen.

Welches Futter man auch wählt, es muss sorgfältig verwahrt werden, um Befall mit Bakterien und Schimmel, Verderb, aber auch dem Diebstahl durch Vögel und dem Davonwehen vorzubeugen. Generell ist Weidehaltung die preiswerteste Variante, doch ist hier auf eine ausreichende Mineralienversorgung zu achten. In der Fleischproduktion beeinflusst die Art und Qualität des Futters die Fleischqualität, besonders den Reifevorgang.

**Links** *Die Futtermittel unterscheiden sich weltweit sehr, je nachdem, welche Futterpflanzen regional zusätzlich zu Fertigfutter verfügbar sind.*

*Erbsen*

*Mais*

*Zuckerrübenpellets*

*Raps*

*Rot-Klee*

## GEFAHR DURCH DAS FUTTER

Will man eine optimale Gesundheit gewährleisten, sollte man die Fütterung von Rindern sorgfältig planen; bestimmte Futtermittel und Pflanzen sind außerdem zu meiden. Tomatenpflanzen können giftig wirken; Rittersporn, Nachtschattengewächse, Lupinen, Wasserschierling und Gefleckter Schierling können Krämpfe und sogar den Tod bewirken. Manche seltsamen Futtermittel wurden Rindern schon verabreicht, von Fischmehl bis hin zu Schokolade und anderen Süßigkeiten, um den Blutzuckerspiegel zu erhöhen – nichts davon ist natürlicher Bestandteil des Nahrungsspektrums oder wissenschaftlich geprüft. Manche Produzenten, etwa von Keksen oder auch Obst und Gemüse, verkaufen nicht für den menschlichen Verzehr geeignete Ware an Rinderhalter, sodass den Tieren manchmal Kekse, Kürbisse oder Orangen vorgesetzt werden.

Dank ihres komplexen Verdauungssystems können Rinder ganz andere Nahrung verwerten als wir Menschen. Vielerorts werden sie zum Abweiden auf abgeerntete Mais- oder Weizenfelder getrieben. Sie betreiben sozusagen «Upcycling», denn sie können Produkte wie Baumwollsaat oder Trockenschlempe aus Brennereien verwerten, die ansonsten als Abfallprodukte gelten. Vor Jahren fütterte man Rinder auch mit Tiermehlen, doch darüber wurde wahrscheinlich die Krankheit BSE («Rinderwahn») verbreitet; zudem sollten sie als Pflanzenfresser keine tierischen Futtermittel erhalten.

## RUHE & SCHLAF

Schlafen, Dösen und Wiederkäuen nehmen beim Rind oft etwa die Hälfte des Tages ein. Die Tiere halten auch im Liegen den Kopf meist hoch, oder sie legen ihn seitlich nach hinten in Richtung Flanke ab. Wie viel Zeit Rinder liegend verbringen, hängt von unterschiedlichen Faktoren ab, darunter Art und Komfort der Unterbringung, Ernährung, Wetter sowie bei weiblichen Tieren eine bestehende Trächtigkeit.

Rinder schätzen Routine und sind echte Gewohnheitstiere. Sie haben offenbar bevorzugte Ruheplätze, vielleicht um Konkurrenz um bestimmte Stellen zu vermeiden, doch die gewählten Plätze scheinen nicht im Zusammenhang mit der Rangordnung zu stehen. Ruhephasen werden auch durch die Umgebung beeinflusst. Rinder meiden Lärm und somit auch ihre normalen Ruheplätze, wenn sie dort gestört werden. Länge und Qualität der Ruhephasen sowie die Auswahl der Ruheplätze sind zudem je nach Rasse verschieden; mitteleuropäische Rassen meiden intensive Sonneneinstrahlung, während Zebus und Zebu-Kreuzungen auch bei starker Sonneneinstrahlung außerhalb des Schattens grasen. Generell grasen die meisten Rinder bei Hitze bevorzugt nachts.

**Oben** *Rinder ruhen, schlafen und wiederkäuen im Liegen, und das für gut die Hälfte des Tages. Dabei halten sie den Kopf meist hoch und bleiben wachsam.*

**Unten** *Die meisten Landwirte füttern ihre Rinder mit größter Sorgfalt, doch als «Upcycler» können diese auch «Abfälle» wie Kürbisse, Orangen und Brennereirückstände verwerten.*

## MODERNER MYTHOS: KUHSCHUBSEN

Beim «Kuhschubsen» schleichen sich Menschen angeblich an schlafende Kühe an und schubsen diese auf die Seite, woraufhin die Tiere nicht wieder aufstehen können. Dieser moderne Mythos stammt aus den 1970er-Jahren, hat aber schon Vorläufer im antiken Rom.

Das Ganze hat jedoch einige Schwachpunkte. Zunächst einmal schlafen Rinder gar nicht selten auf der Seite liegend, und auch nach einem Sturz kommen sie meist wieder auf die Beine, wenn sie nicht verletzt sind. Warum also sollten sie nicht wieder aufstehen können, wenn sie von einem Menschen umgeschubst wurden?

Manchmal müssen Rinder vom Tierarzt oder Landwirt zur Behandlung niedergelegt werden; dazu braucht es die richtigen Hilfsmittel und Kenntnisse. Zum Umschubsen einer Kuh bräuchte es wohl die Kraft von bis zu 14 Personen (ca. 3000–4000 Newton).

Kühe, die stehend dösen, sind dennoch wachsam für mögliche Angreifer und werden ebenso reagieren wie der Rest der Herde. Rinder sind nicht ungefährlich, wenn sie aufgebracht sind, und stemmen sich dagegen, wenn man sie schubst.

# Fortpflanzung

Angesichts der Bedeutung, die die künstliche Besamung (KB) heute bei der modernen Rinderzucht hat, könnte man meinen, dass das natürliche Paarungsverhalten der Tiere kaum noch ein Rolle spielt. Doch dem ist nicht so. So «markieren» Bullen, die für den Natursprung eingesetzt werden, brüllend ihr Territorium, und Kühe tun ihre Paarungswilligkeit im Östrus durch typische Rufe kund.

Kühe kommen meist abends in die Brunst, die dann 18–24 Stunden anhält. In dieser Phase sind sie oft unruhig, fressen weniger, urinieren häufiger, flehmen, legen das Kinn auf den Rücken anderer Kühe, lecken und schnüffeln vermehrt; sie reiten auf andere Tiere auf, verhalten sich aggressiv und sehr aktiv. Das weibliche Sexualverhalten variiert je nach Umgebung, Gesundheitszustand, Rasse, Individuum und Erfahrung. Förderlich ist die Haltung von Kühen in der Gruppe, denn der Östrus verlängert sich, wenn noch weitere Kühe brünstig sind. Gesteuert wird das Sexualverhalten vor allem durch Hormone; bei Kühen sind dies die Östrogene, bei Bullen Androgene wie das Testosteron.

Ein Bulle registriert oft – bis zu zwei Tage vorher –, wenn bei einer Kuh in der Herde der Eisprung bevorsteht, und hält sich dann vermehrt in ihrer Nähe auf. In manchen Regionen setzt man Suchbullen *(teaser bulls)* in Kombination mit der KB ein. Bullen, die zum Decken eingesetzt werden, versuchen meist, die brünstige Kuh zu besteigen, lecken deren Vulva und flehmen. Beide stehen auch oft Kopf an Kopf da, oder der Bulle legt seinen Kopf auf den Rücken der Kuh.

**Links** *Sowohl Bullen als auch Kühe brüllen, wenn sie sich bedroht fühlen oder einen Partner anlocken wollen. Bullen brüllen auch, um Konkurrenten herauszufordern.*

**Rechts** *Das Aufreiten ist Teil der natürlichen Paarung; seine Duldung durch die Kuh markiert den richtigen Zeitpunkt für die künstliche Besamung (KB).*

Der richtige Zeitpunkt ist für die Fortpflanzung wichtig, denn Kühe sind pro Zyklus nur für 1–18 (durchschnittlich 4–5) Stunden empfängnisbereit und paarungswillig. In Herden paaren sich die dominanteren Bullen häufiger, doch mit der Zeit kann ihr Interesse an der Herde erlahmen; das Einbringen neuer weiblicher Tiere kann ihre Libido wieder steigern. Ochsen zeigen manchmal sexuelle Verhaltensweisen bis hin zur Erektion, obwohl sie kastriert sind, doch selbst wenn sie aufreiten, ist doch ihr Sexualverhalten generell gehemmt. Zwicken (sterile weibliche Rinder, die aus einer Mehrlingsträchtigkeit mit einem Bullen stammen) werden gelegentlich ebenfalls eingesetzt, da sie aufgrund der Androgeneinwirkung eher wie

## BEDROHUNG DURCH KRANKHEITEN

Im Zusammenhang mit der Befruchtung und Trächtigkeit fürchten Rinderhalter Krankheiten ganz besonders. So führt eine Leptospirose zu wirtschaftlichen Verlusten durch verringerte Milchleistung und Fruchtbarkeit sowie Aborte, besonders Spätaborte. Sie ist außerdem eine Zoonose, kann also vom Tier auf den Menschen übergehen; schwangere Frauen sollten sich daher von Kühen, die abortiert haben, fernhalten.

Deckseuchen treten bei Rindern im Zusammenhang mit der Befruchtung und Trächtigkeit häufig auf, nicht nur beim Natursprung, sondern sogar bei künstlicher Besamung. So können Bullen Träger des Bakteriums *Campylobacter fetus* sein und dieses beim Deckakt auf die Kuh übertragen. Dort ruft es die sogenannte Vibrionenseuche hervor, die zum Abort führt und in einem Bestand oft unbemerkt bleibt, bis die hohe Zahl von nicht trächtigen Kühen oder Aborten auffällt.

Bullen agieren. Dieses Verhalten kann dabei helfen, Lautäußerungen richtig zu interpretieren und den günstigsten Besamungszeitpunkt bei einer Kuh zu erkennen.

# Gezielte Zucht

Bei Eigenschaften wie Milchleistung, Fleischqualität, Fruchtbarkeit, Aggressivität, Fellfarbe, Erscheinungsbild und allgemeiner Gesundheit spielt die Genetik eine große Rolle. Dank Fortschritten in der Genomforschung sind heute viele Gene identifiziert, die hier entscheidende Bedeutung haben. Das Sperma des Bullen steuert einen einfachen Chromosomensatz (inklusive eines X- oder Y-Chromosoms) bei, ebenso wie die Eizelle der Kuh (diese immer mit einem X-Chromosom). Somit entscheidet das vom Bullen beigesteuerte Geschlechtschromosom darüber, ob der Nachwuchs weiblich (XX) oder männlich (XY) ist.

Generell können Gene dominant (Merkmale werden immer ausgeprägt) oder rezessiv (Ausprägung der Merkmale nur dann, wenn das rezessive Gen in beiden Chromosomensätzen vorliegt) sein, oder sie werden co-exprimiert. Manche Gene sind miteinander gekoppelt, etwa diejenigen für Augen- und Fellfarbe. Modernen Zuchtbetrieben stehen verschiedene Zucht-Tools und Softwareprogramme zur Verfügung, um über optimale Verpaarungen zu entscheiden. Neben Abstammungsdaten nutzt man auch genetische und Leistungsdaten, um potenziell gute Elternkombinationen für erwünschte Merkmale zu ermitteln.

**Unten** *Kreuzungen aus traditionellen Fleischrind- oder Milchviehrassen können widerstandsfähige Tiere ergeben, die mehr Milch geben als reine Fleischrassen.*

## Reinzucht

Bei reinrassigen Rindern gehören die Elterntiere beide derselben Rasse an. Bei dieser Zuchtmethode wird zwar die genetische Information bewahrt, doch birgt sie auch die Gefahr von Inzucht, wenn es zu wenige Zuchttiere gibt. Aufgrund intensiver Reinzucht kann es sein, dass manche Bestände oder Rassen sehr eng verwandte Tiere umfassen, sodass es an genetischer Variation mangelt. Das ist vor allem besorgniserregend, wenn eine Krankheit den Bestand heimsucht – besonders bei neueren Krankheitserregern kann eine zu geringe genetische Bandbreite bedeuten, dass eine komplette Rasse anfällig dafür ist. Durch Reinzucht können auch Fruchtbarkeit und Lebenserwartung zurückgehen, wenn sie nachlässig betrieben wird.

## Kreuzung

Diese Zuchtmethode bringt neue genetische Merkmale in einen Bestand. Per Kreuzung kann man neue Rassen entwickeln oder Merkmale wie hohe Milchleistung oder hohe Kälbergewichte in vorhandene Rassen einbringen. Vom Heterosiseffekt spricht man, wenn die durchschnittliche Leistung der Nachkommen aus einer Kreuzung anders (meist besser) ist als der Durchschnitt der väterlichen bzw. mütterlichen Rasse. Bevorzugte Zuchtkombinationen können auch Eltern unterschiedlicher Rassen umfassen, deren Nachkommen nicht in bestimmten Einzelmerkmalen besser abschneiden, sondern anpassungsfähiger für verschiedene Umweltbedingungen sind. So könnten die Nachkommen wärmetoleranter sein, auch wenn sie nicht mehr Milch geben als das Muttertier. Komplementarität kann auftreten, wenn sich die Rassen von Vater- und Muttertier stark unterscheiden, aber ihre Nachkommen dennoch unter unterschiedlichen Bedingungen eine Vielzahl von Merkmalen aufweisen können. Die Verpaarung eines großen Muttertieres mit einem kleinen Bullen etwa ergibt ein großes Kalb.

**Oben** *Die Reinzucht konserviert genetische Informationen, kann aber problematisch sein, wenn (etwa bei isolierten Herden oder seltenen Rassen) nur wenige Individuen verwendet werden.*

## Weitere Methoden

Halter ersetzen oft alte Muttertiere durch ihre Töchter; man spricht dann von einem kontinuierlichen System. Stammen die Färsen aus anderen Beständen, nennt man dies ein terminales System. Die jeweils verwendeten Bullen können bei beiden Systemen dieselben oder unterschiedlich sein, je nachdem, ob der Betrieb auf KB oder auf eigene Bullen setzt.

Heute werden vielerlei Daten gesammelt und vor allem genetische Daten verwendet, was die Entscheidungen kompliziert macht. Weltweit werden Fortbildungen zu Zuchtmethoden, Kreuzungszucht, der Nutzung von Datenbanken, genetischen Daten und Bullenselektion immer gefragter. Doch Zucht und Genetik allein sorgen noch nicht für ein gutes Gedeihen des Tieres – auch Betriebsführung und Umweltbedingungen haben daran großen Anteil.

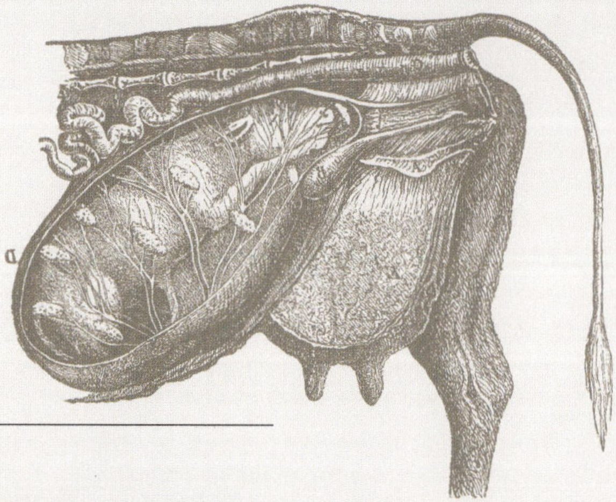

# Trächtigkeit & Geburt

Die Tragzeit variiert beim Rind zwischen 279 und 287 Tagen, meist liegt sie bei 283 Tagen. Bullenträchtigkeiten dauern oft etwas länger als die von Kuhkälbern. In kommerziellen Betrieben werden trächtige Kühe oft etwa zwei Monate vor dem Abkalbetermin von der Herde abgesondert. Unmittelbar vor der Geburt sucht das Muttertier nach einem trockenen, ruhigen und warmen Ort abseits der anderen. Frühe Anzeichen der bevorstehenden Geburt sind ein geschwollenes Euter, Austritt von Milch aus den Zitzen, Schleim um die Vulva und Unruhe. Etwa 6–72 Stunden vor dem Kalben zieht sich die Mutter von der Herde zurück, zeigt Appetitlosigkeit und Unbehagen sowie Anzeichen von Wehen. Meist braucht eine Kuh 30–60 Minuten für die Geburt; bei Erstkalbinnen kann dies bis zu vier Stunden dauern.

Schon während der Trächtigkeit muss die Kuh gut versorgt werden, damit das Kalb gesund bleibt. Die Ernährung ist besonders wichtig; bei schlechter Ernährung kann es zum Abort kommen, besonders beim Verzehr giftiger Pflanzen oder Mangel an Vitamin A, Selen oder Vitamin E. Natürlicherweise kommt es in 1–2 % der Trächtigkeiten zum Abort nach dem 120. Trächtigkeitstag. Wie hoch die Abortrate vor diesem Zeitpunkt ist, lässt sich schwer sagen, da viele Halter sich der Trächtigkeit dann noch gar nicht bewusst oder sicher sind. Zuchtbetriebe lassen oft um den 32. Tag nach der Besamung Trächtigkeitsuntersuchungen durchführen, ebenso um den 60. Tag, besonders wenn eine Kuh dann wieder Brunstzeichen zeigt. Abortraten über 5 % gelten oft als Anzeichen für Probleme im Bestand. Natürliche Aborte gehen unter anderem auf genetische Abnormitäten, Infektionen, mit Bakterien kontaminiertes Futter, Stress, zu hohe Umgebungstemperaturen, Komplikationen durch Arzneimittel, Fieber, Zwillingsträchtigkeiten, Schilddrüsenunterfunktion oder auch Traumata zurück.

**Unten** *Bei einer Rasse durchschnittlicher Größe misst der Fetus am 45. Trächtigkeitstag ca. 2,5 cm, am 120. Tag ca. 25–30 cm, das Doppelte davon am 180. Tag und wiederum das Doppelte davon am 270. Tag der Trächtigkeit.*

*Vermehrtes Fett- und sonstiges Gewebe, das schwerere Euter, die Plazenta und die Amnionflüssigkeit erhöhen das Gewicht des Muttertiers.*

*Am 250. Trächtigkeitstag wiegt die Amnionflüssigkeit ca. 9 kg, der Fetus etwa 28 kg und die Plazenta ca. 4 kg.*

*Am Ende der Trächtigkeit ist das Kalb 6-mal so schwer wie die Plazenta.*

## GEBURT

Der Geburtsprozess setzt mit den Wehen und dem Platzen der Fruchtblase ein. Wenn alles gut verläuft, wird die Frucht dann durch Cervix (Gebärmutterhals), Vagina («Geburtskanal») und Vulva geboren. Bei der Geburt kann es jedoch zu Komplikationen kommen, die ein rasches Eingreifen erfordern, damit der Verlauf erfolgreich ist.

Etwa 10–15 % der Erstkalbinnen und 3–5 % der Mutterkühe erleiden solche Schwergeburten (Dystokien). Insbesondere bei Fleischrassen kann ein zu großes Kalb Probleme bereiten. Dies kann zu Vaginalrupturen führen. Ein Verkeilen der Beckenknochen von Kuh und Kalb, Haltungsanomalien (wie gebeugte Beine oder Kopfseitenhaltung), Hinterendlage oder Zwillinge, die gleichzeitig in den Geburtskanal treten, können ebenso zu Komplikationen führen wie ein abgestorbenes Kalb.

In solchen Fällen drohen Verletzungen und sogar Lebensgefahr für Kuh und Kalb. Die sorgfältige Auswahl eines geeigneten Bullen kann die Zahl der Schwergeburten verringern. Auch sollte man nur solche Kühe belegen, die ein entsprechendes Alter und Gewicht haben und in guter Verfassung sind. Oft werden geburtshilfliche Maßnahmen nötig.

## GEBURTSNACHSORGE

Nach der Geburt des Kalbes wird normalerweise die Plazenta abgestoßen. Manchmal verbleibt diese jedoch in der Gebärmutter, besonders bei Schwergeburten, Milchfieber oder bei Zwillingsgeburten. Die Eihäute werden meist nicht von Hand entfernt, da sie innerhalb von 11 Tagen von allein abgehen. Um die Kontraktionen zu fördern, kann man Oxytocin spritzen; dies unterstützt auch die Abstoßung der Plazenta.

Das neugeborene Kalb sollte auf angeborene Krankheiten, Traumata durch die Geburt und mögliche Infektionen untersucht werden. Auch ist sicherzustellen, dass die Kuh das Kalb säugen und das Kalb seinerseits saugen kann, damit es das antikörperhaltige Kolostrum (Biestmilch) erhält.

**Links** *Manchmal müssen Landwirte oder Tierärzte Geburtshilfe leisten. Bei manchen Rassen kommt es besonders oft zu Komplikationen.*

**Rechts** *Das Neugeborene wird normalerweise von der Mutter trockengeleckt. Das schützt es vor Auskühlung, stimuliert Atmung und Kreislauf und fördert die Bindung.*

# Versorgung des Kalbes

Der Schutz des Neugeborenen beginnt damit, dass das Muttertier geimpft ist, das Kalb mit angemessenen Mengen an Kolostrum und Milch versorgt wird und der Stall gut belüftet ist sowie genug Platz bietet. In den ersten 28 Lebenstagen sind Kälber besonders schutzbedürftig. Eine Unterversorgung mit Flüssigkeit und Nährstoffen kann zu Gewichtsverlusten führen, die oft eine lebenslange Minderleistung nach sich ziehen. Das Neugeborene ist sofort auf angeborene Krankheiten, Atemfrequenz und seinen Entwicklungsstand zu untersuchen. Viele Halter bringen Kühe zur Geburt ihres Kalbes separat von der Herde unter.

## FÜTTERUNG

Die Fütterung von Kälbern erfolgt weltweit nach unterschiedlichen Methoden. Viele nutzen die «Biestmilch» (Kolostrum) direkt von der Mutterkuh und sorgen dafür, dass das Kalb binnen zwei Stunden nach der Geburt diese trinkt. Idealerweise erhält ein Kalb 3 l Kolostrum pro Tag. Nach dieser ersten Milch bildet die Kuh 2 ½ Tage lang «Übergangsmilch». Ab dem 4. Lebenstag bleiben zwar viele Kälber bei der Mutter und trinken bei ihr, viele aber werden von der Mutter getrennt und mit Vollmilch oder Milchaustauscher gefüttert, der vitaminreich ist und extra entwickelt wurde, um das Wachstum zu fördern.

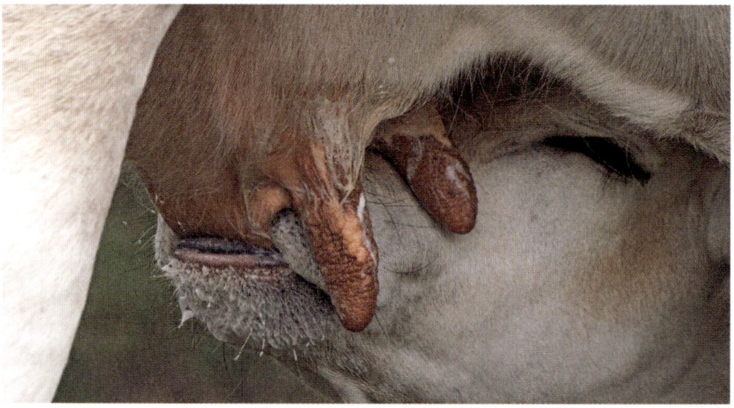

**Oben** *Für die Gesundheit des Kalbes ist es unerlässlich, dass es in den ersten Lebensstunden trinkt und Kolostrum aufnimmt.*

Kälber nehmen in ihren ersten beiden Lebenswochen die meisten Nährstoffe über die Milch auf. Viele erhalten ab dem 4. Lebenstag und bis zum Entwöhnen zusätzlich Starterfutter, das verschiedene Proteine, Mineralien und Vitamine enthält. Kälber brauchen ab dem 1. Lebenstag frisches, sauberes Trinkwasser, damit ihr Pansen seine Arbeit aufnehmen kann. Fleischrinder werden meist im Alter von 180–210 Tagen entwöhnt, doch einige Studien ergaben, dass auch bereits mit 120–160 Tagen entwöhnte Kälber gut an Gewicht zunahmen und dabei gesund waren. Milchvieh wird eher mit 6–10 Wochen entwöhnt. Indem man die Milchportionen verringert und vermehrt Rau- und Kraftfutter gibt, ermuntert man die Kälber, weniger Milch zu trinken. Die Entwöhnung dauert meist 7–14 Tage.

## KRANKHEITEN

Eine gute Fütterung ist der beste Schutz vor vielen Krankheiten der Neugeborenen. Die Zahl der Fälle von Enteritis (Darmentzündung) lässt sich reduzieren, indem man sicherstellt, dass die Kälber das kostbare Kolostrum erhalten; dennoch sind Minderwachstum und Todesfälle durch Enteritis bzw. Kälberdurchfall Ursache für hohe wirtschaftliche Verluste. In den letzten Jahren wurden mehrere Impfstoffe gegen bestimmte Stämme des Bakteriums *Escherichia coli (E. coli)* entwickelt, einen der Erreger. Weitere sind Rota- und Coronaviren sowie verschiedene Bakterien und Parasiten. Infektiöse Durchfälle sind die wohl häufigste Todesursache bei Kälbern. Wenn das Kalb seine Muskeln nicht koordinieren kann, breitbeinig dasteht, zittert und nicht frisst, könnte es unter Boviner Virusdiarrhoe (BVD) leiden; infizierte Tiere werden meist getötet (gekeult). Auch Adulttiere können davon betroffen sein. Zur Diagnose und Prophylaxe kann man auf Labortests und Impfstoffe zurückgreifen.

## WACHSTUM & GESUNDHEIT

Auf lange Sicht sollte man überwachen, ob das Kalb seiner Rasse entsprechend wächst. Dabei werden die Widerristhöhe und der Brustumfang gemessen. Die Dokumentation von Schwergeburten und Todesfällen, das Einhalten täglicher Routinen, eine nicht zu hohe Bestandsdichte sowie angemessener Umgang und Transport der Tiere tragen zur Kälbergesundheit bei. Verrichtet man erst die Arbeiten bei den jüngsten Tieren und erst anschließend bei den älteren, kann dies die Kälber vor Krankheiten schützen, ebenso wie regelmäßige Stallreinigung und Wechsel der Einstreu. Die Haltung in Gruppen gleichaltriger Tiere erleichtert die Versorgung und reduziert das Krankheitsrisiko.

**Unten** *Das Vermessen des Kalbes gibt Aufschluss darüber, ob es sich angemessen entwickelt. Wichtige Größen sind hier der Brustumfang und die Widerristhöhe.*

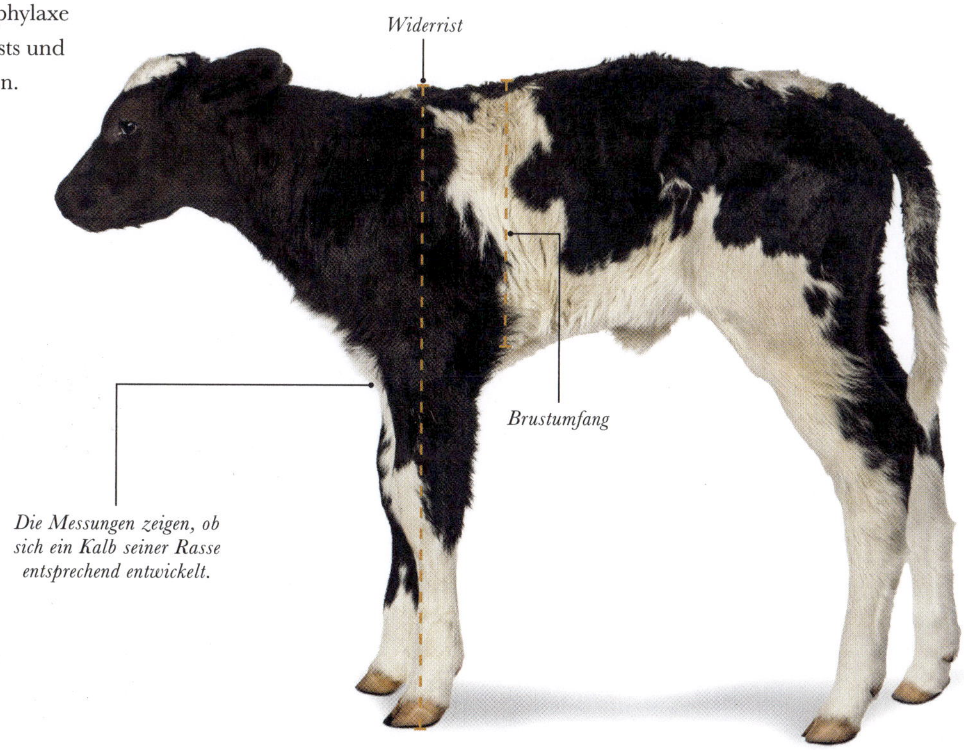

# Lautäußerungen

Generell unterscheidet man bei Rindern recht wenige Lautäußerungen: Muhen, Blöken (Kalb), Brummen (Bulle), Brüllen (bei Schmerzen oder Schreck), Schnauben und Stöhnen (bei Schmerzen). Diese Laute spiegeln sich in den Sprachen der Welt in ganz unterschiedlichen Ausdrücken wider. Doch ganz gleich, ob man sich in Brasilien oder Neuseeland befindet und ob man Mandarin oder Deutsch spricht: Die Laute der Rinder werden von den Haltern und Pflegern meist recht gut verstanden.

## RUFE

Etliche Forscher sind der Frage nachgegangen, ob sich die Lautäußerungen der Rinder dazu eignen, deren Wohlbefinden und Verhalten zu beurteilen. Hierzu wurden folgende Verhaltenskategorien vorgeschlagen:

1. Ruhen im Liegen und Wiederkäuen
2. Nahrungsaufnahme
3. Soziale Interaktion
4. Sexualverhalten
5. Stressverhalten
6. Sonstige

Den Ergebnissen zufolge geben die Laute Aufschluss über Alter, Geschlecht, Rang und reproduktiven Status des Tieres; zudem äußern asiatische Rinder weniger Laute als westliche Rassen.

Rinder äußern Laute gegenüber ihren Partnern und anderen vertrauten Artgenossen. Etwas ganz Besonderes ist die Kommunikation zwischen Mutterkuh und Kalb (siehe Kasten). Besonders oft rufen Rinder bei Ortswechseln, vielleicht als Signal, damit sich die Gruppe wieder zusammenfindet. Die Tiere gehen oft enge Bindungen nicht nur mit der gesamten Herde, sondern besonders mit einzelnen Tieren ein – vielleicht sogar enge Freundschaften. Auch der Anblick des Halters wird mit Lauten quittiert, vielleicht in Erwartung von Futter – Rinder geben Hunger oft laut kund. Im Liegen oder beim Wiederkäuen klingt

**Unten** ***Rinder erkennen Herdenmitglieder an der Stimme. Beim Anblick von Personen oder Futter, bei Erregung und Schmerzen geben sie ebenfalls Laute von sich – und manchmal auch ohne erkennbaren Grund.***

**Oben** *Rinder zeigen ihre Emotionen durchaus. Zungenrollen, Kauen auf Stangen, Erstarren oder Scheuen sind Anzeichen von Bedrängnis oder Angst.*

### MUTTER UND KALB

Schon beim Kalben geben Kühe oft Laute von sich, doch sobald das Kleine auf der Welt ist, spielt die Kommunikation zwischen Mutter und Kalb eine entscheidende Rolle – fehlt sie, deutet dies oft auf Probleme hin.

Forschungen ergaben, dass Muttertiere und ihre Kälber jeweils ganz individuelle Lautäußerungen haben, sodass sie wissen, wem die Kommunikation gilt.

Die Stimme des Kalbes ist höher als diejenige der Kuh. Trennt man Mutter und Kalb, muhen bzw. blöken diese laut. Die Kuh muht häufiger, wenn sie von ihrem Kalb getrennt ist, als wenn es sich in der Nähe befindet. Das Kalb wiederum gibt, wenn es in der Nähe der Kuh ist, einen besonderen Laut von sich, wenn es trinken will.

die Stimme tiefer als sonst, und im Melkstand sind die Tiere meist eher ruhig, ein Zeichen für Entspannung. Manchmal muhen Rinder auch ohne erkennbaren Grund.

## GEFÜHLE & EMOTIONEN

Rinder geben auch Schmerzenslaute von sich, wie jeder Halter aus Erfahrung weiß. Dies ergaben auch Studien, die Rinder etwa bei Krankheiten oder Verletzungen beobachteten oder wenn man ihnen mit dem Viehtreiber einen Schlag versetzte. Man beobachtete auch Tiere vor der Schlachtung. Diese Arbeiten haben einiges dazu beigetragen, die Bedingungen in den Schlachthöfen zu verbessern, und sie helfen den Haltern dabei, ihre Tiere zu verstehen. Zeigen Rinder repetitives oder sinnloses Verhalten, wie Zungenrollen oder Herumkauen auf einer Stange, kann Apathie aufgrund zu beengter Haltung und mangelnder Stimulation bei Intensivhaltung dahinterstecken. Bei Erschrecken erstarren Rinder oder sie scheuen.

Rinder sind emotionale Tiere, die neben Furcht, Hunger, Stress und Wut unter bestimmten Bedingungen auch Aufregung oder Niedergeschlagenheit zeigen. Man sagt, dass Rinder den Tod spüren können und dann muhen; es gibt viele Berichte darüber, dass Rinder unruhig werden und Laute äußern, wenn es ihnen oder ihren Artgenossen schlecht geht oder sie sterben.

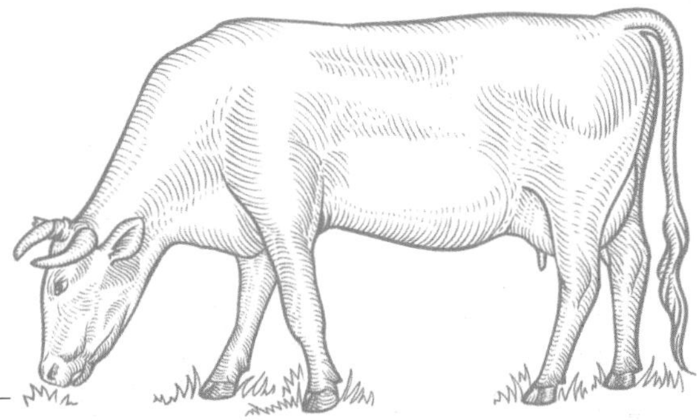

# Leben in der Herde

In einer Herde verbringen Rinder den Tag stehend (und oft dabei grasend), gehend und liegend, sie trinken, käuen wieder und zeigen agonistisches Verhalten wie Drohen und Rangeleien, aber auch Rückzug und Versöhnung sowie soziale Fellpflege. Rinder werden meist in Gruppen von Färsen, Kühen und Kälbern gehalten; ältere Bullen werden separat gehalten, bis sie zur Zucht eingesetzt werden. Dies variiert jedoch stark je nach angewandtem System; so werden die Bullen nicht immer separiert, und bei vielen Milchkuhherden werden die männlichen Kälber schon beim Entwöhnen abgesondert.

Männliche wie weibliche Tiere zeigen eine Rangordnung, wobei die Leittiere jeweils aufgrund von Größe, Gewicht, Alter, Wesen und Vorhandensein von Hörnern dominieren; bei Ochsen kann auch die Widerristhöhe den Ausschlag geben. All diese Eigenschaften können zur Dominanz eines Tieres beisteuern, doch sie sind nicht unbedingt von Dauer. So kann eine einst dominante Kuh ihren Status einbüßen, weil sie altert und Gewicht verliert. Trächtige Tiere zeigen sich aufgrund hormoneller Einflüsse oft weniger dominant. Meist dominieren männliche Tiere die weiblichen; junge Bullen können allein durch ihr Wachstum in der Rangordnung aufsteigen. Schon Jungtiere haben ihre eigene Rangordnung. Ranghöhere Tiere können schon durch kleine Bewegungen Unterwerfungsverhalten bei rangniederen auslösen.

Eine sehr große Herde spaltet sich oft auf, und jede kleinere Gruppe hat dann ihre eigene Rangordnung. Normalerweise wird die Nahrung geteilt, doch wie Studien zeigten, kontrollieren die dominanten Tiere den Zugang zur Nahrung, wenn jeweils nur eines oder wenige Tiere dorthin gelangen können. Umfasst die Herde Tiere unterschiedlicher Rassen, werden bei Milchvieh meist die schwereren, bei Fleischrindern jedoch die leichteren Rassen dominieren. Zwar verändert sich die Rangordnung mit Ab- und Zugängen von Herdentieren, doch geht die Aggressivität innerhalb der Herde zurück, sobald eine Hierarchie etabliert ist.

Auch die Milchleistung beeinflusst, wie die Tiere miteinander und mit der Umgebung interagieren. Kühe mit hoher Milchleistung betreten den Melkstand oft vor jenen mit geringerer Milchleistung. Die Milchproduktion kann bei Kühen, die neu in einer Herde sind, geringer ausfallen, bis sie ihren Platz in der Rangordnung gefunden haben.

Beim Grasen zeigt sich eine relativ deutliche Strukturierung; jüngere Tiere halten sich in der Mitte der Herde, während kranke, schwache und alternde Individuen eher hinter der Herde zurückbleiben oder an deren Rand landen und somit leichtere Beute für Raubfeinde sein können.

**Rechts** *Ob sie nun dem Leittier folgen, sich am Erdmagnetfeld orientieren oder einfach Gefahren im Auge behalten oder Konflikte vermeiden wollen – die Rinder einer Herde grasen oft in dieselbe Richtung.*

## IMMER HINTERHER

Das Leittier einer Herde ist nicht notwendigerweise das dominante Tier, und es bestimmt auch nicht wirklich die Richtung, in die sich die Herde bewegt. Manche vertreten die Ansicht, dominante Tiere hielten sich in der Mitte der Herde, während andere Studien darauf hindeuten, dass ranghohe Tiere leiten und rangniedere folgen. Möglicherweise trifft das Leittier hinsichtlich der Bewegungsrichtung einfach die erste Entscheidung, und wenn dann die Herde die Richtung ändert, setzt sich das dominante Tier wieder an die Spitze.

### MAGNETSINN BEI RINDERN?

Eine Studie konnte anhand von Satellitenbildern nachweisen, dass Rinder eher in Nord-Süd-Richtung entlang der Feldlinien des Erdmagnetfeldes grasen. Weder Windrichtung noch Tageszeit hatten darauf Einfluss; nur bei sehr starkem Wind oder intensivem Sonnenlicht an kalten Tagen wechselten die Tiere ihre Richtung. Die Forscher konnten die Rinder nicht sehen, wenn sich diese im Stall aufhielten, doch deuten diese Ergebnisse darauf hin, dass Rinder über einen magnetischen Richtungssinn verfügen. Andere Studien widersprachen dem jedoch und legten nahe, dass Rinder über keine Magnetorezeptoren verfügen.

# Verhalten & Temperament

Rinder sind meist zufrieden, wenn sie fressen, wiederkäuen und bei ihrer Herde sein können. Sie bilden eine Rangordnung und schätzen Routine und Gewohnheiten. Die meisten haben ein sanftes Wesen und sind weder Artgenossen noch Menschen gegenüber angriffslustig. Als Nutztiere werden sie oft von Menschen oder Hunden umgetrieben; dies lassen sie meist widerstandslos geschehen.

Rinder verfügen über eine Reihe instinktiver Verhaltensweisen – in einer unbekannten Umgebung oder bei fremden Dingen in ihrem Umfeld werden sie unruhig. Ein verängstigtes Tier braucht meist etwa 20 Minuten, um sich wieder zu beruhigen, und kann in dieser Zeit seine Unruhe auf die Herde übertragen. Da Rinder Beutetiere sind, ist diese Wachsamkeit ihr wichtigster Schutz vor Raubfeinden und somit eine natürliche und verständliche Reaktion.

**Unten** *Rinder sind von Natur aus neugierig, aber als potenzielle Beutetiere auch oft vorsichtig und nervös, besonders in unbekanntem Terrain oder angesichts fremder Menschen und Tiere.*

Doch Rinder zeigen auch aggressives Verhalten, in der Herde meist als Abfolge von Annäherung, Drohen, Körperkontakt und eigentlichem Kampf. Haben die Tiere erst einmal ihre Rangordnung ausgefochten, lässt die Aggression meist nach; der Verlierer der Auseinandersetzung zeigt Unterlegenheitsgebärden, meidet das dominante Tier und verhält sich passiv. Untersuchungen zufolge kann die Position der Haarwirbel auf der Stirn Auskunft über die Aggressivität geben: Sitzen sie oberhalb der Augenlinie, spricht das für mehr Angriffslust.

Bullen demonstrieren ihre Größe und somit Dominanz, indem sie sich breitseits zu einem anderen Tier stellen und in voller Größe präsentieren; manchmal stellen sie sich auch frontal vor einen anderen Bullen und rempeln oder stoßen mit dem Kopf. Kopfstoßen ist jedoch nicht immer aggressiv: Saugkälber stoßen gegen das Euter der Mutter, um den Milchfluss anzuregen, und sowohl Jung- als auch Alttiere zeigen das Verhalten auch im Spiel. Kopfstoßen ist eine gute Verteidigung, etwa wenn ein rangniederes Tier von einem ranghohen Herdenmitglied angegangen wird. Ein dominanteres Tier stößt andere eher ins Hinterteil und trachtet auch danach, seinen Kopf zwischen die Hinterbeine des anderen zu stecken.

**Links** *Studien zufolge deuten Haarwirbel auf der Stirn oberhalb der Augenlinie auf potenziell aggressives Verhalten hin.*

**Rechts** *Rinder wie Bison (Bild), Afrikanischer Büffel und Hausrind zeigen ihre Dominanz oft durch Kopfstoßen und Kämpfe.*

## BULLEN & MENSCHEN

Die heute berühmten Stierläufe leiten sich schlichtweg aus dem Umtreiben von Rinderherden – etwa zu Zuchtzwecken oder zum Verkauf auf dem Markt – ab. Irgendwann machten junge Leute eine Mutprobe daraus, vor den Tieren herzulaufen oder auf diese aufzuspringen, und nach und nach entwickelte sich daraus die heutige Form. Viele Menschen trugen im Laufe der Jahrzehnte Verletzungen davon oder kamen gar ums Leben, darunter jedoch nur wenige durch Aufspießen mit den Hörnern; die meisten wurden umgerannt oder niedergetrampelt, vor allem an Straßenbarrikaden. Auch die Stiere werden oft verletzt oder sterben (häufig durch Stress), oder sie werden am Ende der «Zeremonie» getötet, deswegen protestieren viele Menschen aus ethischen Gründen gegen solche Events (s. S. 156).

Stierkämpfe sind ein «kultureller Sport», bei dem die Tiere immobilisiert, unterworfen oder getötet werden. Frühe Beispiele sind Kämpfe und das Töten heiliger Stiere in der griechischen Mythologie; die Römer setzten die kraftvollen Tiere oft anstelle von Gladiatoren bei Arenakämpfen ein. Im Mittelalter wurden sie in Spanien zum «edlen» Zeitvertreib. Im heutigen Stierkampf betätigt sich der Matador mit seinen Assistenten (Picadores und Banderilleros), die manchmal zu Pferde sind. Traditionell werden die Stiere mit Lanzen und Spießen traktiert, bevor ihnen mit einem Degen der Todesstoß versetzt wird. Etliche weitere Rituale dienen dem Zweck, das Tier zu schwächen, zu ermüden und zu beunruhigen. Mancherorts pflegt man eine unblutige Form des Stierkampfs. Stierkämpfe gibt es in Spanien, Portugal und Frankreich, doch finden sich weltweit «Stier-Sportarten», wie das Jallikattu in Indien, unblutige Stierkämpfe in Tansania sowie Zweikämpfe zwischen Stieren.

Männliche Rinder sind groß und erreichen Spitzengeschwindigkeiten von ca. 40 km/h. Sie

**Links** *Beim Stierlauf im spanischen Pamplona gelten heute bestimmte Regeln; die Stiere dürfen nicht gereizt werden, und die Läufer erhalten einen Vorsprung.*

**Rechts** *Traditionelle Matadore schwenken ein farbenprächtiges Tuch, die Muleta. Bullen nehmen die Farbe Rot nicht besonders wahr, da sie farbenblind sind; sie reagieren auf Bewegungen.*

zeigen mehr Aggressivität, wenn sie nicht kastriert sind. Auf Provokationen reagieren sie; wie aggressiv oder ruhig sie sind, wird wesentlich dadurch geprägt, wie ihr Umfeld beschaffen ist und wie sie behandelt wurden und werden. Bullen bzw. Stiere stellen meist nur rund 2 % der Hausrinder weltweit, verursachen aber etwa die Hälfte aller Unfälle mit Pflegern oder Haltern. In freier Natur kämpfen sie immer wieder darum, Leittier der Herde zu werden. Erstaunlicherweise sind von Hand aufgezogene Bullen gefährlicher als solche, die in der Herde groß wurden, weil sie eher Menschen als andere Bullen herausfordern. Einem Angriff gehen dabei meist Drohgebärden voraus, wie das Aufwölben des Rückens, Stampfen mit den Füßen sowie Senken und Schütteln des Kopfes. Die Aggression löst sich oft auf, wenn die Person oder das andere Tier in diesem Stadium zurückweicht.

Furcht, Hormoneinflüsse, Aufzucht und Umgebung haben Einfluss auf die Stimmung eines Tieres. Im Umgang mit Rindern ist es wichtig, ihr Verhalten zu kennen, sonst kann es durchaus zu gefährlichen Zwischenfällen kommen. Das Erkennen von Aggression, Drohgebärden und dergleichen verschafft Pflegern und Haltern Sicherheit, besonders wenn die Tiere Hörner tragen. In der Landwirtschaft wirkt man Aggression bei Rindern generell entgegen, etwa durch gezielte Zucht, eine bestimmte Umgebung und auch Erziehung der Tiere; manchmal aber muss ein aggressives Tier getötet werden.

## JAGD AUF WANDERER?

Rinder sind neugierig, aber gegenüber Menschen, Tieren, lauten Geräuschen und Maschinen auch furchtsam. Wenn man eine Rinderweide betritt, reagieren sie oft gar nicht; wenn sie es tun, kann dahinter Neugierde oder Furcht stecken, aber auch die Hoffnung auf Futter. Das Verhalten der Tiere hängt davon ab, wie vertraut sie mit Menschen sind. Auch Hunde und andere Tiere können Rinder beunruhigen. Man sollte nie auf eine Herde zulaufen oder die Tiere durch lautes Rufen und Ähnliches erschrecken; dann könnten sie zum Angriff übergehen. Wie die meisten Säugetiere wird eine Mutterkuh ihren Nachwuchs verteidigen, darum kann es gefährlich sein, sich einem Kalb zu nähern.

Erregte Kühe schütteln den Kopf, schnauben und schwenken den Schwanz; Bullen schnauben und stampfen mit den Füßen auf. Bei solchen Anzeichen ist es ratsam, sich ruhig zurückzuziehen.

# Intelligenz, Lernen & Gedächtnis

Rinder gewöhnen sich leicht an eine Routine. Dies ist ein Zeichen von Intelligenz, Lernen und Gedächtnis, denn das tägliche Betreten des Melkstandes oder das Auffinden von Nahrung an vertrauten Orten sind erlernte Verhaltensweisen.

Das räumliche Kognitionsvermögen kann die Geschwindigkeit des Grasens beeinflussen; Rinder, die regelmäßig die Weidefläche wechseln, grasen beispielsweise oft zielstrebiger als solche, die länger auf einer Fläche bleiben. Tiere, die öfter die Weide wechseln, sehen auch ein geringes Futterangebot gelassener, weil sie die Erfahrung gemacht haben, dass beim nächsten Wechsel wieder Futter zur Verfügung steht. Der Wechsel der Weidefläche kann auch bewirken, dass die Tiere zunächst längere Zeit das Terrain erkunden, bevor sie konzentriert grasen.

Bei Kurzzeitstudien erinnerten sich sowohl weibliche als auch männliche Tiere daran, wo sich in einfachen Labyrinthen Futter be-

**Unten** *Viehgitter sind ein bewährtes Mittel, um Weidetiere am Entlaufen zu hindern, wo etwa ein Weg die Umzäunung kreuzt.*

fand. Ihre Erinnerung war innerhalb von 4 Stunden am besten, nach 8 Stunden ließ sie deutlich nach. Bei längerfristigen Studien mit komplizierteren Labyrinthen erinnerten sich Rinder bis zu 6 Wochen lang an Futterstellen. Männliche Tiere erinnerten die Position von Futtereimern mindestens 48 Stunden lang. Bei Wiederholungsaufgaben zeigten Kühe ein Langzeit-Erinnerungsvermögen; sie erinnerten sich mindestens sechs Wochen lang daran, wo in vertrauter Umgebung Futter deponiert war. Zudem demonstrieren sie räumliche Kognition, indem sie systematisch nach Futter suchen und nicht planlos. Bei einer Aufgabe, bei der man mit Glöckchen arbeitete, reagierten die Tiere schon nach sieben Durchgängen auf deren Klingeln, schienen die Bedeutung des Geräuschs also verstanden zu haben.

Rinder erinnern sich auch an Hindernisse, wie etwa Viehgitter, und meiden diese. Sie meiden auch auf den Weg gemalte falsche Viehgitter, doch wenn man sie drängt oder mit Futter lockt, werden einige Tiere diese überwinden, und weitere werden ihnen folgen. Da auch Rinder, die gar keine Viehgatter kennen, die aufgemalten meiden, sind es wahrscheinlich Farbwechsel und Muster, die sie irritieren. Leider aber ist die Wirkung aufgemalter Viehgitter nicht zuverlässig, da sie bei Verschmutzung nicht mehr wirken. Manche Rinder lernen sogar, Licht einzuschalten, indem sie mit der Schnauze eine Lichtschranke durchbrechen.

## GEDÄCHTNIS & WIEDERERKENNEN

Gedächtnis und Lernen setzen die Fähigkeit zur Objektunterscheidung voraus. Rinder können zwischen verschiedenen Blüten und Gräsern unterscheiden, selbst wenn es sich nur um Bilder davon handelt. Offenbar werden Form, Größe, Helligkeit und Farbe erkannt. Manche vermuten, dass Rinder die Individuen einer Herde langfristig erinnern, wenn die Herde etwa 50–70 Tiere umfasst, was erklären könnte, warum sich größere Herden in kleinere Gruppen aufspalten. Studien ergaben, dass die Tiere sich mindestens 12 Tage lang an Artgenossen erinnern (unter realen Bedingungen wahrscheinlich noch deutlich länger). Sie erinnern sich sogar an bestimmte Hunde, Elefanten und Schweine und erkennen zugleich, dass es sich um Angehörige anderer Arten handelt.

**Unten** *Das Erkennen von Herdengenossen, anderen Tieren und vertrauten Personen zeugt von Kognitions- und Erinnerungsvermögen.*

## EMOTIONEN & GEDÄCHTNIS

Beim Wiedererkennen und Erinnern können Emotionen eine Rolle spielen. Rinder erinnern sich womöglich an (als positiv oder negativ empfundene) Situationen mit Futter, Leckerbissen oder auch Schlägen. Sie merken sich, wie bestimmte Personen sie behandelt haben, und erkennen die Menschen, die mit ihnen umgehen.

Emotionale «Ansteckung» gilt als Grundform der Empathie, und Rinder können zweifelsfrei auf Emotionen einzelner Artgenossen reagieren, besonders bei Furcht und Stress. Sie leiden oft unter Stress (wobei sie weniger fressen und vermehrt das Stresshormon Cortisol bilden), wenn andere Tiere dies auch tun. Einerseits nehmen sie also die Emotionen von Artgenossen wahr, andererseits kann deren Gesellschaft, besonders die ihres engeren sozialen Umfelds, auch beruhigend auf sie wirken. Schon das Vorhandensein eines Spiegels kann diese Wirkung zeigen, weil er ein weiteres Herdenmitglied «vorspiegelt». Spielen wird bei Rindern mit Fröhlichkeit assoziiert, und sie reagieren positiv darauf. Die Tiere können Spielen und andere Aufgaben von Artgenossen lernen, was auf gute geistige Leistungsfähigkeit verweist. Wenn Rinder eine problematische Situation meistern, zeigen sie Anzeichen von Erregung, wie verstärkte Hirnwellen und erhöhte Herzfrequenz, was zudem auf eine Selbstwahrnehmung hindeutet. Nicht zuletzt hat jedes Rind eine eigene Persönlichkeit. Ganz gleich, ob diese genetisch oder umweltbedingt ist oder erlerntem Verhalten entspricht (oder eine Kombination aus allen drei Faktoren darstellt), jedes Tier hat seine Eigenheiten.

**Links** *Rinder rennen oft Haken schlagend umher und spielen mit Erde, Stroh und anderen Objekten. Manche lernen sogar, einen Ball zu apportieren!*

### LEGEN SICH RINDER HIN, WENN REGEN DROHT?

Im «regenverwöhnten» Großbritannien glauben 61 % der Einwohner, dass ein sich hinlegendes Rind ein Anzeichen für erhöhte Regenwahrscheinlichkeit sei.

Manchen Theorien zufolge legen sich Rinder in Reaktion auf Veränderungen in Luftdruck oder Luftfeuchtigkeit, wie sie vor Gewittern auftreten, hin. Eine Theorie besagt sogar, dass eine erhöhte Luftfeuchtigkeit die Haut der Rinder durchdringt und diese zum Niederlegen zwingt. Eine Studie der University of Arizona and North Missouri deutet darauf hin, dass Veränderungen der Lufttemperatur einen gewissen Einfluss haben, da Rinder dann eher Schatten aufsuchen und bei hohen Temperaturen stehen bleiben, da sie so besser Wärme abgeben können.

Bislang aber gibt es keine wissenschaftlichen Belege dafür, dass unsere bovinen Freunde Gewitter voraussagen oder sich daran erinnern können, wann Gewitter auftreten. Wenn sie sich hinlegen, dann einfach, um wiederzukäuen oder zu ruhen, weil ihnen Hitze, Schmerzen oder Krankheit zu schaffen machen – oder weil sie es ihrem Leittier gleichtun. Dabei sei angemerkt, dass das Euter einer Kuh um bis zu 30 % besser durchblutet ist, wenn sie liegt.

# Störungen & Verletzungen

## Haut & Klauen

Die Haut erfüllt eine wichtige Schutzfunktion, denn als physikalische Barriere gegen die Außenwelt hindert sie Krankheitserreger daran, in den Körper einzudringen. Doch sie ist auch anfällig für Erkrankungen und Verletzungen. Die Zwischenklauennekrose ist eine sehr ansteckende Infektion, die allerdings beim Rind relativ mild verläuft. Durch anhaltende Feuchtigkeit aufgeweichte Haut, Punktionen oder wunde Stellen können Eintrittspforten für Bakterien sein – so entstehen alljährlich rund 15 % aller Klauenkrankheiten. Andere sind Entzündungen der Klauen- oder Zwischenklauenhaut (Letztere auch als Dermatitis interdigitalis oder Klauenfäule bezeichnet), die sehr ansteckend sein können. Sohlengeschwüre entstehen meist durch mechanische Fehlbelastung und gehen mit einer Entzündung der Lederhaut einher. Einer Hufrehe (Laminitis) liegt ebenfalls eine Entzündung der Lederhaut zugrunde. Zum Weiße-Linie-Defekt kommt es meist durch Fremdkörper wie Steine, die das empfindliche Gewebe verletzen; eine chronische Reizung

**Oben** *Rinder leiden häufig unter Infektionen der Klauen, die (wie etwa die Zwischenklauennekrose) oft ansteckend sind. Ein trockener, sauberer Boden und gute Klauenhygiene sind daher essenziell.*

der Haut kann auch zu Gewebswucherungen im Zwischenklauenspalt führen (Limax oder Tylom genannt). Saubere und trockene Aufenthaltsflächen, regelmäßige Klauen- und Mobilitätsbeurteilung, das Entfernen von abgestorbenem Gewebe, Klauenreinigung und -bäder sowie der Einsatz von Entzündungshemmern und von Klauenklötzen oder -schuhen sind wichtige Maßnahmen zur Vorbeugung, Erkennung und Behandlung. Die professionelle Klauenpflege ist ebenfalls unerlässlich, schließlich sind Klauenprobleme nicht nur schmerzhaft für die Tiere, sondern führen unter anderem zu Minderungen der Milchleistung. So ergaben Studien aus Finnland, Großbritannien und den USA, dass es pro Tier zu einem Rückgang von 1,5–2,8 kg/Tag kommen kann.

**Rechts** *Diese Kuh hat eine Pansenfistel, über die bestimmte Verdauungsprobleme behandelt werden können. Eine solche Fistel wurde 1928 erstmals eingesetzt.*

### Innere Organe

Die Pansentympanie kommt häufiger bei Fleischrindern mit Grünfütterung vor, besonders wenn diese Leguminosen fressen. Diese Aufgasung des Pansens infolge der Fermentationsprozesse kann Druck auf innere Organe ausüben und sogar zum Tode führen. Auch eine Labmagenverlagerung tritt häufig infolge von Aufgasung auf. Labmagengeschwüre sind nicht selten und können zu Blutungen, ja sogar einer Perforation der Magenwand mit Todesfolge führen. Aufgenommene Fremdkörper wie Nägel oder Glasscherben können ebenfalls den Magen-Darm-Trakt und andere Organe schädigen und verletzen. Daneben gibt es verschiedene durch Nährstoff- und Mineralmangel bedingte Erkrankungen sowie solche, die allgemein auf die Fütterung zurückgehen (auch bakterielle Infektionen). Rinder können auch an Krebs erkranken, etwa an der enzootischen Leukose der Rinder, seltener auch an der Jungtierleukose.

**Links** *Die Haut im Klauenbereich ist besonders anfällig für Infektionen und andere Krankheiten, vor allem, weil sie ständig in engem Kontakt zum Boden steht.*

**Skelettsystem**

Die Gesundheit der Knochen ist ein wichtiges Thema, und gerade beim Rind mit seinem recht schnellen Wachstum und der hohen Milchleistung weiblicher Tiere können geschwächte Knochen oder Brüche häufig auftreten. Die Fütterung spielt hier eine grundlegende Rolle; manche Krankheiten wiederum sind genetisch bzw. zuchtbedingt. Trächtige Kühe, die im Winter mit Silage gefüttert werden, können beispielsweise Kälber mit Fehlbildungen gebären; dies ist meist auf Manganmangel zurückzuführen, der Knochendeformationen und verdickte Gelenke verursachen kann.

Die Osteopetrose oder Marmorknochenkrankheit wird in bestimmten Zuchtlinien vererbt, besonders bei Rassen wie Hereford, Aberdeen-Angus, Simmentaler Fleckvieh und Holstein-Rind. Erbt ein Tier von beiden Elternteilen ein mutiertes Gen, ist es also homozygot für dieses Merkmal, arbeiten seine knochenabbauenden Zellen (Osteoklasten) nicht richtig, sodass Neubildung und Umbau von Knochen behindert werden. Das entsprechende Gen wurde 2010 identifiziert; heute kann man deshalb mithilfe von DNA-Tests Elterntiere ermitteln, die Träger des defekten Gens sind, und diese von der Zucht ausschließen. Da betroffene Kälber unter spröden Knochen leiden, tot geboren werden oder kurz nach der Geburt sterben, strebt man in der Zucht die Ausmerzung des mutierten Gens an.

Andere Chondrodysplasien (verschiedene Erkrankungen von Knochen und Knorpel) sind Kleinwüchsigkeit, «Bulldog-Kälber» mit schweren Skelettmissbildungen sowie Osteogenesis imperfecta («Glasknochenkrankheit»). Durch alltägliche Beanspruchung und Unfälle kann es zudem zu Arthritis und Knochenbrüchen kommen.

Manche Muskelprobleme, wie etwa die muskuläre Hyperplasie bei sogenannten «Doppellender»-Rassen wie Weißblaue Belgier oder Piemonteser, treten oft auf, wenn Rassen insgesamt auf eine erhöhte Muskelmasse gezüchtet werden. Diese Leiden gehen vielfach mit weiteren Erscheinungen einher, wie Störungen des Herz-Kreislauf- und des Nervensystems oder geringer Fruchtbarkeit.

Nervenschädigungen können vielerlei Ursachen haben. Trauma, Mastitis, Milchfieber (Kalziummangel) und verschiedene Krankheiten, Verletzungen und Fütterungsfehler können dem zugrunde liegen. Auch tierärztliche Behandlungen, etwa Injektionen oder Operationen, können Nerven schädigen. Aktuelle Forschungen zu günstigen Injektionsstellen zielen darauf ab, solche Schädigungen zu vermeiden.

**Unten** *«Speckles» (hier mit zwei Monaten) ist ein kleinwüchsiges Rind. Manche dieser Tiere führen ein gutes Leben, andere leiden unter massiven Skelettdeformationen.*

### Verhalten

Auch sozialer Status, Hygienezustand und individuelle Gewohnheiten beeinflussen Gesundheitszustand und Verletzungsrisiko. Soziale Fellpflege (Allogrooming) ist besonders dann zu beobachten, wenn Futterbehälter nachgefüllt wurden; somit dient sie wohl dem Abbau von Spannungen angesichts der Konkurrenz um Nahrung. Allogrooming erfolgt überdies oft zwischen Mitternacht und zwei Uhr morgens. Bei Futtermangel lässt dieses Verhalten nach, und dies auf Kosten von rangniederen Tieren des Bestandes, besonders Erstkalbinnen. Das kann dazu führen, dass junge weibliche Tiere häufiger ein schlecht gepflegtes Fell aufweisen. Vermutlich spiegelt Allogrooming auch freundschaftliche Verhältnisse wider, denn Rinder pflegen an der Futterstelle eher ihre Partner.

Für die Gesundheit von Rindern unerlässlich sind ausreichend Bewegungs- und Liegemöglichkeiten. Dies hängt unmittelbar mit der Einrichtung und Art der Stallung oder Fläche, auf der die Tiere gehalten werden, zusammen. Agnostisches Verhalten kann den Zustand der gesamten Herde beeinträchtigen, daher ist es wichtig, die Grundbedürfnisse der Rinder (s. S. 85) stets zu berücksichtigen.

Rinder zeigen Schmerzen weniger deutlich als beispielsweise wir Menschen und empfinden sie auch weniger stark, wenn sie in Gesellschaft ihrer Herdengenossen sind. Anzeichen sind oft eine veränderte Haltung oder Bewegung mit eingezogenem Bauch und Schwanz, gekrümmtem Rücken, ungewöhnlichem Gang und auffallend langem Stillstehen. Häufig verändern betroffene Tiere ihre Ruhehaltung, sie äußern mehr Laute, treten häufiger aus und peitschen mit dem Schwanz. Oftmals fressen und wiederkäuen sie weniger oder knirschen sogar mit den Zähnen.

**Unten** *Sofort nach der Geburt leckt die Mutter das Kalb sauber. Soziale Fellpflege (Allogrooming) erfüllt hier nicht nur eine Hygienefunktion, sondern fördert auch die Bindung zwischen den beiden.*

# Krankheiten des Rindes

Wie alle Tiere können Rinder unter einer Vielzahl von Krankheiten leiden, die je nach Bestand, Region und Haltungsland variieren. An dieser Stelle können unmöglich alle Krankheiten und Leiden vorgestellt werden. Wichtig ist es aber, bedeutende Mechanismen zum Selbstschutz, häufige Krankheiten und allgemeine Kennzeichen dieser zu kennen.

**Unten** *Diese französischen Rinder werden gerade gegen die Blauzungenkrankheit geimpft. Vorbeugende Maßnahmen sind außerdem Insektizide zur Bekämpfung der Überträger, eine Einschränkung der Bewegungsfreiheit sowie die Tötung betroffener Tiere.*

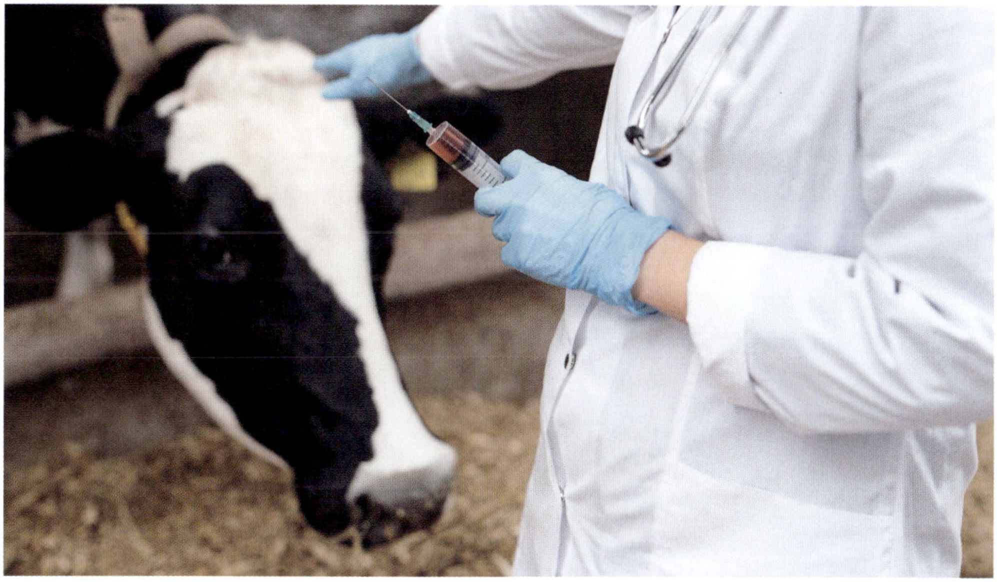

**Oben** *Weltweit stehen etliche Impfstoffe gegen eine Vielzahl von Rinderkrankheiten zur Verfügung.*

## ABWEHR & IMPFUNGEN

Der Körper verfügt über vielerlei Mechanismen, um Infektionen und Krankheiten abzuwehren. Weiße Blutkörperchen und Antikörper etwa registrieren Fremdmaterialien wie Bakterien und bekämpfen diese.

Zur Behandlung oder Vorbeugung vieler durch Viren, Bakterien oder Parasiten hervorgerufenen Krankheiten stehen Impfstoffe und Medikamente zur Verfügung. Impfungen sorgen dafür, dass der Körper Pathogene rasch erkennt und angemessen darauf reagiert. Es gibt verschiedene Formen von Impfstoffen:

Attenuierter Lebendimpfstoff enthält eine abgeschwächte Form eines Bakteriums oder Virus.

Totimpfstoff dagegen besteht aus abgetöteten Erregern oder ihren Bestandteilen. Hier unterscheidet man verschiedene Formen. Toxoide etwa enthalten Erregertoxine, deren Giftwirkung unterbunden ist. Untereinheit-Impfstoffe verwenden nur gereinigte innere Bestandteile der Erreger.

Manche Bakterien sind durch eine Polysaccharidhülle geschützt, die sie «tarnt». Konjugierte Impfstoffe bringen den Körper dazu, diese Hüllen zu erkennen, sodass er gegen die Eindringlinge vorgehen kann.

DNA- und rekombinierte Protein-Impfstoffe finden noch nicht lange Anwendung; sie nutzen DNA-Abschnitte des Erregers zur Immunisierung.

Pathogene entwickeln und adaptieren sich, daher müssen Impfstoffe ihrerseits weiterentwickelt und aktualisiert werden, damit sie auf alle Erreger (oder so viele Erregertypen wie möglich) abzielen. Weltweit sind mehr als 40 Impfstoffe für Rinder zugelassen; für manche Krankheiten, wie die Bovine Virusdiarrhoe (BVD), sogar verschiedene Impfstoffarten. Die Krankheit verursacht weltweit teils erhebliche wirtschaftliche Schäden.

## HÄUFIGE KRANKHEITEN

### Lungenentzündung

Lungenentzündungen (Pneumonien) können verschiedene Ursachen haben und Rinder aller Altersklassen betreffen. Sie führen zu Atemnot, Fieber sowie unter anderem auch Gewichtsverlusten und bedürfen der tierärztlichen Behandlung. Bauweise und Belüftung der Stallungen spielen eine wichtige Rolle bei der Vorbeugung; zudem gibt es Impfstoffe gegen einige häufige Erreger.

### Clostridieninfektionen

Bakterien leben praktisch überall, und so sind auch Clostridien vielerorts zu finden, vom Erdboden über das Futter (z. B. Silage) bis hin zu Kadavern. Zu dieser anaerob lebenden Bakteriengruppe zählen auch die Erreger von Tetanus und Botulismus. Kälber sind besonders gefährdet, da Brandzeichnung, Enthornen, Injektionen, Kastration, mangelhafte Unterbringung und auch Umstallungen Gelegenheit zur Infektion bieten.

### Weidekeratitis

Diese auch Infektiöse bovine Keratokonjunktivitis (IBK) genannte Entzündung der Horn- und Bindehaut betrifft Rinder jeden Alters und kommt in vielen Ländern weltweit vor, insbesondere in der warmen Jahreszeit bzw. dort, wo das Klima besonders trocken ist (etwa in Australien). Fliegen spielen bei der Übertragung eine wichtige Rolle.

### Bovines Ephemeral-Fieber

Diese auch «Dreitagefieber» genannte Viruserkrankung wird von Stechmücken übertragen; sie kommt unter anderem in Westafrika und dem Nahen Osten vor und kann durch Tierimporte auch nach Europa eingeschleppt werden.

**Oben** *Ein Hereford-Rind mit Weidekeratitis. Diese auch «Pink Eye» genannte infektiöse Entzündung der Horn- und Bindehaut wird durch direkten Kontakt oder Fliegen übertragen.*

### Tuberkulose

Die Tuberkulose der Rinder wird durch das Bakterium *Mycobacterium bovis* ausgelöst. Sie kann nicht nur als Zoonose z. B. durch den Genuss von Rohmilch auf den Menschen übergehen, sondern wird auch als Wildtierkrankheit diskutiert. Dachse bilden in England ein bekanntes Erregerreservoir, aber ob und in welchem Maße sie *M. bovis* direkt oder indirekt (oder überhaupt) auf Rinder übertragen, ist umstritten. Die Übertragungswege der Krankheit sind bis heute Gegenstand der Forschung. Infizierte Tiere können die Erreger durch Tröpfcheninfektion, über Milch, Verletzungen mit Erregerfreisetzung, Speichel und Ausscheidungen weitergeben; auch kontaminiertes Futter oder Wasser sind ein Problem. Risikobetriebe testen regelmäßig auf die Krankheit und keulen betroffene Tiere, um Mitarbeiter, den eigenen Bestand sowie Nachbarbestände zu schützen und auch den Übertritt auf die Lebensmittelkette zu unterbinden. Tuberkulose der Rinder beim Menschen ist ein besonders großes Problem in Entwicklungsländern, wahrscheinlich weil dort oft nicht pasteurisierte Milch konsumiert wird.

## WELTWEIT MELDEPFLICHTIGE KRANKHEITEN

Manche Krankheiten stellen für die Rinderbestände der Welt eine solche Bedrohung dar, dass ihr Auftreten der Weltorganisation für Tiergesundheit (OIE) gemeldet werden muss.

### Blauzungenkrankheit

Der Erreger dieser Krankheit stammt aus der Familie der Reoviridae und wird vor allem durch Mücken (Gnitzen) übertragen. Ursprünglich in tropischen und subtropischen Regionen ansässig, verbreitet er sich seit einigen Jahren zunehmend auch in Europa. Eine Vorbeugung ist schwierig, da die Insekten ein Erregerreservoir bilden und sich das Virus rasant vermehrt. Die Krankheit zeigt vor allem bei Schafen hohe Infektiosität und tödliche Verläufe; beim Rind liegen beide Werte unter 5 %. Zu Bekämpfungsmaßnahmen zählen der Einsatz von Insektiziden und Moskitonetzen sowie Impfungen und der Ausschluss betroffener Tiere von Transporten.

### Rifttalfieber

Die in Kenia bei Schafen und Rindern entdeckte Viruserkrankung zählt heute zu den weltweit meldepflichtigen Krankheiten. Bislang fehlt sie in Europa. Wie die Blauzungenkrankheit wird das Virus von Insekten, besonders Stechmücken, übertragen. Bei Jungtieren endet die Infektion oft tödlich; bei tragenden Kühen führt sie stets zum Abort. Als Zoonose kann sie auf den Menschen und andere Tiere übergehen; die Symptome sind dann meist mild, doch gibt es auch schwere Verläufe. Ansteckungen von Menschen bei Rindern erfolgen meist über Tröpfcheninfektion oder über infiziertes Fleisch, Rohmilch oder Blut. Die Krankheit ist gefährlich, da bisher keine Behandlungsmöglichkeit bekannt ist.

### Milzbrand

Der Erreger dieser auch Anthrax genannten Krankheit, das Bakterium *Bacillus anthracis*, kann die meisten Säugetiere befallen; besonders empfänglich sind jedoch Wiederkäuer und Menschen, bei denen die Infektion binnen Stunden zum Tode führen kann. Besonders wichtig ist die Prävention durch Meidung potenziell mit Bakteriensporen kontaminierter Nahrung oder Luft und Impfungen in betroffenen Regionen; in seltenen Fällen können bestimmte Antibiotika helfen, doch ist dies angesichts des rasanten Verlaufs nicht oft der Fall. Russische Forscher vermuten im arktischen Permafrost rund 1,5 Mio. mit Anthrax infizierte Rentierkadaver; die Bakteriensporen können mindestens 105 Jahre lang überdauern.

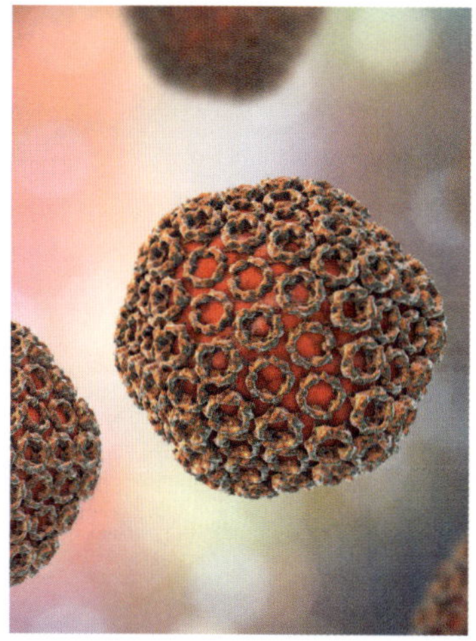

**Oben links** *Die Stechmücke* Aedes aegypti *ist ein Überträger des Rifttalfiebers beim Rind. Sie überträgt beim Menschen auch das Zika-, Dengue-, Chikungunya- und Gelbfieber.*

**Oben rechts** *Vergrößerte Ansicht des Rifttalfieber-Virus, das Tiere und Menschen infizieren kann.*

**Unten** *Im Labor zu Forschungszwecken gezüchtete Kolonien des Milzbranderregers* Bacillus anthrax.

## BSE

Die Bovine spongiforme Enzephalopathie, kurz BSE, beherrschte 1986 die Schlagzeilen, als die tödliche Hirnkrankheit in Großbritannien erstmals auftrat. Das auslösende Prion (ein infektiöses Protein, das die Proteine im Gehirn dazu bringt, sich abnormal zu falten, sodass sie ihre Funktion einbüßen) ist sehr stabil und widersteht hohen Temperaturen, Desinfektionsmitteln und UV-Strahlung. Es war über Futtermehle, in denen infektiöse Hirn- und Rückenmarksbestandteile enthalten waren, in die Rinder gelangt und löste bei diesen rasch die auch als «Rinderwahn» bezeichnete Krankheit aus. Heute ist es (z. B. in Deutschland) verboten, Rinderfutter Fleisch- oder Knochenmehl beizumengen, und die Verzehrsvorschriften für Innereien wurden in vielen Ländern geändert, weil zwischen BSE und der Creutzfeld-Jakob-Krankheit (CJD) beim Menschen ein enger Zusammenhang besteht. Von den vier bekannten CJD-Typen bringt man die sogenannte neue Variante der CJD in Zusammenhang mit dem Verzehr von infizierten Innereien bzw. (in drei Fällen) mit Bluttransfusionen. Weltweit wurde diese neue Variante nur bei 230 Patienten gefunden, doch ist die CJD unheilbar, und die Inkubationszeit kann mehr als zehn Jahre betragen. Nach dem Auftreten erster Symptome führt die Krankheit dann meist innerhalb von rund 14 Monaten zum Tod. All dies verdeutlicht die Wichtigkeit der sorgfältigen Arbeit in Landwirtschaft und Lebensmittelindustrie.

## Maul- und Klauenseuche

Diese hoch ansteckende, über Tröpfcheninfektion verbreitete Viruskrankheit (kurz MKS) verbreitet sich rasant innerhalb eines Bestandes, wenn die Tiere Futter teilen, aber auch über Fahrzeuge und Mitarbeiter auf dem Hof. MKS wird auch grenzübergreifend extrem überwacht; Länder, in denen es Ausbrüche gibt, dürfen meist keine Tiere ausführen. Die effizienteste Methode, einen Ausbruch zu bekämpfen, besteht darin, komplette Bestände zu keulen (zu töten) und ganze Höfe zu desinfizieren. In Europa wird so seit Jahrzehnten ohne Einsatz von Impfstoffen gegen die MKS vorgegangen; es bestünde aber die Möglichkeit, Ausbrüchen mit Impfungen entgegenzuwirken. Zwar sind 77 % des weltweiten Viehbestandes Träger des Erregers, doch gelten heute der größte Teil Europas, Nordamerika, Australien und Neuseeland als MKS-frei. In den USA gab es 1914 einen großen Ausbruch mit 170 000 infizierten Tieren, der damals die enorme Schadenssumme von 4,5 Mio. Dollar verursachte. In Großbritannien gab es 2001

**Unten** *Diese Kuh zeigt den typischen «MKS-Bart» aus Speichel. Die hoch ansteckende Krankheit erfordert eine rigorose Bekämpfung. Infektionen wie diese bewirken den Tod vieler Tiere und große wirtschaftliche Verluste.*

einen verheerenden Ausbruch mit ca. 2000 bestätigten Fällen, infolgedessen bis zu 10 Mio. Schafe, Rinder und Schweine auf 70 % der Höfe getötet wurden. Die Keulungen kosteten mehr als 8 Mia. Pfund, der Tourismus ging um 10 % zurück, und die Selbstmordrate und Anzahl psychischer Erkrankungen bei Landwirten stieg deutlich; zugleich wurde die Krankheit durch die Maßnahmen erfolgreich aus Großbritannien verbannt.

China meldete 2005 einen Ausbruch, und noch immer berichtet das Landwirtschaftsministerium von einzelnen Fällen in unterschiedlichen Regionen. In den Jahren 2010 und 2011 kam es in Japan, Süd- und Nordkorea zu Ausbrüchen. Im Jahr 2012 wurde schließlich eine globale Strategie zur Bekämpfung und Erforschung der MKS implementiert. Seit der Entdeckung des Erregers 1897 hat die Krankheit durch Millionen von Todesfällen und Keulungen, Behandlungen und Bekämpfungsprogramme weltweit jährlich schätzungsweise 23,5 Mia. Dollar an Kosten verursacht. Die MKS tritt nur extrem selten beim Menschen auf. Die ähnliche Hand-Fuß-Mund-Krankheit ist eine typische Kinderkrankheit; beide Krankheiten werden oft verwechselt.

### Infektiöse bovine Rhinotracheitis

Diese Krankheit, kurz IBR genannt, wird durch das Bovine Herpesvirus-1 ausgelöst und kann die Atemwege, aber auch den Reproduktionstrakt befallen. Sie kann eine tödliche Lungenentzündung auslösen; stärker fallen jedoch die wirtschaftlichen Einbußen durch verringerte Milchproduktion und Fruchtbarkeit sowie gehäufte Aborte ins Gewicht.

Krankheiten der Rinder, die manchmal auch auf den Menschen übergehen können, verdeutlichen die Bedeutung der Haltung, Gesetzgebung, Transportvorschriften, des sorgfältigen Umgangs mit Tieren und ihren Produkten, der Behandlung und Vorbeugung sowie des medizinischen Tierseuchenschutzes. Tiermediziner achten meist vor allem auf das Tierwohl und die Unterstützung der Halter, doch mit ihrer Arbeit sorgen sie auch für Produktsicherheit, indem sie Futter und Milch prüfen, Schlachtvorgänge überwachen und die allgemeinen Haltungsbedingungen beurteilen.

**Oben** *Bei einem MKS-Ausbruch wie 2001 in Großbritannien werden die Kadaver gekeulter Tiere verbrannt.*

# Gesundheitsvorsorge

Korrekte Haltungsbedingungen, verantwortungsvolle Zucht und eine gute Versorgung mit Futter und Wasser sind entscheidende Faktoren für eine gute Verfassung und Gesundheit der Rinder. Hinzu kommen bei Bedarf tierärztliche oder Pflegebehandlungen, von der Klauenpflege über vorbeugende Maßnahmen bis hin zur Gabe von Medikamenten und Impfung des Bestandes. Manche Mastbetriebe setzen vielleicht auch Medikamente wie anabole Steroide als Masthilfsmittel ein, doch ist dies in Europa nicht zugelassen. Manche Behandlungen erfordern zudem eine vorübergehende Absonderung des Tieres, damit es sich in Ruhe erholen kann.

**Unten** *Jeder Rinderhalter muss seine Tiere umsichtig versorgen, damit sie so gesund sind wie diese Devon-Kuh. Dabei sind die typischen Ansprüche der jeweiligen Rasse zu berücksichtigen.*

Nach der Gabe mancher Medikamente, besonders Antibiotika und Anthelminthika, dürfen die Milch oder das Fleisch der betroffenen Tiere für eine bestimmte Zeit nicht verwertet werden (Wartezeit oder Absetzfrist); diese kann wenige Stunden bis einige Tage (für die Milch) oder gar Monate (für das Fleisch) betragen.

Rinderhaltern steht eine Reihe von präventiven und kurativen Medikamenten zur Verfügung, wie etwa Anthelminthika (Entwurmungsmittel). Von diesen gibt es Präparate gegen Faden-, Spul-, Band- und Saugwürmer (z. B. Pärchenegel). Bei Schafen und Pferden mehren sich Resistenzen gegen diese Mittel; dieser Effekt ist auch beim Rind Anlass zur Sorge, jedoch in geringerem Maße, zumal wenn Tierärztin und Halter bei der Anwendung eine entsprechende Strategie verfolgen.

**Oben** *Haltungsbedingungen, Versorgungsmöglichkeiten und Krankheiten sind je nach Region der Erde sehr unterschiedlich. Dieses Rind leidet unter Rinderflechte, einer häufigen Pilzerkrankung.*

## IMPFEN ODER NICHT?

Manche Menschen glauben nicht an Impfungen, doch diese bewirken unter anderem, dass weniger antimikrobielle Medikamente eingesetzt werden, sie können die Milch- und Fleischproduktion sowie die Arbeitsleistung steigern, Krankheitsfälle reduzieren und die Fruchtbarkeit verbessern. Problematisch ist oft, dass in Betrieben notwendige Zweitimpfungen nicht oder zum falschen Zeitpunkt verabreicht werden; manchmal werden diese auch unsachgemäß gelagert. In manchen Regionen übersteigen die Kosten für eine Behandlung oder Impfung vielleicht diejenigen durch die Produktionseinbußen, sodass die Maßnahme unwirtschaftlich wäre.

In den Regionen der Welt wird unterschiedlich viel geimpft, doch bei manchen Krankheiten (wie Lungenentzündung) sind die Impfraten stark gestiegen. Etwa 80 % der Großviehproduzenten in Europa, den USA, Südafrika, Australasien und Ostasien impfen ihre Tiere, da die wirtschaftlichen Einbußen durch Lungenentzündungen allzu groß wären. Bei Haltungsformen mit nur wenigen Tieren, besonders in Subsahara-Afrika, Asien und Südamerika, sind die Impfraten oft sehr niedrig.

Manche Bestände oder auch ganze Länder sind frei von bestimmten Krankheiten und entscheiden sich deshalb, nicht gegen diese zu impfen. Dann können sie Rinder in Länder exportieren, die ebenfalls frei von diesen Krankheiten sind und die den Import sonst verweigern würden.

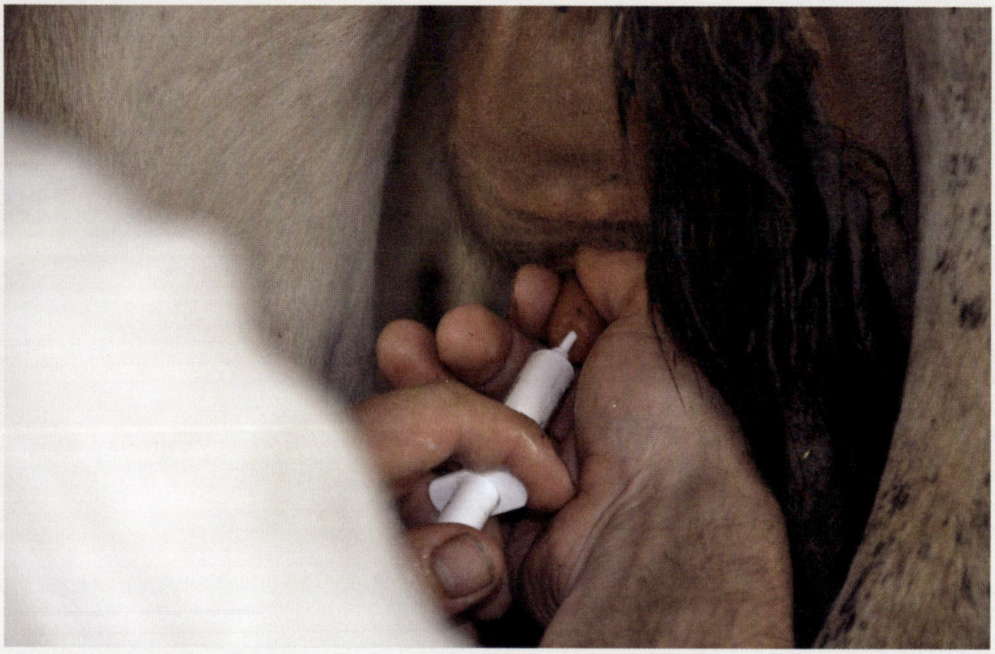

## ANTIBIOTIKA

In vielen Haltungssystemen kommen auch Antibiotika und Steroide zum Einsatz. Sowohl in der Human- als auch in der Tiermedizin bereiten Antibiotikaresistenzen immer größere Probleme, daher ist der richtige Umgang mit diesen Mitteln weltweit von höchstem Interesse. Zugleich wird der Einsatz von Steroidhormonen vielerorts eingeschränkt oder ist bereits verboten, nicht aus Gründen der Resistenz, sondern weil sie in die Umwelt gelangen und die menschliche Gesundheit schädigen können. Obwohl also Steroide/Hormone Fleischansatz und Milchproduktion bei Rindern steigern können, ist ihre Anwendung zu diesen Zwecken in vielen Ländern reguliert oder (wie in der EU) verboten. Manche Steroide allerdings werden zur Behandlung von Krankheiten eingesetzt.

## ARBEITSBEDINGUNGEN

Gute Tierhaltung erfordert vor allem zwei Zutaten: Zeit und Geld. Viele wirtschaftliche Faktoren, auf die einzelne Landwirte oft keinen Einfluss haben, bestimmen, was für Futter und Stallungen und welche tierärztliche Betreuung ein Betrieb bieten kann. Die Halter sorgen so gut wie möglich für ihre Tiere, doch die Gesundheit der Landwirte und Angestellten selbst ist ebenfalls zu bedenken, zumal sich diese unmittelbar auf die Pflege der Tiere auswirkt. Die Arbeit birgt manche Gefahr; besonders hoch ist das Risiko bei Saisonkräften, die oft weniger Übung und Erfahrung hinsichtlich Gesundheit und Verhalten der Tiere, aber auch der Gefahren in landwirtschaftlichen Betrieben haben.

**Oben** *Antibiotika haben die Medizin revolutioniert, doch heute stellen Resistenzen eine Bedrohung für Menschen und Nutztiere dar.*

Depressionen und andere psychische Leiden, ja sogar Selbstmorde kommen bei Rinderhaltern weltweit in erhöhter Zahl vor. Ausbrüche von Tierseuchen bringen finanzielle Probleme, Leid, Isolation und Sorgen für die Beteiligten mit sich – zusätzlich zu den «normalen» Schulden, womöglich Korruption und belastenden politischen Vorgaben, dem Umgang mit gefährlichen Chemikalien und generell einem hohen Arbeitsdruck. All dies kann zu Depressionen führen. In Indien werden 11,2 % aller Selbstmorde von Landwirten begangen, in Großbritannien ist es 1 % der Fälle. In Frankreich liegt die Selbstmordrate bei Landwirten 20 %, bei Milchbauern sogar 30 % höher als im Bevölkerungsdurchschnitt. In den USA ist die Datenlage zwar etwas unklar, aber in der Landwirtschaft tätige Personen zeigten eine doppelt so hohe Suizidrate wie der Rest der Bevölkerung. Die Arbeit in der Landwirtschaft gilt daher als besonders gefährlich und zeigt eine der höchsten Selbstmordraten.

All dies hat auch Einfluss darauf, ob ein Betrieb das ganze Jahr hindurch genügend gesunde Arbeitskräfte hat. Mancherorts gibt es womöglich zu wenig Klauenpfleger oder Tierärzte, um einen Bestand optimal zu versorgen. Verletzungen, Todesfälle, Suizide und weitere Faktoren wie die finanzielle Lage, Ausstattung, Fachkunde sowie Verfügbarkeit von Helfern und Pflegepersonal spielen nicht zuletzt für das Tierwohl eine wichtige Rolle.

**Unten** *Landwirte und ihre Mitarbeiter müssen sicher mit modernen Maschinen umgehen können – nicht nur, damit es ihren Kühen gut geht, sondern auch zu ihrer eigenen Sicherheit.*

KAPITEL 4

# *Rind & Mensch*

# Das Rind als Wirtschaftsfaktor

Rinder spielen weltweit eine ökonomisch wichtige Rolle. Ihr wirtschaftlicher Nutzen reicht vom Ernähren einer kleinbäuerlichen Familie als Zugtier, Fleisch- und Milchlieferant bis hin zur Nutzung in großen Milchvieh-, Fleischrind- oder Zuchtbetrieben. Viele weitere Branchen stehen mit dem Rind in Verbindung, etwa Tiermedizin und Tiergesundheitsdienstleistungen, Spermienhandel und künstliche Besamung, Pharmaindustrie, Lebensmittelindustrie, Lederfabriken, Bekleidungsindustrie und viele mehr.

**Unten** *Von Lederschuhen bis hin zu Gelatinekapseln für Medikamente – viele wichtige Produkte gehen auf das Rind zurück.*

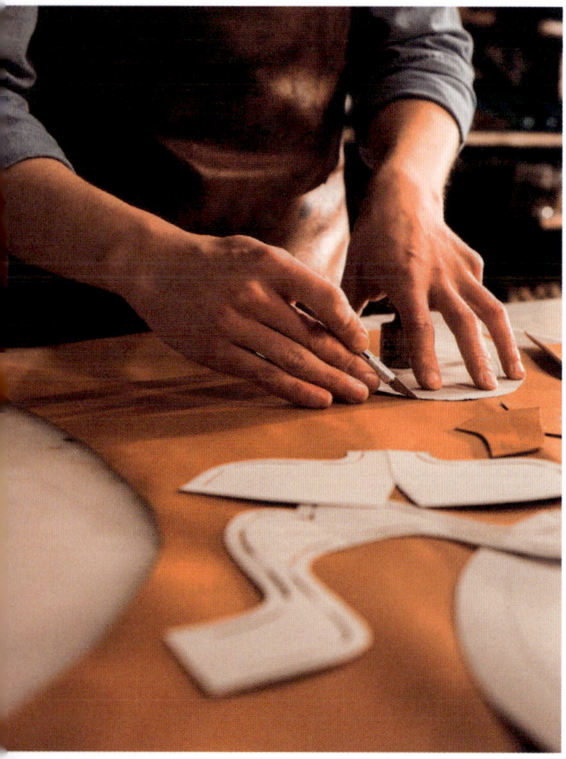

*Oben* Mia. von Tonnen Rindfleisch werden jährlich produziert und z. B. als Burger oder Steaks verzehrt, aber auch zu Heimtierfutter verarbeitet.

## FLEISCH

Die Rindfleischproduktion betrug 2019 allein in den USA rund 12 Mia. Kilogramm, bei Preisen von 115–122 US-Dollar pro 45 kg Schlachtgewicht. Zum Vergleich: Die gesamte Produktion von rotem und Geflügelfleisch belief sich in den USA 2018 auf 46,4 Mia. Kilogramm. Die Fleischproduktion nimmt weiter zu; die US-Bürger verzehrten 2018 durchschnittlich 25,9 kg Rindfleisch pro Jahr. In vielen EU-Ländern sank der Rindfleischkonsum dagegen in den letzten Jahren ein wenig; 2019 lag er bei rund 10,8 kg pro Jahr. Je nach Stück und Qualität variiert natürlich auch der Preis des Fleisches. Im Jahr 2019 lag der Preis für Rumpsteak in der Schweiz mit umgerechnet 50,05 US-Dollar am höchsten, gefolgt von Norwegen und Island mit 26,83 bzw. 24,62 US-Dollar; Kolumbien und Pakistan zählten mit 4,27 bzw. 3,02 US-Dollar zu den Ländern mit den niedrigsten Preisen.

## MILCH & MILCHPRODUKTE

Nach Angaben des deutschen Landwirtschaftsministeriums wurden 2019 weltweit rund 719 Mio. Tonnen Kuhmilch produziert, in der EU waren es 167,8 Mio. Tonnen, wobei Deutschland mit etwa 33 Mio. Tonnen der größte Milchproduzent war. Weitere Arten, wie Ziegen oder andere Rinder, produzieren weltweit ebenfalls Milch, die in den Handel kommt, darunter unter anderem 108,7 Mio. Büffel.

Das International Farm Comparison Network (IFCN) vergleicht landwirtschaftliche Daten aus 53 Ländern und Wirtschaftsdaten aus 115 Ländern der Welt. Damit erfasst es 98 % der globalen Milchproduktion und trägt dazu bei, die Kosten für die Produktion, aber auch mögliche Milchpreise zu erfassen und zu ermitteln, wie Preise für damit verknüpfte Produkte (z. B. Rinderfutter) die Industrie beeinflussen. Laut IFCN-Daten lag der durchschnittliche Preis für die Produktion von 100 kg Milch 2018 weltweit bei 40,20 Dollar, 2019 schwankte er im Jahresverlauf zwischen 33 und 42,7 Dollar, dabei reichte das Preisspektrum weltweit von 20–105 Dollar. Durchschnittlich konnten Produzenten somit pro 100 kg Milch 2,8 Dollar verdienen. Erhebungen zufolge hat die Milchindustrie weltweit 7 Mia. Kunden, und die Nachfrage wächst weiter. Auch bei der Produktion zeigt sich langfristig ein Anstieg; zwischen 1998 und 2016 lag dieser bei 2,3 %.

Die Milchbranche produziert Milch, Käse, Joghurt und andere Molkereiprodukte, die allesamt zum Wirtschaftsfaktor Rind beisteuern. Der British Cheese Board führte 2019 allein 700 britische Käsesorten. Die erste Käsefabrik entstand 1815 in der Schweiz, doch die erste Käseproduktion im großen Stil gab es in den USA. Im Jahr 2018 berichteten verschiedene Medien über die teuersten Käsesorten der Welt. Der britische White Stilton Gold brachte es auf 400–420, der aus der Milch von Balkaneseln hergestellte Pule sogar auf 600 Dollar pro Pfund. Auf dem vierten Platz landete übrigens ein Käse aus China – erstaunlich für eine Nation, wo pro Jahr und Person durchschnittlich nur rund 34 g Käse verzehrt werden. Einwohner der USA essen jährlich im Durchschnitt 17 kg Käse, doch Dänemark führt mit 28 kg pro Kopf und Jahr diese Statistik an. Zum Glück ist also nicht

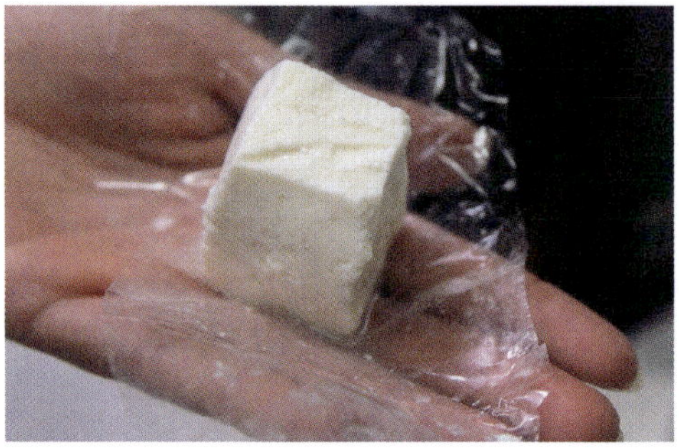

**Links** *Pule, der teuerste Käse der Welt, wird aus Balkaneselsmilch hergestellt. Er soll ähnlich wie Manchego-Käse schmecken, aber noch vollmundiger.*

## MELKEN MIT MUSIK

Es scheint tatsächlich zu stimmen, dass es die Milchproduktion steigert, wenn man Kühen Musik vorspielt. Sie produzierten bis zu 3 % mehr Milch, wenn man ihnen REM, Simon & Garfunkel oder allgemein langsame, rhythmische Musik (auch Klassik) vorspielte. Ein bisschen Shakespeare kam auch gut an; flotte Musik dagegen zeigte keine Wirkung, also steht Clubmusik nicht zur Debatte. Das überrascht nicht: Die Milchbildung wird von dem Hormon Oxytocin angeregt, das eher ausgeschüttet wird, wenn die Kuh keinen Stress empfindet. Es fanden sogar schon Wettbewerbe für den besten Musik-Mix für Kühe statt, und es gibt Playlist-Empfehlungen für anspruchsvolle vier- und zweibeinige Hörerinnen und Hörer im Stall.

Schon 1930 spielte die Frauenjazzband *The Ingenues* im Kuhstall der University of Wisconsin, um den Effekt der Musik auf die Milchproduktion zu erforschen.

Viele Bauern berichten, dass ihre Kühe gern Radio hören, und natürlich freut sich jeder Betrieb über Mehreinnahmen durch mehr Milch.

jeder Käse so teuer wie die oben genannten. Erstaunlicherweise war unter den superteuren Sorten kein Käse aus Frankreich, wo doch in langer Tradition exzellente Käse hergestellt werden und der Verzehr pro Person und Jahr bei 26 kg liegt.

## SONSTIGE NUTZUNGEN

Der wirtschaftliche Beitrag von Rindern als Zugtiere ist schwer einzuschätzen, weil sie diese Arbeit meist in Entwicklungsländern verrichten. In Uganda etwa hatte jeder Haushalt mit einem Ochsen pro Tier 245 Dollar Gewinn – den Effekt durch die gesparte Handarbeit noch nicht eingerechnet.

Die Lederindustrie ist jedes Jahr rund 100 Mia. Dollar wert. Bis vor Kurzem dominierte China den Markt, doch der Handel nimmt weltweit zu. Die Nachfrage war bis jetzt noch nicht größer als das Angebot, es wurden also bislang noch keine Rinder nur zur Ledergewinnung getötet. Die Häute sind ein Nebenprodukt der Fleisch- und Milchproduktion.

**Oben** *Die Lederindustrie setzt jedes Jahr weltweit Mia. von Dollar um. Die Rinderhaut kann bis zu 10 % des ökonomischen Wertes eines Tieres ausmachen.*

# Milchviehhaltung

Bei den heutigen Hausrindern unterscheidet man zwei Haupttypen, die taurinen Rinder und die Zebus (Buckelrinder). Zebukühe produzieren meist weniger Milch als Kühe tauriner Rassen. Bei Fleischrassen bildet eine Kuh ca. 4 Liter Milch pro Tag; eine Milchkuh dagegen kann auf dem Gipfel der Laktation rund 60 l Milch pro Tag produzieren. In den letzten Jahren ist die Milchleistung der Milchkühe pro Tier und Jahr deutlich gestiegen, und das in vielen Regionen weltweit.

Im Hinblick auf die bewirtschaftete Fläche haben China und an zweiter Stelle Australien die größten Milchviehbetriebe, sogenannte Megafarmen. Der größte Milchviehbetrieb der Welt soll die Megafarm von Mudanjiang in China sein, mit etwa 100 000 Kühen, die auf einer Fläche fast von der Größe Portugals mehr als 800 Mio. Liter Milch pro Jahr produzieren. Riesig ist auch die Farm des saudi-arabischen Molkereikonzerns Almarai. Sie liegt in der Wüste und ist größtenteils von klimatisierten

**Links** *Milchviehbetriebe werden weltweit unterschiedlich geführt. Diese Ayrshire-Kühe sind auf der Weide; andere leben das ganze Jahr in Stallungen.*

**Oben** *83 % der weltweit produzierten Milch stammt von Kühen, 13 % von Büffeln. Ziegen, Schafe und Kamele produzieren weniger Milch, die unterschiedlich beschaffen ist.*

Stallungen für zigtausend Kühe bedeckt. Saudische Milchkuhbestände bringen im weltweiten Vergleich die höchste Milchleistung. Die durchschnittlichen Bestandsgrößen sind weltweit immer weiter angestiegen, da Massentierhaltung kosteneffektiver ist. Die Bestände umfassen durchschnittlich 375 Tiere in Neuseeland, 234 in den USA, 220 in Australien und 100 in Großbritannien. In Deutschland liegt der Durchschnitt bei gut 60 Milchkühen; in den ostdeutschen Betrieben sind die Bestände dabei historisch bedingt deutlich größer. In ärmeren Ländern sind die Bestände meist sehr viel kleiner.

Zu den Rassen mit der höchsten Milchleistung zählen Holstein-Friesian (HF) bzw. Holstein-Rind schwarz- und rotbunt, Jersey, Fleckvieh, Guernsey und andere. Kühe bilden nach dem Abkalben Milch; 60–100 Tage nach dem Kalben erreichen sie die höchste Produktion, die sie dann rund 10 Monate halten. Dann werden sie «trockengestellt» (nicht mehr gemolken, sodass sich ihr Körper, besonders das Euter, vor der nächsten Laktationsperiode erholen kann). Diese Phase dauert 6–8 Wochen. Nach der Geburt des nächsten Kalbes setzt wieder die Milchproduktion ein. Bringt eine Kuh nicht genug Milch (also 12–15 l), um wirtschaftlich gehalten zu werden, wird sie geschlachtet und ihr Fleisch verwertet. Kuhkälber verbleiben meist im Bestand und werden selbst zu Milchkühen, Bullenkälber dagegen werden meist geschlachtet oder gehen zunächst in einen Mastbetrieb. Nur wenige werden als Zuchtbullen ausgewählt.

## WAS MILCH KOSTET

Milch ist teuer. Eine laktierende Kuh frisst täglich 50–54 kg Futter – meist eine Mischung aus Gras, Getreide, Silage, Proteinfutter (z. B. Soja) sowie Vitaminen und Mineralien. Eine ausgewogene Fütterung setzt gute Fachkenntnisse voraus. Firmen investieren enorme Summen in die Erforschung von Futtermittelrezepturen für Rinder.

Bei Stress, Schmerzen oder Unruhe geht die Milchproduktion zurück. Die Durchblutung des Euters steigt um bis zu 30 % an, wenn sich die Kuh hinlegt, was wiederum die Milchbildung steigert. Milchkühe leiden oft unter Lahmheiten und Mastitis (Milchdrüsenentzündung), was sich schnell auf die Milchqualität und -menge auswirkt. Mastitis kann unbehandelt zum Tode führen; es gelangt Eiter in die Milch, und eine Behandlung mit Antibiotika ist erforderlich. Die Milch kann dann eine Zeit lang nicht verwertet werden, daher sind Krankheiten nicht nur eine Frage des Tierwohls, sondern auch eine der Wirtschaftlichkeit.

## MILCH & MELKEN

Milch liefert viele wertvolle Kohlenhydrate, vor allem Lactose (Milchzucker). Diese kann allerdings manchen Menschen Probleme bereiten – und auch manchen Milchkühen. Lactose ist ein Disaccharid und besteht aus den beiden Einfachzuckern Glucose und Galactose. Ihre Bildung kann den Blutglucosespiegel der Kuh gefährlich senken und zur Entgleisung des Stoffwechsels führen.

In den letzten Jahrzehnten hat sich die Melktechnik enorm verbessert. In Kleinstbetrieben wird manchmal noch per Hand gemolken, doch größere Bestände erfordern meist eine Melkanlage. Bei den meisten Modellen werden die vier Melkbecher von Hand an die Zitzen gesetzt; die Milch wird durch einen Wechsel von Unter- und Normaldruck entzogen.

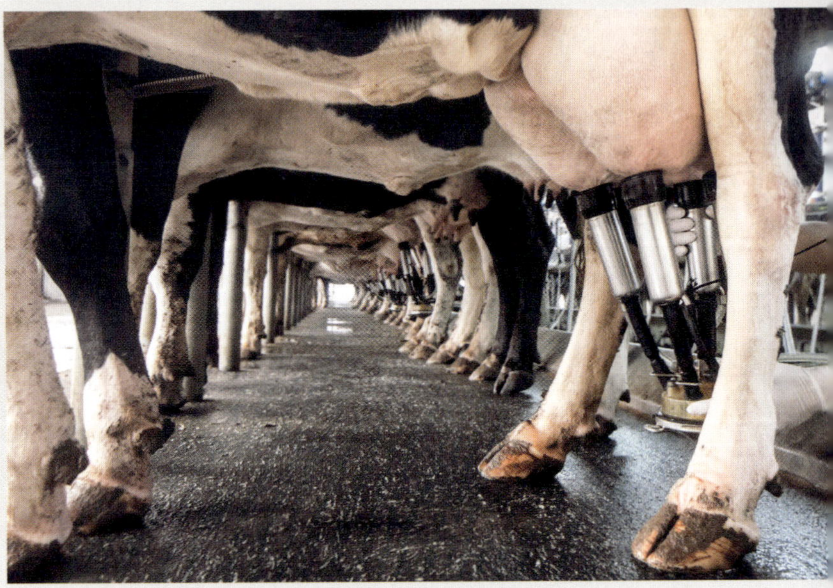

**Oben** *Manche Halter melken auch heute noch mit der Hand, doch Melkmaschinen und Melkroboter bewirken höhere Erträge pro Tier.*

**Unten** *Kuhmilch ist je nach Rasse und sogar je nach Einzeltier etwas unterschiedlich beschaffen. Dennoch zeigt sie im Vergleich zur Milch anderer Arten eine typische Zusammensetzung.*

**Vorteile des maschinellen Melkens:**

- kosteneffektiv bei großen Herden
- weniger Handarbeit
- erhöhte Melkfrequenz (angenehmer für die Kühe)
- mehr ermolkene Milch
- detaillierte Informationen über Einzeltiere und Gesamtbestand
- Melkroboter setzen Melkbecher eigenständig an, analysieren die Milch, ermöglichen einfache Gesundheitschecks und dokumentieren wichtige Informationen zur Milchproduktion und -qualität

**Nachteile des maschinellen Melkens:**

- hohe Anschaffungskosten
- ungeeignet für reine Weidehaltung (Gebäude erforderlich)
- erhöhter Stromverbrauch
- evtl. niedrigere Milchqualität
- weniger Interaktion zwischen Landwirt und Tieren

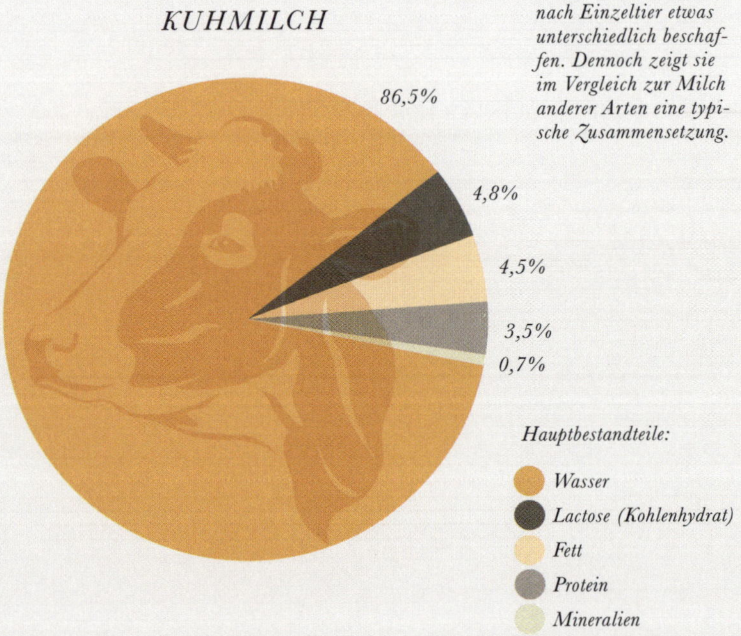

## MILCHPRODUKTE

Kuhmilch ist nicht nur als Trinkmilch von Bedeutung, sondern auch als Grundlage für die Herstellung von H-Milch, Käse, Butter, Quark, Joghurt und etlichen weiteren Produkten. Chymosin (Rennin) ist ein Enzym, das natürlicherweise im Magen junger Säugetiere vorkommt. Es lässt Milch gerinnen; ihre festen Bestandteile werden ausgefällt. Dasselbe passiert mit Milch auch, wenn man sie offen stehen lässt; sie wird «sauer». Genau dies geschieht im Kälbermagen, und man macht es sich bei der Käseherstellung zunutze. Nach Ausfällung der festen Bestandteile bleibt die flüssige Molke zurück, die z. B. in Proteinshakes Verwendung findet. Heute nutzt man Enzyme, Säuren und sogar Salze zur Gerinnung der Milch. Das Käsen ist eine hohe Kunst, ja eine Wissenschaft für sich, gibt es doch vom Frisch- und Hüttenkäse bis hin zum Hartkäse unzählige Sorten und Verfahren.

Butter wird ausschließlich aus Milchfett hergestellt und manchmal zur besseren Streichfähigkeit mit Öl versetzt. Aufstriche auf Milchbasis enthalten manchmal weitere Zutaten, um etwa den Cholesteringehalt zu senken. Milchprodukte werden auch weiterverarbeitet, um so Fette fürs Kochen oder Backen herzustellen. Mithilfe von Bakterienkulturen stellt man aus Milch unter anderem Joghurt her, der heute in nie gekannter Sortenvielfalt angeboten wird.

**Oben** *Die Fütterung hat direkten Einfluss auf die Qualität und Menge der produzierten Milch. Ob Fasern oder Fette, Mineralien- oder Energiegehalt: Alles muss optimal abgestimmt sein.*

**Links** *Zur Käseherstellung setzt man der Milch Chymin (Rennin) zu, um die Proteine auszufällen. Zurück bleibt die flüssige Molke.*

# Rindermast

Jeder Mastbetrieb muss zwischen seinen Ansprüchen an die Fleischqualität und den Kosten für Haltung und Fütterung abwägen. Das Fleisch von 12–18 Monate alten Rindern ist meist besonders zart; bis zum Alter von 2 Jahren gibt es kaum Unterschiede in der Fleischbeschaffenheit. Fleischrassen werden meist per Natursprung verpaart, während bei Milchvieh fast nur die künstliche Besamung Anwendung findet. Traditionell lässt man die Kälber bei Fleischrassen länger bei der Mutter als bei Milchvieh; sie werden – je nach Verfassung von Kalb und Muttertier, verfügbarer Futtermenge und sonstigen Faktoren – mit etwa 5–10 Monaten entwöhnt. Fleischrinder werden oft auf der Weide oder in Ausläufen gemästet. Bei intensiveren Haltungsformen, wie sie z. B. in Deutschland üblich sind, haben die Tiere keinen oder wenig Weidegang. Die Stadien Kälberaufzucht, erste Mastphase und Endmast werden unter spezialisierten Betrieben aufgeteilt. Fleischrinder fressen täglich 1,4–4 % des eigenen Körpergewichts und brauchen eine stressfreie, gesunde, sichere Umgebung, was viel Aufwand erfordert. Haben die Tiere das gewünschte Endgewicht erreicht, führt man sie der Schlachtung zu.

**Unten** *Weiden und Ausläufe (hier in Columbus im US-Bundesstaat Colorado) sollen die Gewichtszunahme und Fleischqualität der Rinder fördern.*

## FLEISCHQUALITÄT

Die Kollagenfasern innerhalb der Muskeln verfestigen sich mit zunehmendem Alter des Tieres. Bei Jungtieren ist das Kollagen noch weicher, doch mit der Zeit bilden sich immer mehr verfestigende Querverbindungen aus. Tiere, die in der Endmast vor allem Getreide erhalten, wachsen schnell und sind somit früher schlachtreif. Studien ergaben, dass ihr Kollagen «unreif» und ihr Fleisch somit zarter ist.

Der Anteil des intramuskulären Fettes (die «Marmorierung») gibt ebenfalls Hinweise auf die Fleischqualität. Auch hier gibt es große Unterschiede. Rassen wie Aberdeen-Angus und Wagyu zeigen meist eine stärkere Marmorierung als z. B. Charolais. Getreidefütterung lässt das Fett eher weiß als gelblich erscheinen, was den Marktwert steigert. Kalbfleisch hat einen sehr geringen Fettgehalt, da so junge Tiere noch nicht viel Fett ansetzen konnten. Insgesamt beurteilt man die Fleischqualität anhand der Reife des Muskelgewebes sowie der Stärke und Art der Marmorierung. Merkmale wie Festigkeit, Textur, Farbe und Geschmack werden ebenfalls durch diese Faktoren beeinflusst.

Auch das Geschlecht bzw. die Hormone, genetische Ausstattung sowie Rasse eines Tieres haben Einfluss auf die Fleischqualität. Es gibt keinen festen Zeitpunkt der Schlachtung, doch in den meisten Ländern werden Rinder im Alter von 12–24 Monaten geschlachtet. Das Fleisch älterer Tiere wird zu Hackfleisch und billigeren Produkten verarbeitet. Die Rinder werden zur Schlachtung in Schlachthöfe transportiert; kranke oder verletzte Tiere sind nicht transportfähig und werden oft vor Ort euthanasiert. Vor der eigentlichen Schlachtung werden die Tiere betäubt. Stress kann die Fleischqualität beeinträchtigen und ist weder für die Tiere noch für die Menschen, die mit ihnen umgehen, gut. Daher folgen die meisten Schlachtbetriebe festen Richtlinien und Gesetzen für Ruhezeiten, Betäubung und Schlachtung. Die Betäubung erfolgt mechanisch (meist per Bolzenschuss), elektrisch oder mit Kohlendioxid. Nach der Schlachtung folgt die Fleischbeschau, um die Verzehrfähigkeit zu prüfen.

**Unten** *Die Marmorierung des Fleisches variiert je nach Alter, Rasse, Fütterung, Haltung und natürlich je nach Fleischstück.*

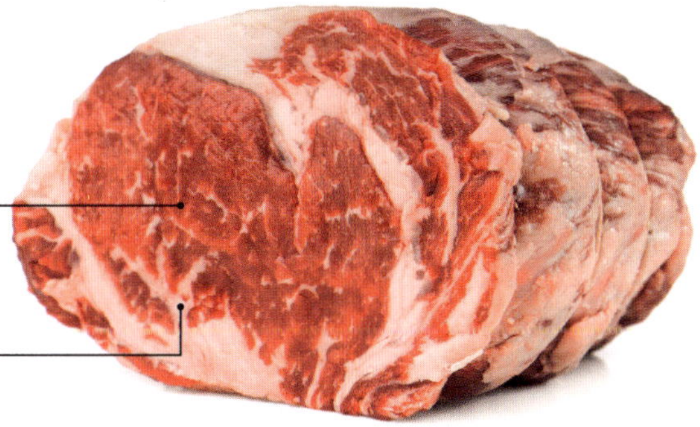


### NEBENPRODUKTE

Neben Milch- und Fleischerzeugnissen versorgen Rinder uns auch mit:

- Lebensmittelzusätzen wie Gelatine, die in vielerlei Produkten zum Einsatz kommen
- Talg, der für Seifen, aber auch zum Kochen und Backen benutzt wird
- Enzymen, die etwa in Waschmitteln Verwendung finden
- Kleister aus Klauen und Hörnern
- Medizinischen Grund- und Wirkstoffen, etwa in Salben und sogar in Immunsuppressiva
- Futter für Hunde, Katzen und andere Heimtiere
- Feinem Bone-China-Porzellan

Nebenprodukte finden sich sogar in Toilettenpapier, Kerzen, Buntstiften, Tinte, Drogerieartikeln wie Rasiercreme und Deo, Frostschutzmitteln und Autoreifen.

# Arbeitsrinder & sonstige Nutzungen

Wohl jeder von uns hat schon einmal (wenn auch eher in Film und Fernsehen als in der Realität) Rinder bei der Arbeit gesehen. Überall auf der Welt ziehen Rinder auch Wagen oder den Pflug, ja sie dienen sogar als Reittiere. Rinder sind also viel mehr als Lieferanten für Milch und Fleisch.

## ZUGTIERE

Nicht in allen Ländern sind Rinder, die ein Ackergerät oder einen Wagen ziehen, ein gewohnter Anblick; in vielen sind sie jedoch normaler Teil des Alltags. Solche Zugtiere müssen gut gefüttert werden; ihre Ausbildung beginnt im Alter von 2–3 Jahren, sodass sie die Muskulatur, das Gemüt und die Kraft für solche Arbeit entwickeln. Im Alter von 5 Jahren, bei einem Gewicht von rund 400 kg, können sie den Pflug ziehen. Bevorzugt werden sanftmütige männliche Tiere, die meist kastriert sind. Trainierte Tiere arbeiten auf gerufene Kommandos hin, denen oft mit Stock oder Gerte Nachdruck verliehen wird. Milchrinder sind aufgrund ihres Körperbaus für derlei Arbeiten eher ungeeignet, doch Fleisch- oder Zweinutzungsrassen eignen sich durchaus. Die Rasse spielt ebenfalls eine Rolle, denn sie muss mit den herrschenden Umweltbedingungen zurechtkommen und einen geraden Rücken haben, um keine Schäden davonzutragen. Um Verletzungen vorzubeugen, ist das passende Geschirr oder Joch entscheidend. Zugrinder können schwerere Lasten ziehen als Zugpferde – gut trainierte Ochsen schaffen das Doppelte ihres Körpergewichts. Rinder sind ruhiger als Pferde, aber auch langsamer.

**Unten** *Lange vor Entwicklung der Traktoren wurde der Pflug zunächst von den Menschen selbst gezogen, dann von Ochsen, schließlich von Maultieren und Pferden. Diese Traditionen gibt es weltweit noch heute.*

## RINDER ALS REITTIERE

Wenn Rinder schon als Zugtiere arbeiten, warum soll man sie dann nicht auch reiten? Heute sieht man dies jedoch nur noch selten, und mit dem «Bullenreiten» beim Rodeo hat es rein gar nichts zu tun.

Die Reittiere, in der Regel Ochsen, werden meist schon als Kalb mit verschiedenen Methoden trainiert, etwa durch Führen und Training mit dem Klicker oder Pfeifen. Sie lernen, auf Laute, Belohnungen, Druck oder gesprochene Kommandos zu reagieren. Sattel und Zaumzeug müssen zum Tier passen, ähnlich wie bei Reitpferden. Statt eines Gebisses wird jedoch häufig ein Nasenring eingesetzt, der Schmerzen hervorruft, wenn man am Zügel zieht. Wie bei der Zugarbeit werden die Kommandos meist gerufen und mit Peitsche oder Gerte «unterstrichen». Rinder zu reiten ist oft nicht sehr bequem, da sie breiter und meist auch langsamer als Pferde sind. Da die richtige Ausstattung schwer zu bekommen und das Reiten weder bequem noch schnell ist, sind Pferde als Reittiere weitaus beliebter. Unausgebildete Bullen bocken heftig, wenn man sie reitet, was man bei Rodeos zu Showzwecken ausnutzt. Gut ausgebildete «Reitrinder» dagegen können schnell und langsam laufen und sogar einen Sprungparcours absolvieren.

**Oben** *Rinder sind intelligente Tiere und lassen sich gut trainieren. Sie sind zwar nicht die bequemsten und schnellsten Reittiere, aber sehr kraftvoll.*

## LEDER & FELLE

Tierhäute werden seit Jahrtausenden in aller Welt genutzt. Ein Kuhfell besteht aus Haut und Fell, das nicht gebleicht wird. Es wird zunächst zur Konservierung eingesalzen und dann in einer Gerberei weiterverarbeitet, wo es manchmal auch gefärbt wird. Solche Kuhfelle dienen als Unterlage für Mensch und Tier, als Teppich, zur Dekoration oder als Material für Taschen oder Jacken. Bei Naturvölkern wurden daraus auch Schilde, Röcke und Lendenschurze, Kopfbedeckungen und Schmuckelemente gefertigt.

Aus Rinderhäuten werden verschiedenste Lederarten (auch Wildleder) gefertigt; dazu wird das Fell entfernt und die Haut gegerbt. Flexibel und dabei haltbar, wird Leder für Bekleidung und Accessoires wie Taschen und Koffer, Schuhe, Sättel, Möbel, Sportartikel – besonders Bälle und Boxausrüstung – und auch Bucheinbände benutzt. Leder gibt es seit mehr als 5000 Jahren; im Lauf der Zeit haben sich die Gerbetechniken stark verändert. Heute wird Leder oft geölt, um es wasserfester zu machen. Zwar lässt sich von den meisten Tierarten Leder gewinnen, doch etwa zwei Drittel der Gesamtmenge stammen von Rindern, als Nebenprodukt der Fleischindustrie.

Veganer und Hindus lehnen Kuhfelle und Lederprodukte ab, nutzen aber oft moderne Lederalternativen oder gar Leder, das im Labor aus Zellkulturen gewonnen wurde.

**Unten** *Weltweit gibt es mehr als 9000 Gerbereien, die jährlich zig Mio. Quadratmeter Leder herstellen. Das Material erfreut sich seit Urzeiten und bis heute großer Beliebtheit.*

## NÜTZLICHER DUNG

Rinder produzieren Dung – viel Dung. Sie produzieren auch Methan. Rinderdung schwankt in der Farbe zwischen Grün über Braun bis zu Schwarz und besteht überwiegend aus unverdauten Pflanzenteilen und Mineralien. Die Menschen nutzen ihn auf vielfältige Weise. Traditionell wird er auf den Feldern verteilt, um den Boden mit Nährstoffen anzureichern. Man kann ihn auch als Brennstoff benutzen; in der Biogasproduktion dient er als erneuerbare Energiequelle. Dabei wird das Material von Mikroorganismen zersetzt, sodass Methan, Wasserstoff und/oder Kohlendioxid entstehen. Die beim Verbrennen frei werdende Energie kann als Wärme oder Strom genutzt werden. Rinderdung ist reich an Methan und daher als Ausgangsmaterial gut geeignet.

Eine traditionellere Methode, Dung als Brennstoff zu nutzen, besteht darin, ihn in der Sonne zu trocknen und dann zu verbrennen. Brennender Dung vertreibt zugleich Krankheiten übertragende Stechmücken. Mancherorts, besonders in Indien, mischt man Dung mit Wasser und versprüht ihn in der Umgebung der Häuser, um Insekten abzuschrecken. Er wirkt auch isolierend und wird oft Lehmziegeln beigemischt. Aus solchen Ziegeln werden schon seit mehr als 8000 Jahren Häuser gebaut.

Dung wird auch zu kulturellen und religiösen Zwecken verwendet, etwa bei hinduistischen Feuerzeremonien (Yajna) und als ein Teil des Panchagavyan («Fünferlei von der Kuh»), einer bei hinduistischen Ritualen gebräuchlichen Mischung, die süße und saure Milch, geklärte Butter, Urin und Dung umfasst. Fermentiert kann das Gemisch als Medizin, Dünger, Pestizid und in Kosmetika verwendet werden.

*Getrocknet als Dünger*

*Verwendung als Brennstoff*

# In ferner Vergangenheit

Rinder gibt es schon seit Jahrmillionen, doch erst seit rund 10 000 Jahren werden sie als Haustiere gehalten. Wann der erste Käse hergestellt wurde, ist nicht bekannt, doch die ältesten Belege zeigen, dass etwa in Polen um 5500 v. Chr. Käse gefertigt wurde, und aus einer Fundstätte im kroatischen Pokrovnik stammen 7000 Jahre alte Überreste von Käse.

Er fand sich auch in 3200 Jahre alten ägyptischen Sarkophagen und neben Mumien, die vor rund 3800 Jahren in der chinesischen Taklamakan-Wüste beigesetzt wurden, er muss also schon damals eine wichtige Rolle gespielt haben. Vermutlich waren dies oft Schaf- und Ziegenkäse; die große Mehrheit der heutigen Käse dagegen wird aus Kuhmilch hergestellt.

Bei einer Höhlengrabung in Armenien fand man einen 5500 Jahre alten Schuh aus Rindsleder; ähnliche Ledergegenstände fand man im englischen Stonehenge (ca. 5000 Jahre alt) und in den Pyramiden von Gizeh (ca. 4500 Jahre alt). Es existiert sogar eine altägyptische Handschrift auf Leder.

Möglicherweise diente ein 40 000 Jahre altes Neandertaler-Werkzeug aus Hirschknochen, das in Frankreich gefunden wurde, dem Glätten und Polieren von Tierhäuten.

Bei den alten Griechen war Leder sehr beliebt; Homer erwähnt es in seinen Werken. Die alten Römer versorgten nicht nur ihr Heer mit Rinderprodukten, sondern statteten die Soldaten auch mit Lederbekleidung aus.

**Oben** *Dieser 5500 Jahre alte Lederschuh gilt als das älteste Exemplar dieser Art überhaupt. Das sehr gut erhaltene, mokassinähnliche Stück aus Rindsleder ist so gefertigt, dass es den Fuß des Trägers gut umschließt.*

**Links** *Römische Soldaten trugen oft Lederbekleidung. Die sogenannten Pterugen (Lederstreifen) waren an der Rüstung befestigt und schützten z. B. Schultern und Hüfte.*

**Oben** *Wikingerhöfe wie dieser im britischen North Yorkshire umfassten auch Rinderställe. Den Wikingern galten Rinder als besonders wertvoll.*

## DIE WIKINGER

Auch die Wikinger betätigten sich in der Wikingerzeit (8.–11. Jahrhundert) als Rinderhalter. DNA-Belege aus Irland, auf Grönland gefundene Knochen und Grabungen auf Höfen in ganz Norwegen, Island und anderen Ländern geben Aufschluss über die Tierhaltung bei diesen Völkern. Da in ihrer Heimat meist raues Klima herrschte, hielt man die Rinder oft in Ställen, fütterte sie im Winter mit Erntegut und trieb sie im Sommer auf die Weide. In der Frühzeit lebten die Nordmänner meist in Langhäusern mit ihrem Vieh unter einem Dach. Mit der Weiterentwicklung der Landwirtschaft ging man zu separaten Stallgebäuden über. Die Wikinger schätzten Milchprodukte, aßen aber auch das Fleisch. Frische Milchprodukte wurden das ganze Jahr hindurch verzehrt, aber Skyr (eine Art Quark) und Sauermilchprodukte waren länger haltbar und dienten der Versorgung im Winter, wenn die Milchproduktion gering war. Bullen wurden nicht selten den Göttern geopfert, und Ochsen dienten als Zugtiere.

Rinder waren von hohem Wert: Rinder und Geld wurden mit demselben Wort bezeichnet. Frauen und Kinder kümmerten sich um die Höfe, denn die Männer waren im Sommer oft auf Raubzügen unterwegs; die Landwirtschaft war also eine Familienangelegenheit. Auch die damaligen Gesetze geben Aufschluss über den Stellenwert der Rinder. Auf Island zahlten die Menschen in eine «Versicherung» ihrer Kommune *(hreppr)* ein. Verlor ein Bauer Gebäude oder Vieh, konnte er auf seine Versicherung zurückgreifen. Rinder galten als sehr wertvoll und waren wichtiger Bestandteil der Landwirtschaft und Gemeinschaft.

**Unten** *Wikinger trugen meist Lederstiefel oder -schuhe. Dieses Stück aus dem 10. Jh. wurde im englischen York gefunden.*

# Das Rind in der Religion

## HINDUISMUS

Rinder gelten den Hindus als heilig; sie werden für ihre Kraft und Sanftmut verehrt. Bei mehreren religiösen Festen steht die Kuh im Mittelpunkt: Am dritten Tag des Pongal-Festes (Mattu Pongal) dankt man Kühen für ihre Arbeit in der Landwirtschaft, und das Gopashtami-Festival ist Krishna und den Kühen gewidmet. Die Göttin Kamadhenu, die göttliche Kuh, ist die Mutter aller Kühe und soll Wünsche erfüllen können. Der Hinduismus geht über die bloße Verehrung der Tiere hinaus. In Indien gibt es unzählige Hindus, und das Land hat zugleich die weltweit größte Zahl an Rindern. Ältere oder kranke Tiere werden in Goshalas (Pflegestationen) versorgt und gepflegt. Im ganzen Land gibt es mehr als 3000 dieser Einrichtungen.

Noch weitere Boviden werden im Hinduismus als heilig verehrt. Die Nilgauantilope gilt als Verwandte und aufgrund ihrer Ähnlichkeit mit dem Hausrind ebenfalls als heilig. Der Hinduismus propagiert eine vegetarische Lebensweise, erlaubt aber den Verzehr von Milchprodukten; viele Anhänger sind strenge Vegetarier. Die Religion ist die drittgrößte der Weltreligionen; 15 % der Weltbevölkerung hängen ihr an. Sie gilt mit mehr als 4000 Jahren auch als die älteste noch praktizierte Religion.

**Unten** ***In manchen Religionen werden Hausrinder als heilig verehrt, so etwa im Hinduismus.***

**Links** *Die als Himmelskarte gestaltete Decke des Hypostyls im Hathor-Tempel von Dendera zeigt einen tobenden Bullen, der das Sternbild des Stiers darstellt.*

## ANDERE RELIGIONEN

Die ethische Haltung zur Nutzung von Rindern basiert auch für viele andere Menschen auf religiösen oder philosophischen Grundsätzen. Manche Christen und Juden leben aufgrund ihrer Religion vegetarisch, obwohl sie ihnen dies nicht vorschreibt. Der Tanach (Hebräische Bibel) erwähnt mehrere Kuhopfer, und eine rote junge Kuh spielt für ein altes jüdisches Reinheitsritual eine wichtige Rolle. Für Juden und Muslime gelten bestimmte Rituale im Umgang mit Rindern. Viele essen zwar Rindfleisch, doch sollte die Schlachtung nach bestimmtem Ritus erfolgen; dann wird das Fleisch als «koscher» bzw. «halal» bezeichnet. Die Bedeutung des Rindes tritt in diesen Religionen deutlich zutage, wird es doch in der Bibel, dem Koran und anderen religiösen Texten häufig erwähnt.

Viele Religionen verbieten den Genuss von Rindfleisch und/oder Milchprodukten und anderen Produkten aus Rindern. Der Jainismus propagiert eine vegane Lebensweise, die jegliche Produkte aus Rindern rundweg ablehnt. Buddhisten sind meist Vegetarier, manche Anhänger glauben, Rinder seien wiedergeborene Menschen. Buddha selbst aß zwar Fleisch, aber ob er Rindfleisch zu sich nahm, ist nicht klar. Inzwischen ist der Vegetarismus ein wichtiger Aspekt für viele gläubige Buddhisten. Der chinesische Daoismus (Taoismus) verfolgt ebenfalls eine vegetarische Lebensweise; generell ist der Verzehr von Rindfleisch in China nahezu tabu.

Alte Religionen stellten den Bullen oft als groß und kraftvoll dar. Die alten Ägypter verehrten den Bullen für seine Kraft und Virilität; Bullen wurden oft gejagt und geopfert. Die Kuh wiederum wurde wegen ihrer Fruchtbarkeit und als Symbol für Mutterschaft verehrt – die stets als Kuh dargestellte Göttin Mehetweret etwa soll die Sonne geboren haben. Kelten, alte Griechen und Wikinger sahen in Rindern göttliche Wesen, manche glaubten auch, die Götter hielten Rinder. Die Tiere spielten also in Mythen und Überlieferungen eine wichtige Rolle.

# Das Rind in der Kultur

Rinder haben Einfluss auf das Leben von Menschen in aller Welt, auf die Gesellschaft und Kultur, aber auch Religionen. Ihre Wirkung beschränkt sich nicht auf die Produkte und Leistungen, die wir von ihnen beziehen – sie sind in kleinen und großen Haltungen, vom Streichelzoo bis zur Megafarm, Bestandteil unserer Gemeinschaft. Man sieht sie bei Leistungsschauen, aber auch bei Stierkämpfen, Rodeos und zunehmend sogar als «Haustier».

Rinder erfreuen sich weltweit großer Beliebtheit und Verehrung. Sie faszinieren uns über Farm und Feld hinaus. Sie finden sich als Wappentiere und auf Nationalemblemen, als Maskottchen von Sportmannschaften, in Film und Fernsehen und natürlich im Internet, sie wurden in der Literatur und Kunst ebenso verewigt wie als Museumsexponate und Werbefiguren.

**Oben** *In vielen Märchen und Sagen spielen Rinder eine Rolle. In* Jack und die Bohnenranke *tauscht die Hauptfigur ihre Kuh gegen Zauberbohnen ein.*

## KULTURGUT

Rinder bzw. Kühe begegnen uns wohl als Erstes in Kinderreimen, Liedern («Gute-Muh heißt meine Kuh»), Abzählversen und Gutenachtgeschichten. Ältere Kinder lauschen vielleicht den griechischen Sagen, nach denen Zeus Io in eine Kuh verwandelt oder in Gestalt eines Stieres Europa verführt hat. In dem englischen Märchen *Jack* (deutsch auch: *Hans*) *und die Bohnenranke* tauscht die Hauptfigur ihre Kuh gegen Zauberbohnen ein, die bis in den Himmel wachsen. Im russischen Märchen *Klein Chawroschetschka* spielt eine buntscheckige Kuh eine große Rolle.

Rinder erscheinen auch als Film- und Fernsehfiguren sowie als Firmenmotiv, wie seit 1921 die «lachende Kuh» auf einem beliebten Käseaufstrich und das Emblem des Energy-Drinks Red Bull. Etliche Sportveranstaltungen und -mannschaften führen Kühe und Bullen als Maskottchen oder Symbol, so etwa die Fußballmannschaften von RB Leipzig (Deutschland),

**Links** *Milchprodukte werden oft mit Abbildungen von Kühen vermarktet, von der lachenden bis hin zur lila Kuh.*

**Mitte** *Rinder werben nicht nur für Milchprodukte. Der Bulle etwa dient oft als Symbol für Kraft und Energie, wie bei diesem Energy-Drink.*

## KÖNNEN SIE SPRINGEN?

Natürlich kann eine Kuh nicht über den Mond springen, so wie es im englischen Kinderlied *Hey Diddle* heißt. Rinder sind nicht gerade für besonderes Sprungvermögen bekannt. Zwar könnten sie durchaus einen Zaun überspringen, doch tun sie es (meist) nicht. Und eine Kuh, die über den Mond springen will, müsste die Schwerkraft überwinden, ohne Sauerstoff auskommen und gegen das Verglühen in der Atmosphäre geschützt sein … Nicht einmal ein Weißblauer Belgier hätte wohl die Muskelkraft, sich so weit emporzukatapultieren. Doch Spaß beiseite – obwohl schon etliche Tiere, darunter Mäuse, Hunde und Affen, im Weltall waren, hat es doch noch kein Rind ins All geschafft.

Deportes Savio (Honduras) und FC Dallas (USA) sowie die Basketballmannschaft Chicago Bulls (USA).

Von Bollywood bis Hollywood spielen Rinder oft eine Rolle. Berühmt sind etwa Klarabella, die beste Freundin von Minnie Maus, Annabelle aus dem Weihnachtsfilm *Annabelle und die fliegenden Rentiere* sowie die Hauptfigur aus der US-amerikanischen Trickfilmserie *Cow and Chicken*. Von Western mit Vieh treibenden Cowboys bis hin zu *Der Doktor und das liebe Vieh* – überall kann man Rinder bewundern.

In den Wappen etlicher Länder bzw. Bundesländer oder Departements sind Rinder abgebildet, darunter Andorra, Caso (Spanien), Kansas und Vermont (USA), Mecklenburg-Vorpommern (Deutschland), Adelaide (Australien), Sucre (Kolumbien), Uri (Schweiz), Moldawien und Island.

## DAS RIND IN DER KUNST

Von uralten Höhlen- und Grabmalereien bis zu heutigen Gemälden und Skulpturen zeigt sich immer wieder, dass die großen Säuger Künstler faszinierten. Leonardo da Vinci fertigte eine anatomische Zeichnung vom Uterus einer trächtigen Kuh, und der deutsche Expressionist Franz Marc ist bekannt für seine in leuchtenden Farben gefertigten Bilder, die oft Tiere darstellen, wie das berühmte Werk *Die gelbe Kuh* von 1911. Der US-amerikanische Künstler Andy Warhol schuf das *Cow Wallpaper* («Kuhtapete») und Pop-Art-Siebdrucke mit Kuhmotiv in seiner *Cow Series*. In jüngerer Zeit erregte der Brite Damien Hirst Aufsehen mit seinem umstrittenen Werk *Mother and Child (Divided)*, mit dem er eine sezierte und konservierte Kuh mit Kalb präsentierte. Sein Werk *The Golden Calf* zeigt ebenfalls ein in Formaldehyd konserviertes Kalb, mit vergoldeten Hörnern und Klauen. Es wurde 2008 für 10,3 Mio. Britische Pfund versteigert.

Auch Skulpturen von Rindern sind sehr verbreitet. Der italoamerikanische Künstler Arturo Di Modica etwa schuf den *Charging Bull*, Symbol für die Wall Street und Finanzwelt. Die *Cow Parade* ist ein erfolgreiches internationales Kunstprojekt; viele Städte in aller Welt haben sich schon daran beteiligt und Kuh-«Rohlinge» gestalten lassen. Diese werden einige Zeit im öffentlichen Raum ausgestellt und sind beliebte Fotomotive, bevor sie zu wohltätigen Zwecken versteigert werden.

Ganze Museen sind dem Rind gewidmet, so das Upländer Milchmuhseum (Deutschland), das Ushi no Hakubutsukan (Rindermuseum, Oshu, Japan), das Cattle Raisers Museum (Texas, USA) und das Museo etnografico del latte (Milchmuseum, Carlazzo, Italien). Ein solches Museum ist immer einen Besuch wert!

**Oben** *Rinder sind beliebte Motive in der Kunst. Dieses Gemälde mit dem Titel* Kämpfende Kühe *(1911) stammt von Franz Marc.*

**Unten** *Arturo Di Modica schuf den* Charging Bull *nach dem Börsencrash von 1987; das Werk wird auch «Wall Street Bull» genannt.*

## BERÜHMTE RINDER & BESITZER

Berühmtheiten aus aller Welt haben sich nicht nur in Foto und Film mit Rindern präsentiert – so mancher Star hält selbst Rinder. Martha Stewart etwa hält auf ihrer Farm neben anderen Tieren auch Rinder, und Nicole Kidman hat auf ihrer australischen Farm neben Alpakas auch Angus-Rinder.

Während man oft von der «First Cat» oder dem «First Dog» im Weißen Haus gehört hat, weiß kaum jemand, dass es auch «First Cows» gab. Präsident Howard Taft (1857–1930) etwa bekam seine Milch von der Holstein-Kuh Pauline Wayne, nachdem seine First Cow Mooly Wooly nach dem Verzehr von zu viel Hafer verendet war. Pauline, auch «Miss Wayne» genannt, leistete dem Weißen Haus gute Dienste. Sie traf trächtig dort ein und brachte ein gesundes Bullenkalb zur Welt. Pauline war ein Star und ist noch heute als letzte offizielle First Cow des Weißen Hauses bekannt, doch die erste war sie nicht. Andere berühmte Präsidentenkühe waren Sukey, die Präsident William Henry Harrison (1773–1841) gehörte, und die Jersey-Kühe von Präsident Rutherford B. Hayes (1822–1893).

Nicht nur US-Präsidenten halten und hielten Rinder; auch die britische königliche Familie hält seit Langem Herden. Queen Elizabeth II. hält auf ihrem schottischen Anwesen Balmoral Castle 100 Schottische Hochlandrinder; der Betrieb versorgt die Royals mit hochwertigem Rindfleisch aus eigener Erzeugung. Die Queen besitzt zudem ein erstaunliche Molkerei. Die 1848 erbaute Royal Dairy ist nicht nur architektonisch eine Augenweide, sondern belieferte die königliche Familie auch viele Jahre mit Sahne und Milchprodukten. Die heute 165 Jersey-Kühe umfassende Herde der Queen geht auf Pretty Polly zurück, eine Kuh, die Queen Victoria 1871 geschenkt wurde. Die Molkerei selbst wurde nach Plänen von Victorias Prinzgemahl Albert errichtet, der sich sehr für Landwirtschaft und Innovation einsetzte. Heute werden die Kühe von Melkrobotern gemolken, und zum Ausruhen stehen den Tieren auch «Wasserbetten» zur Verfügung. Die Königin besteht auf höchste Standards hinsichtlich des Tierwohls.

Der Zulukönig Goodwill Zwelithini kaBhekuzulu (1948–2021) und seine Herde machten weltweit Schlagzeilen, als Viehdiebe preisgekrönte Tiere stahlen. Berichten zufolge wurden im Lauf der Jahre mehr als 7000 seiner Rinder allein aus einer Zuchtstation gestohlen. Der König setzte sich sehr für die Landwirtschaft ein und führte sogar das Boran-Rind ein, um den Genpool der einheimischen Rinder aufzufrischen.

**Unten** *Queen Elizabeth II. und Prinz Philip als junges Paar auf einer Weide mit ihren Schottischen Hochlandrindern auf dem schottischen Anwesen Balmoral Castle.*

# Wildrinder & Hausrinder

Zwischen echten Wildrindern, verwilderten Rindern und Hausrindern bestehen große Unterschiede – und Zahmheit ist in keiner Kategorie garantiert. Wildtiere sind nicht domestiziert und unterliegen keiner gezielten Zucht; Interaktionen mit Menschen sind rein zufällig. Verwilderte Tiere wurden als Nutztiere gehalten oder stammen von Nutztieren ab, leben aber jetzt in freier Wildbahn. Domestizierte oder Haustiere (das Wort «domestiziert» leitet sich vom lateinischen *domesticus*, «zum Haus gehörig», ab) leben meist auf Bauernhöfen, in Zoos oder auf bewirtschafteten Flächen. Sie werden gehalten, also von einem Besitzer oder Halter mit Futter und Wasser versorgt und gepflegt.

Weltweit gibt es zahllose verwilderte Herden oder Einzeltiere – allein in Indien leben unzählige verwilderte Rinder. Diese Tiere gehören niemanden und stammen meist von Rassetieren ab. Oft werden sie von Menschen nicht nur mit Futter und Wasser, sondern auch medizinisch versorgt. Dasselbe gilt für Gruppen verwilderter Rinder in Afrika. Diese Tiere sind oft kleiner, da sie weniger Futter erhalten und die Merkmale selektiver Zucht im Laufe der Generationen verschwinden. Doch nicht jede verwilderte Herde ist willkommen. In Kalifornien machte eine Herde von rund 150 Rindern Probleme, da die Tiere zunehmend aggressiv gegen Besucher des Mojave National Preserve und des Sand to Snow National Monument wurden. Sie verursachten Schäden und verschmutzten das Wasser.

**Unten** *Heute gibt es zwei separate Bisonherden im Yellowstone-Nationalpark. Sie sind die letzten frei umherstreifenden Bisonherden der USA.*

## DIE LETZTEN WILDEN?

Das letzte echte Wildrind in Europa war wahrscheinlich der Auerochse *(Bos primigenius)*. Von anderen Rindern, wie dem indischen Gaur *(Bos gaurus)*, Büffeln und Bison, gibt es wilde Herden, doch der echte wilde Auerochse existiert nicht mehr.

Die britischen Wildrinder von Chillingham gelten als die letzten ihrer Art weltweit. Die ältesten Berichte über sie datieren auf 1862, als Charles Darwin diese Idee unterstützte. Die Herde hat mäßigen Kontakt zu Menschen; gelegentlich wird Heu gegeben, wenn die Tiere hungern, und Kadaver werden entfernt. Die Tiere leben also nicht wirklich wild. Sie erhalten keine tierärztliche Versorgung, sind stark ingezüchtet und können gegenüber Menschen extrem aggressiv sein. Mit etwa 100 Exemplaren sind sie seltener als Große Pandas. Schwache Kälber lässt man sterben, und sechs bis acht Bullen paaren sich regelmäßig. Die Herde wurde nie durch Tiere von außen ergänzt, doch hat man einige Chillingham-Rinder entnommen, um mit ihnen anderswo zu züchten.

Auf den Aleuten leben wilde Rinder, die sich der vollen Domestikation entzogen haben, wie so viele Herden auf der Welt.

Manche Haltungsmethoden bewirken wieder eine gewisse «Verwilderung» im Laufe der Jahre. Zunehmend werden Rinder eingesetzt, um übernutzte oder geschädigte Flächen klimafreundlich zu pflegen. Solche Methoden sollen auch der Desertifikation (Wüstenbildung) entgegenwirken, jenem Prozess, in dem fruchtbares Land durch falsche landwirtschaftliche Nutzung, Abholzung oder Dürre zur Wüste wird. Dahinter steckt der Gedanke, dass grasende Rinder und ihr Dung das Land wieder zur Entwicklung bringen und die biologische Vielfalt fördern. Von den USA bis nach Skandinavien bedient man sich zunehmend solcher Methoden.

**Links** *Die Wildrinder von Chillingham gelten oft als die letzten «wilden»* Bos taurus. *Die wenigen verbliebenen Exemplare werden streng überwacht, haben aber kaum Kontakt zu Menschen.*

**Rechts** *Zwar gibt es keine taurinen Wildrinder mehr, doch andere wie der indische Gaur (Bild), Büffel und Bison streifen auch heute noch in freier Wildbahn umher.*

# Mensch & Rind heute

Rinder leben gleich nebenan, in riesigen Mast- oder Milchbetrieben oder auch verwildert fernab des Menschen. Ihr Verhalten und ihre Interaktion mit uns hängt somit davon ab, wie viel und welche Art von Kontakt sie zu Menschen haben. Ob Fleischlieferant oder Streicheltier – unser Umgang mit Rindern und unsere Erwartungen hinsichtlich ihres Wohls entwickeln sich stetig weiter.

Generell wissen die Menschen heute mehr über Haltungsformen und Schlachtmethoden, und unsere Interaktion mit den Tieren verändert sich. Landwirtschaftliche Betriebe gehen immer mehr zur intensiven Tierhaltung über, wobei die Rinder dauerhaft im Stall gehalten werden (was oft eine höhere Milchleistung bringt). Zugleich ist jeder erfreut, wenn er Rinder auf der Weide sieht. Die Menschen in den wachsenden Städten interessieren sich zunehmend für Begegnungen mit zahmen Tieren.

## MODERNE RINDERHALTUNG

In der industriellen Milchviehhaltung sind Melkmaschinen und Melkroboter sowie ganzjährige Stallhaltung inzwischen die Norm, sodass der direkte Kontakt beim Melken und in der Haltung der Tiere stetig abnimmt. In Industrieländern haben deshalb immer weniger Menschen Umgang mit den Rindern. Das kann einerseits den Stress für die Tiere reduzieren, andererseits aber sind die Rinder weniger umgänglich, und ihr Verhalten gegenüber Menschen verändert sich womöglich zum Negativen. Mit den Fütterungsautomaten, die bei der Kontrolle der Futteraufnahme helfen und die Tiergesundheit fördern, schwindet zudem die starke und positive Assoziation von Mensch und Futter. Mit Futter als Motiv lassen sich Rinder zähmen und erziehen; diese Assoziation entfällt, wenn die Fütterung maschinell erfolgt. Seit den 1940er-Jahren hat sich die Zeit des direkten Umgangs mit dem einzelnen Tier vielerorts stetig verringert. Dadurch kann es passieren, dass Rinder gegenüber dem Menschen mehr Scheu zeigen, was wiederum den Umgang mit ihnen erschwert,

**Unten** *Diese Kuh in Indien lässt sich von Zugpassagieren füttern und verdeutlicht, wie lernfähig Rinder sind. Mensch und Rind entwickeln oft enge Bindungen.*

**Oben** *Die Fütterung ist harte Arbeit. Allein das Gewicht der täglich benötigten Futtermengen bedeutet Schwerstarbeit für Landwirte. Ob mit maschineller Unterstützung oder per Hand – die Ernte und Verteilung des Futters nimmt viel Zeit in Anspruch.*

## MILCH & MENSCH

Pasteurisierte Milch wird für 15 Sekunden auf 70 °C oder für 30 Minuten auf 63 °C erhitzt, um Keime abzutöten. Ultrahocherhitzte Milch wird auf mindestens 138 °C erhitzt, was fast alle Bakterien abtötet und die Milch länger haltbar macht.

Moderne Haltungs- und Verarbeitungsmethoden haben auch Einfluss auf die menschliche Gesundheit. Lactose (Milchzucker) aus Milchprodukten kann bei Personen mit Lactoseintoleranz Probleme verursachen; ihnen fehlt das Enzym Lactase, das beim Abbau des Zuckers im Darm hilft. Eine Lösung sind lactosefreie Milchprodukte. Die Hersteller fügen dem Produkt einfach Lactase zu, sodass die Lactose bereits abgebaut ist, bevor es konsumiert wird.

Unverträglichkeiten und Allergien gegen Milchproteine sind problematischer, denn auch Produkte auf Pflanzenbasis können Reaktionen hervorrufen. Die Forschung ist stets auf der Suche nach guten Alternativen und neuen Methoden der Milchbehandlung.

Verletzungsrisiken auf beiden Seiten birgt und den Tieren Stress und somit gesundheitliche Probleme bereiten kann.

Andere moderne Techniken dagegen bewirken mehr Umgang mit dem Einzeltier. Die künstliche Besamung setzt beispielsweise eine gewisse Zahmheit der Tiere voraus, und auch bei Impfungen, Trächtigkeitsuntersuchungen, Geburtshilfe und Gesundheitschecks besteht enger Kontakt. Es besteht also immer noch eine Bindung zwischen Mensch und Rind, und diese ist auch essenzieller Bestandteil der Rinderindustrie. Zwar sind wirklich tiefe Bindungen von Rindern an Menschen nicht belegt, aber zweifellos erkennen die Tiere einzelne Menschen und verhalten sich entsprechend der Erfahrungen, die sie mit ihnen gemacht haben.

# Einflüsse auf die Umwelt

Hinsichtlich der Umweltbelastung durch die Rinderhaltung gibt es wachsende Bedenken, und Gleiches gilt für den Einsatz von Medikamenten bei ihrer Aufzucht. Die Vereinten Nationen (UN) betonen, dass Hausrinder eine wachsende Belastung für Ökosysteme und den gesamten Planeten darstellen. Die Nutztierhaltung ist überdies eine der Hauptursachen für Wasserverschmutzung und den Rückgang der Biodiversität.

## TREIBHAUSGASE

Der $CO_2$-Fußabdruck ist heute für Konsumenten wie für Regierungen eine wichtige Orientierungsgröße. Die Rinderindustrie und viele Halter bemühen sich, wirtschaftlich Rinder und Milch zu produzieren und zugleich die Umweltbelastungen in Grenzen zu halten. Daten aus 53 Ländern ergaben, dass die Kohlendioxid- ($CO_2$-) Emissionen zwischen 90 kg und mehr als 1000 kg pro 100 kg Milch variieren. Dabei ist der $CO_2$-Fußabdruck bei großen, ertragreichen Haltungen in hoch ent-

**Unten** *Die Verkleinerung des $CO_2$-Fußabdrucks ist nicht nur für die Umwelt wichtig, sondern auch für das Überleben der Landwirtschaft generell.*

wickelten Ländern oft kleiner als bei Kleinhaltungen in Entwicklungsländern, die weniger Ertrag bringen.

Methan ($CH_4$) ist ein Treibhausgas wie $CO_2$, doch seine negativen Auswirkungen sind wahrscheinlich 23-mal intensiver als bei $CO_2$. Jedes Rind produziert jährlich im Durchschnitt 100 kg Methan, das entspricht der Klimawirkung von 2300 kg $CO_2$. Milchrinder in den USA und Kanada produzieren im Jahr durchschnittlich 158,7 kg Methan pro Tier (58,8 kg in der Fleischindustrie), während es in Afrika nur 77,2 kg (31 kg in der Fleischindustrie) sind. Ein wichtiger Faktor ist auch, dass die Milchleistung sehr unterschiedlich ist: Kühe in den USA und Kanada produzieren pro Tier und Jahr durchschnittlich 8400 kg Milch, solche in Afrika dagegen nur etwa 475 kg.

Entgegen der verbreiteten Ansicht sind Rinder nicht die Hauptquelle der weltweiten Methanemissionen. Die Nutztiere in aller Welt (inklusive Rinder) verursachen etwa ein Fünftel dieser Emissionen. Die Produktion von Rohbenzin und Erdgas, Kohleabbau, Mülldeponien und auch natürliche Feuchtgebiete produzieren Methan. Geringere Mengen werden von den Ozeanen, Vulkanen und bei Flächenbränden freigesetzt. $CO_2$ kommt zwar natürlicherweise in der Atmosphäre vor, doch sein Anteil steigt durch menschliche Aktivitäten rasant an. Das Verfeuern fossiler Brennstoffe zur Wärme- und Stromerzeugung sowie im Verkehr ist hier ein Hauptverursacher, ebenso wie industrielle Prozesse. Distickstoffmonoxid (Lachgas, $N_2O$) ist ein weiteres Treibhausgas, das durch menschliche Aktivitäten wie Landwirtschaft, Verbrennung fossiler Brennstoffe, Industrie sowie aus Müll freigesetzt wird. 65 % des atmosphärischen $N_2O$ stammen heute aus der Nutztierhaltung. Im Zusammenhang mit dem Rind wird $N_2O$ hauptsächlich aus Dung und Gülle, Düngemitteln und beim Anbau von Futter frei.

**Oben** *Dung ist ein wertvolles Nebenprodukt und kann als Dünger, aber auch als Baustoff oder Energielieferant genutzt werden.*

Der Umgang mit Dung und Gülle bei der Rinderhaltung ist hinsichtlich der $N_2O$-Freisetzung enorm wichtig. Die pro Tier produzierte Menge an Methan, $CO_2$ und anderen Gasen wird von mehreren Faktoren beeinflusst, darunter Dung- und Gülle-Management, Futterqualität und -aufnahme, Milchleistung, Gewichtszunahme und damit Energiebedarf der Tiere, Ausmaß der Zugarbeit und des Weidegangs sowie Trächtigkeitsstatus. Die Produktion von Dung und vor allem Gülle hat enorme Umweltauswirkungen. Milchkühe produzieren pro Tier und Jahr rund 2200 kg Dung-Trockenmasse, Fleisch- und andere Rinder rund 1500 kg. Die Systeme zum Dung- und Güllemanagement haben sich in den letzten Jahren stark weiterentwickelt und sind wichtig, um Umweltschäden zu reduzieren. Dung bzw. Gülle werden auf Äckern und Grünland ausgebracht, kurzzeitig in Gruben oder länger in geschlossenen Tanks gelagert, dienen zur Gewinnung von Brenn- oder als Baustoff usw., wobei unterschiedlich viele Emissionen entstehen.

Oben *Rinder grasen auf einer gerodeten Fläche im Amazonasgebiet.*

## WALDRODUNGEN

Zur Erfassung der gesamten Umweltbelastungen ist zu bedenken, dass Rinder Pflanzen fressen – spezielle Futterpflanzen sowie Nebenprodukte von Nutzpflanzen, die für den menschlichen Konsum angebaut werden. Dazu zählen z. B. Brau- und Ölsaatrückstände sowie solche aus dem Zuckerrohranbau. Landwirtschaftlich genutzte Flächen reduzieren die Biodiversität im Vergleich zu Wäldern oder unberührten Flächen, zeigen jedoch meist mehr Vielfalt als urbane Flächen. Die meisten Abholzungen weltweit gehen auf Rinderhalter zurück. In Brasilien gibt es riesige Rinderbestände, und mehr als 80 % der Abholzungen im Amazonasgebiet gehen auf das Konto der Rinderindustrie – bisher mehr als 450 000 km$^2$. Waldrodungen beschleunigen auch die Freisetzung von $CO_2$ in die Atmosphäre, erhöhen das Brandrisiko, beeinflussen den Verlauf von Flüssen und verursachen Erosion, um nur einige Einflüsse auf die Umwelt zu nennen.

## MEHR NACHHALTIGKEIT

Rinderhalter, Agrarindustrie, die Öffentlichkeit und Regierungen sind sich der Auswirkungen der Rinderhaltung auf die Umwelt vermehrt bewusst und streben danach, die negativen Auswirkungen weltweit zu reduzieren. Per Überwachung des Flächenverbrauchs, Einwirken von Regierungen und Nicht-Regierungsorganisationen sowie finanzieller Einflussnahme soll etwa eine Entwicklung hin zu weniger Abholzung und nachhaltigerer Landwirtschaft bewirkt werden. Die Forschung arbeitet stetig daran, Emissionen zu reduzieren, die Rinderhaltung effektiver und damit weniger umweltschädlich zu machen sowie nachhaltigere Haltungsmethoden zu entwickeln.

Das Precision Livestock Farming zielt darauf ab, den Einsatz bzw. die Produktion von Antibiotika, Phosphor, Schwermetallen, Nitraten, Ammoniak und Treibhausgasen zu reduzieren. Zugleich will es Tierwohl und -gesundheit, Reproduktionsraten sowie Produktion und Wirtschaftlichkeit fördern. Dazu bedient es sich verschiedener Techniken, etwa der Überwachung jedes einzelnen Tieres, der Optimierung der Fütterung hinsichtlich Wirtschaftlichkeit und Umweltverträglichkeit, des Einsatzes von Melkrobotern und Fütterungsautomaten, die die Tiere und z. B. die Milch ständig auf Infektionszeichen kontrollieren, um den Antibiotikaverbrauch zu senken, sowie der automatisierten Kontrolle der Umgebung, um Stress zu verringern und gute Haltungsbedingungen zu fördern.

Nachteilige Auswirkungen auf die Umwelt lassen sich auch reduzieren, indem jedes Tier komplett genutzt wird, sozusagen mit Haut und Haar. Dazu zählt auch, das Wegwerfen von Fleisch und Milchprodukten in Supermärkten und daheim zu reduzieren und jedes Tier zum optimalen Zeitpunkt zu nutzen. Organische oder naturnahe Haltungsformen gleichen die negativen Wirkungen zum Teil wieder aus und werden vielerorts immer mehr nachgefragt, trotz der höheren Kosten für die Konsumenten. Biologische Haltungen brauchen mehr Fläche als Weideland und/oder Anbauflächen, setzen aber keine Kunstdünger oder künstlichen Pestizide ein, bieten eine grasreiche, gentechnikfreie Fütterung und verzichten auf routinemäßige Antibiotikagaben. Die Milcherträge sind oft geringer und der Betrieb ist teurer, da Ernten und Zuwächse geringer ausfallen und die Arbeit intensiver ist; insgesamt aber sind solche Betriebe besser für Natur und Umwelt. Allerdings ist auch hier nicht in allen Ländern der Weidegang für die Rinder gewährleistet, man sollte daher auf entsprechende Vermerke achten.

**Unten** *In manchen Ländern können die Tiere auf großen Weideflächen umherstreifen, wie hier in Neuseeland.*

# Ethik & Tierwohl

Der Gebrauch von Rindern im «Sport», besonders bei Stierkämpfen und Stierläufen, ist seit Längerem wegen ethischer und tierschutzrechtlicher Bedenken sehr umstritten. Besonders Bullen (Stiere) kamen im Lauf der Geschichte bei Wettläufen, Kämpfen und sogar Gladiatorenkämpfen zum Einsatz, weil sie groß und oft aggressiv sind. Mancherorts wurden diese Praktiken verboten, andere Orte führen solche «Sportereignisse» so weiter, dass die Tiere nicht verletzt oder getötet werden. Viele sehen in der Stressbelastung des beteiligten Tieres dennoch einen Verstoß gegen das Tierwohl, der dessen Lebensqualität mindert. Bei vielen traditionellen Läufen oder Kämpfen werden die Rinder heute von schnellen menschlichen Läufern «ersetzt». Anderswo finden stattdessen einfach Marathonläufe oder gesellige Ereignisse ohne Tiere statt.

**Links** *Eingepferchte Rinder beim Mercado de Liniers in Argentinien, der größten Viehauktion der Welt.*

**Rechts** *Besonders Bullen müssen schon lange zu Unterhaltung und Sport herhalten. Beim Kälberfangen (Bild) demonstrieren Cowboys bzw. Rinderhirten Fertigkeiten, die sie auch bei ihrer Arbeit brauchen.*

## TIERHALTUNG

Tierwohl und gute Pflege sind auch in der Agrarindustrie von großer Wichtigkeit. Zweifellos haben Landwirtschaft und Tiermedizin in vielen Ländern im Laufe der Zeit große Fortschritte gemacht, während andernorts noch traditionellere Methoden Anwendung finden. Gleiches gilt z. B. für Bildungseinrichtungen wie Zoos, Streichelzoos, Stadt- und Lernbauernhöfe. Manche meinen, es sollten überhaupt keine Tiere in Gefangenschaft gehalten werden, andere fordern eine deutliche Verbesserung von Haltung und Pflege. Es ist oft schwierig, Kosten, Zeitaufwand, Platz und Sicherheit für Tier und Mensch mit den Bedürfnissen der Tiere in Einklang zu bringen, doch Gesellschaft und Fachleute streben zunehmend nach guten Haltungsformen.

In der Diskussion stehen auch Tiertransporte von Nutz- und Zootieren, insbesondere Schlachttiertransporte, sowie die Bedingungen in den Schlachthöfen. Nur gesunde Tiere dürfen geschlachtet werden; verletzte oder kranke Tiere sind vor Ort zu euthanasieren.

Die Schlachtmethoden sind ebenfalls Gegenstand vieler Diskussionen. Viele lehnen das Töten von Tieren generell ab. Essenziell ist jedenfalls eine schmerzfreie und möglichst stressarme Schlachtung. Hier spielen Faktoren wie verfügbare Technik, Personal, finanzielle Mittel sowie lokale, kulturelle und auch religiöse Gebräuche eine Rolle. In manchen Ländern ist die Schlachtung gesetzlich geregelt und wird tierärztlich streng überwacht; in anderen Regionen führen örtliche Schlachter, Bauern oder gar religiöse Funktionsträger die Schlachtung aus.

**Links** *In den Ländern der Welt gelten unterschiedliche Vorschriften bezüglich Tiertransporten und Schlacht methoden.*

**Rechts** *Streichelzoos und Lernbauernhöfe vermitteln Kindern Tierkontakte und eine Vorstellung von Tierwohl. Oft sind diese zugleich Gnadenhöfe.*

## KONSUMETHIK

Viele Menschen in aller Welt essen keine Milch- oder Fleischprodukte, benutzen keine Lederwaren, lehnen Nutztierhaltung ab und halten oft nicht einmal Haustiere. Manche verfechten eine rein pflanzliche oder eine vegetarische Ernährung, damit keine Tiere getötet werden oder leiden müssen. Viele wünschen sich ein besseres Leben für Nutztiere, etwa durch Weidegang oder bessere Haltungsbedingungen. Manche finden, dass man Getreide nicht an Tiere verfüttern sollte, da es auch von Menschen verzehrt werden könnte und als Nahrung eine kostbare Ressource darstellt, und vielen bereiten die Umweltschäden durch Rinderhaltung Sorgen. Zunehmend gibt es auch Allergien, oder Menschen entscheiden sich aus gesundheitlichen Gründen oder bewusst gegen tierische Produkte. Und viele essen weder Rindfleisch noch Milchprodukte, weil sie für sie schlichtweg zu teuer sind.

Der Anteil der Vegetarier und Veganer weltweit ist schwer zu ermitteln, doch Schätzungen zufolge liegt er bei 20 % der Weltbevölkerung –

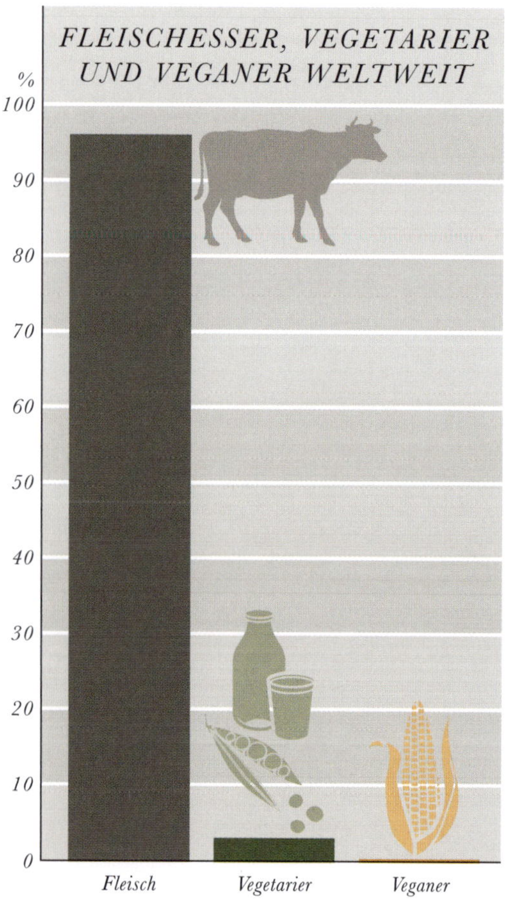


**Links** *Die Grafik zeigt den weltweiten Anteil der Fleischesser, Vegetarier und Veganer.*

### MARY TEMPLE GRANDIN

Forscher, Agrarfachleute und Tiermediziner weltweit arbeiten unermüdlich daran, Gesundheit und Wohlbefinden von Rindern zu verbessern.

Mary Temple Grandin (geb. 1947) ist ein wunderbares Beispiel dafür, wie Gesellschaft und Wissenschaft gemeinsam für Tierwohl und Ethik eintreten können. Als Professorin für Tierwissenschaften an der Colorado State University hat sie Tierwohl und Schlachtbedingungen für Rinder in aller Welt verbessert. Ihre wissenschaftliche Arbeit brachte ihr internationale Anerkennung, Auszeichnungen und Ehrungen ein, doch auch ihr Leben und ihre Werke weckten Interesse. Der Film *Du gehst nicht allein* über ihr Leben wurde mehrfach ausgezeichnet, und Fernsehinterviews mit der Forscherin sowie die Beliebtheit ihrer Bücher zeigen, wie sehr die Gesellschaft ihre Arbeit würdigt.

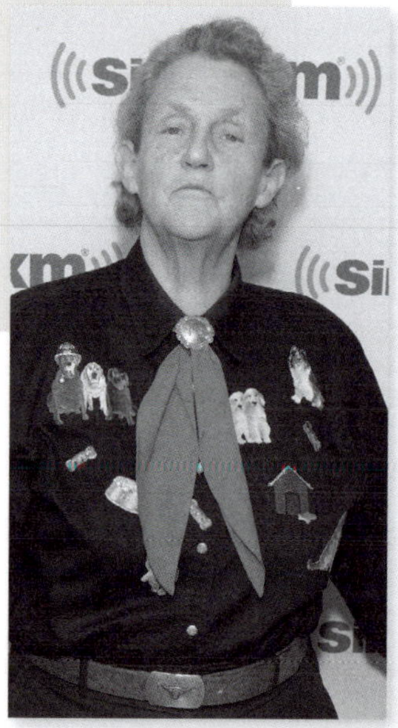

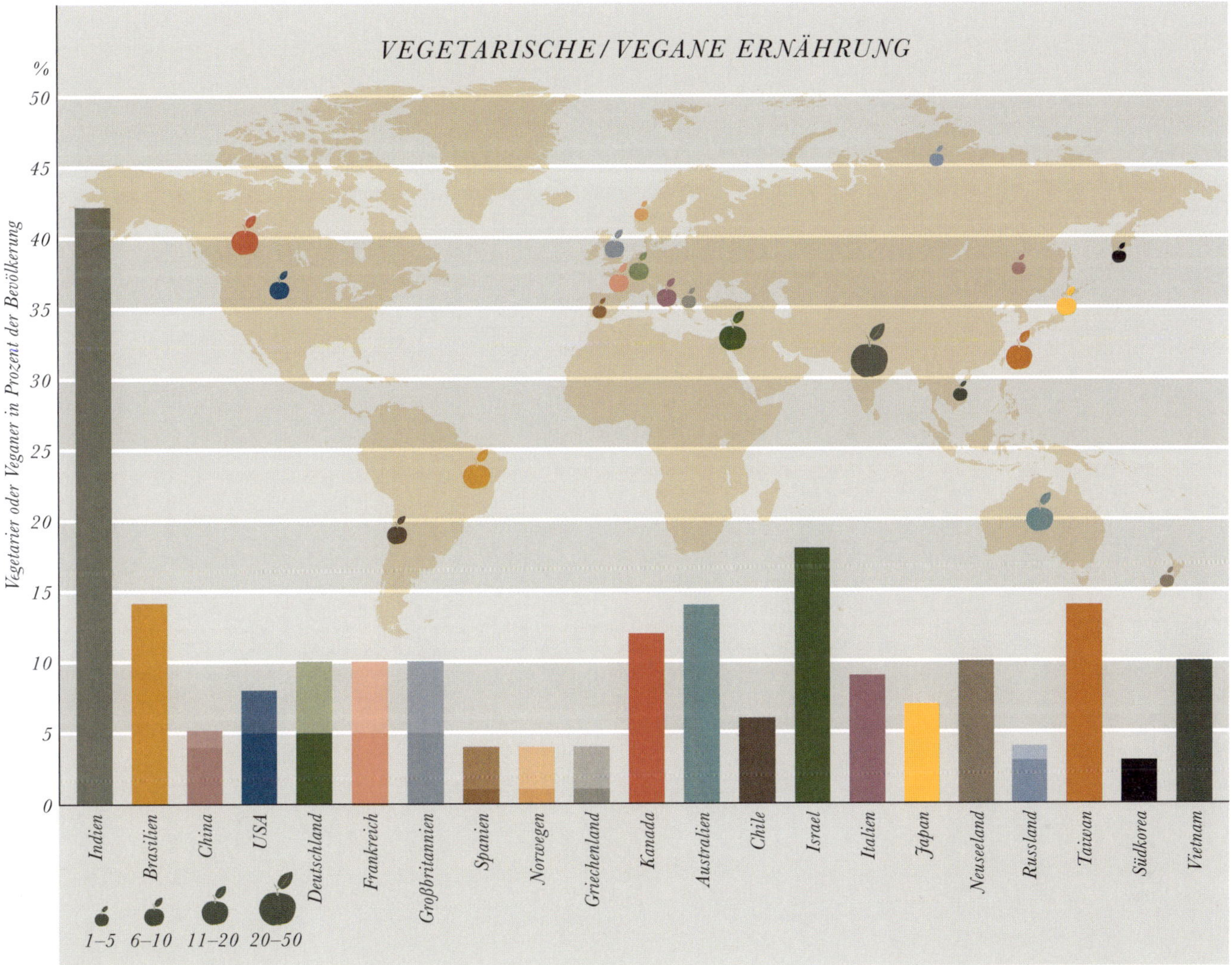


Personen, die sich bewusst dafür entscheiden ebenso inbegriffen wie solche, die sich tierische Produkte nicht leisten können.

Manche Menschen essen Fleisch und Milchprodukte, wählen aber Bio-Produkte und solche, die mit Weidegang und Grasfütterung erzeugt wurden. Viele entscheiden sich gegen Kalbfleisch, da dies von jungen Tieren stammt, die oft sehr beengt gehalten werden. Moderne Haltungen unterscheiden sich oft stark von früheren Haltungsformen und bieten Konsumenten die Möglichkeit, gezielt zu wählen.

Es gibt viele Ansichten zur Ethik und Moral der Rinderhaltung, die mit verschiedenen Gesetzen und Vorschriften in den Ländern der Welt Anwendung finden. Wie auch immer die vorherrschende Meinung sein mag, Rinderhalter werden immer bessere Erträge von gesunden, gut genährten und gepflegten Tieren erzielen.

**Oben** *Die Zahl der Vegetarier oder Veganer variiert je nach Land und richtet sich oft nach der jeweiligen Religion, Kultur und nach sozioökonomischen Faktoren.*

KAPITEL 5

# *Verzeichnis einiger Rinderrassen*

# Historische Rassen

Weltweit gibt es heutzutage rund 1 Mia. Hausrinder und etwa 1000 moderne Rinderrassen. Sie haben sich im Lauf der Zeit an verschiedenste Umweltbedingungen angepasst und wurden zudem bewusst für besondere Zwecke gezüchtet: als Fleisch- oder Milchrasse, als Arbeits- oder Kampfrind. Die wesentlichen Eigenschaften der Rinder haben sich jedoch nicht verändert: die Fähigkeit zur Thermoregulation in kalten oder warmen Klimaten, Parasiten- und Krankheitsresistenz, robuste Veranlagung und gute Futterverwertung. In der modernen Nutztierzucht versucht man, die Eigenschaften der historischen Rassen gezielt einzusetzen und zu verstärken.

**Oben** *Corientes (Criollos) zählen zu den taurinen Rindern, die gut an Hitze angepasst sind. Sie stammen von den Tieren ab, die mit Kolumbus nach der Entdeckung Amerikas in die Neue Welt gelangten.*

### Nord- & Südamerika

Als Amerika von den Europäern entdeckt wurde, gab es dort keine Rinder. Christoph Kolumbus führte 1493 indische und europäische Wildrinder ein, die heute ausgestorben sind. Im 16. und 17. Jahrhundert transportierte man weitere Rinder nach Mittel- und Südamerika, die sich im Lauf der Zeit an ihre Umgebung anpassten. Anfangs waren die meisten Herden in der Neuen Welt halbwild und kaum vom Menschen beeinflusst. So konnte sich durch natürliche Selektion das Longhorn-Rind entwickeln (über 80 bis 200 Generationen im Lauf der nächsten Jahrhunderte). Währenddessen hatte man in Europa und andernorts bereits mit gezielten Zuchtprogrammen begonnen.

Zeburinder sind besser an das Leben in heißen und tropischen Regionen angepasst. Folglich haben sich Zebu-Rassen auf dem amerikanischen Kontinent zahlenmäßig im Lauf der Zeit durchgesetzt, auch wenn die taurinen Rinder vor ihnen eingeführt wurden. Doch es gibt nach wie vor taurine Rinder in den USA. Ein gutes Beispiel ist die Coriente-Rasse (Criollo); sie zählt zwar zu den taurinen Rindern, hat sich aber stärker an tropisches Klima angepasst; eine ähnliche Rasse namens Costeno con Cuernos gibt es in Kolumbien. In Brasilien und den USA werden heutzutage sehr viele Rinder gehalten; mit 12,7 Mio. Tonnen produzierten die USA 2019 weltweit das meiste Rind- und Kalbfleisch.

mindestens 2200 Jahren bekannt und vielleicht die älteste noch existierende europäische Rinderrasse. Möglicherweise lebte das Salers-Rind aus Frankreich bereits vor 10 000 Jahren, doch es gibt keine archäologischen Belege, nur eine auffällige Ähnlichkeit mit Rinderdarstellungen auf Höhlenbildern. Auch auf den Britischen Inseln existieren etliche alte Rinderrassen, z. B. das Sussex-Rind, das bereits in Aufzeichnungen aus der Zeit der normannischen Eroberung (1066) beschrieben wurde.

**Links** *Das Verschiffen von Rindern hat sich gegenüber früheren Zeiten deutlich verändert. Große Viehtransportschiffe befördern bis zu 23 000 t Fracht, Besatzung und Futtervorräte sowie bis zu 20 000 Rinder.*

**Unten** *Das Chianina ist seit mehr als 2200 Jahren bekannt.*

## Europa

Die traditionellen Rinderrassen Europas stammen hauptsächlich von taurinen Rindern ab (aus Domestikationsereignissen im Nahen Osten und Osteuropa), aber auch hier gibt es Hinweise auf Zebu-Einflüsse in der Vergangenheit. In der Forschung hat man sich intensiv mit der Frage beschäftigt, wann und wo die Züchtungs- und Domestikationsereignisse stattfanden, und dazu auch historische und rezente DNA-Proben untersucht. Es gilt nach wie vor die Annahme, dass Rinder zu mehreren Zeitpunkten nach Europa gelangt sind. Hierbei handelte es sich vermutlich um natürliche Wanderungsbewegungen der Tiere, aber auch um Rinder, die mit dem Menschen in verschiedene Regionen gelangten bzw. transportiert wurden – wie es auch heute noch der Fall ist.

Die ursprünglichen Rinder (Wildrinder) Europas waren die Auerochsen, die 1627 ausstarben. Heute gibt es in Europa fast 500 offiziell anerkannte Rassen; zum Teil sind es ältere Rassen wie das Chianina aus Italien: Es ist seit

**Oben** *Heute noch setzt man in Asien, wie hier in Vietnam, Arbeitsrinder auf den Reisfeldern ein. In Asien gibt es seit über 10 000 Jahren Hausrinder.*

### Australasien

In Australien und Neuseeland gehören Rinder erst seit relativ kurzer Zeit zur Fauna; der Auerochse war bereits vor der Entdeckung dieser Weltregionen ausgestorben. Als Erste gelangten 1787 zwei Bullen und fünf Kühe aus Südafrika nach Australien; entscheidend für die Viehzucht in Australasien wurden dann die 1814 aus Großbritannien nach Neuseeland importierten Rinder. Rinder mit Zebu-Erbe kamen insgesamt besser mit den Lebensbedingungen in Australien zurecht: Dies betraf das Überleben unter den stark wechselnden, extremen Temperaturbedingungen oder in Dürreperioden wie auch die Anpassung an extensive Haltung auf ertragsarmen Flächen.

### Asien

Das Zentrum der Rinder-Domestikation liegt in Asien: Dort begann vor etwa 10 000 Jahren im Nahen Osten (und möglicherweise ungefähr zur selben Zeit in China) der Aufstieg der taurinen Rinder; später erfolgte in Südasien die züchterische Entwicklung der Buckelrinder (Zebus). Durch die Viehhaltung kam es bei den Rindern zu Verhaltensänderungen, z. B. gutmütigerem Wesen, zu anatomischen Veränderungen an Schädel, restlichem Skelett, Hirn und Hörnern, ferner zu Veränderungen in Fleischqualität und Milchertrag. Domestikationsereignisse lassen sich auch anhand bestimmter Abnutzungserscheinungen an den Knochen datieren, die auf den Einsatz von Rindern als Zugtier hinweisen. Zusammengenommen helfen uns die Befunde aus archäologischer Altersbestimmung, Morphologie, Genetik, historischen Dokumenten und sogar Hinweise auf durchgemachte Krankheiten dabei, die Evolution und Wanderbewegungen von Rindern zu rekonstruieren.

Vor allem in Indien lebt heute eine sehr große Rinderpopulation, und dies, obwohl dort nur wenige Menschen Rindfleisch essen. Im Jahr 2019 hatte die Welt-Milchproduktion einen Wert von etwa 268 Mia. US-Dollar; Indien, die USA, China, Pakistan und Brasilien belegen oft die Spitzenplätze.

## Afrika

Das Hausrind gelangte aus dem Fruchtbaren Halbmond (heutiger Irak, Jordanien, Syrien und Israel) auf den afrikanischen Kontinent (s. S. 27). Modernere Rindertypen wie das Sanga-Rind datieren bis 1600 v. Chr. zurück. Heutzutage gibt es mehr als 150 registrierte oder offiziell anerkannte einheimische afrikanische Rassen. Die Spannweite reicht von taurinen bis zu zebuinen Rindern; etliche stehen aber vor dem Aussterben, da sie nur in entlegenen Gegenden gehalten werden oder auf kleine Gebiete beschränkt sind. Vermutlich sind viele Rassen bisher offiziell noch gar nicht klassifiziert! Afrikanische Rinder wurden weltweit exportiert, da sie häufig in der Lage sind, mit verschiedenen Klima- und Umweltbedingungen zurechtzukommen.

**Oben** *Vorfahren des Watussirinds lassen sich bis 4000 v. Chr. zurückverfolgen, denn sie sind auf Darstellungen in ägyptischen Grabkammern abgebildet.*

**Links** *Die moderne intensive Tierhaltung unterscheidet sich sehr stark von den traditionellen Methoden der Hirtennomaden, wie sie hier in Uganda noch praktiziert werden.*

# Moderne Rassen & Züchtungsmethoden

Moderne Rinderrassen werden aus praktischen Erwägungen meistens als Milch- oder Fleischrassen klassifiziert – schlicht deshalb, weil bei Rindern aus Gründen der Wettbewerbsfähigkeit bestimmte Merkmale selektiert und erhalten werden müssen. Die Züchter könnten sich z. B. ein robustes Tier wünschen: krankheitsresistent, leichtkalbig und in der Lage, mit verschiedenen Klima- und Umweltbedingungen zurechtzukommen, seien es Dürre und Trockenheit, intensive Sonneneinstrahlung oder feuchte Bodenverhältnisse in niederschlagsreicheren Gegenden. Eine gezieltere Züchtung ist – gemeinsam mit genetischen Analysen, Impfprogrammen sowie tierärztlichen Behandlungen – dafür verantwortlich, dass der Landwirt mit den modernen Rinderrassen zunehmend über gewinnbringende und überlebensfähige Tiere verfügt.

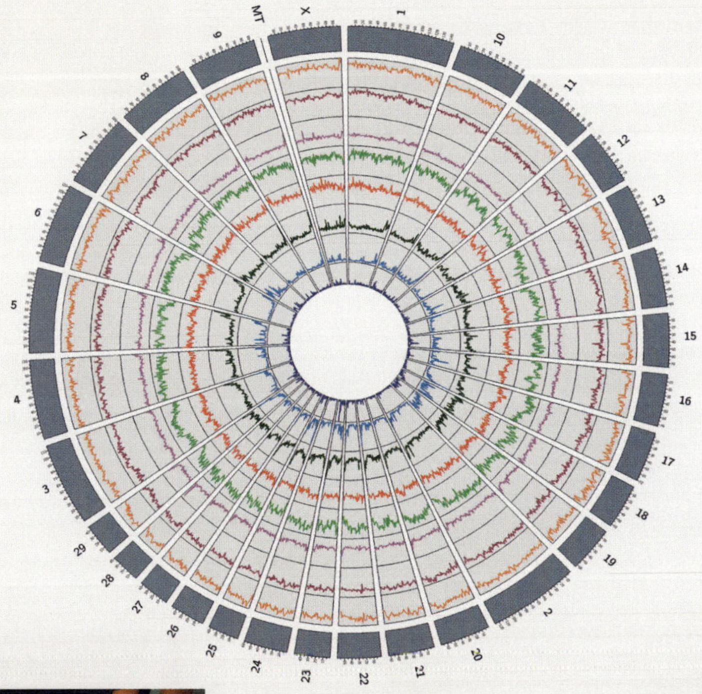

**Links** *Moderne und historische Rinderrassen werden mithilfe molekulargenetischer Methoden im Labor analysiert. Häufig werden neben genetischen Daten auch klinische, Betriebs- und Produktionsdaten berücksichtigt.*

**Oben** *Im Rahmen von Rinder-Genomprojekten hat man nicht nur das bovine Genom sequenziert, sondern auch zahlreiche Gene und Mutationen entdeckt, die für Krankheit und Züchtung relevant sind.*

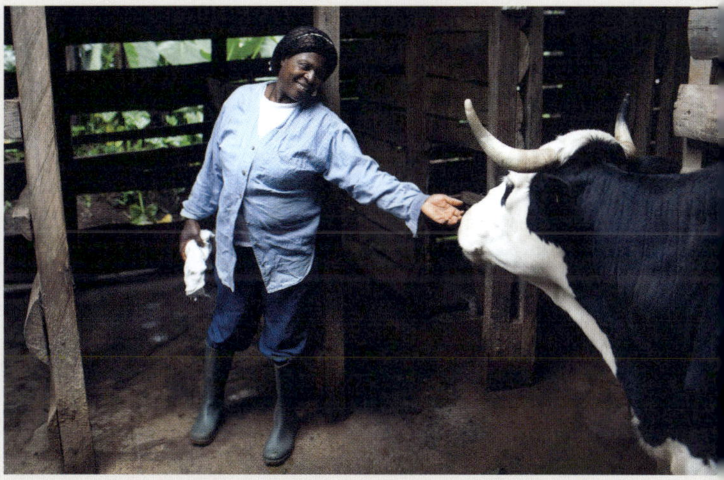

## ERWÜNSCHTE MERKMALE

### Zahmheit

Ein wichtiger Punkt, der bei den meisten Rinderrassen große Bedeutung hat, ist ein möglichst leichtes Handling der Tiere. Hier ist die Zahmheit, also geringe Menschenscheu, ein wichtiger Faktor; bei vielen Rassen wurde auf Zahmheit gezüchtet, sodass die Versorgung der Tiere einfacher wird. Wahrscheinlich hat man seit Beginn der Domestikation vorzugsweise die Tiere mit ruhigerem Temperament zur Weiterzucht eingesetzt. Auch durch die Haltung – mit Weidegang, Hüten, Melken und anderen Interaktionen – sind Rinder zahmer geworden. Da heutzutage die Produktivität oft das Hauptzuchtziel ist, sind manche Rassen nach wie vor nervös und/oder aggressiv, denn Zahmheit wird als Zuchtziel geringer gewertet. Allgemein gilt, dass Flucht- und Bewegungszone bei Milchrindern kleiner sind als bei Fleischrindern. Wenn Personen oder Objekte in die Bewegungszone eindringen, setzen die Tiere sich in Bewegung. Die Größe der Zonen hängt bei jedem Tier vom Alter, Geschlecht, Handling und früheren Erfahrungen ab; vermutlich spielt auch die Genetik eine Rolle.

### Genetische Hornlosigkeit

Für moderne Züchter spielt auch die genetische Hornlosigkeit eine wichtige Rolle; sie kann gezielt selektiert werden. Viele Rassen sind von Natur aus gehörnt, andere dagegen natürlich (genetisch) hornlos (englisch «Polled»); die Rinderzucht tendiert heutzutage immer stärker zu den hornlosen Schlägen. Neben dem Tierschutz spielen auch wirtschaftliche Aspekte mit: Der Umgang mit den Tieren ist sicherer, und das Entfernen der Hornanlagen («Entknospen») entfällt.

### Robustheit

Trotz großer Fortschritte in Medizin und Biologie treten in der Tierhaltung immer mehr Antibiotikaresistenzen auf und werden zum (teuren) Problem. Ein wichtiger Wirtschaftsfaktor sind auch die Kosten von medizinischen Behandlungen, Prophylaxe und allgemeiner Pflege des Tierbestands. Daher werden Krankheitsresistenz, Robustheit sowie genetische Merkmale einer Herde immer wichtiger.

**Links** *Hornlose Rinder, im Bild ein Bulle, sind aus Sicherheitsgründen in vielen Fällen vorzuziehen. Rinder können von Natur aus (genetisch) hornlos sein oder erst durch das Entfernen der Hörner/Hornanlagen.*

**Rechts** *Mary Sirri Ndikum aus Kamerun (Zentralafrika) mit einer ihrer Milchkühe. Ndikums Kleinbetrieb liefert Milch aus und stellt Joghurt her.*

## ÜBERLEBEN & DIVERSITÄT

**Unten** *Von den mehr als 3000 bekannten modernen Rinderrassen und -hybriden sind 196 bereits ausgestorben und viele gefährdet – so auch die bekannten Wildrinder von Chillingham.*

Heutzutage leben zwar rund 1 Mia. Rinder auf unserem Planeten, doch das heißt nicht, dass wir uns keine Sorgen um das Aussterben von Rinderrassen machen müssten. Mit vereinten Kräften versucht man daher gegenzusteuern, damit zu den bereits ausgestorbenen Rassen, wie Abruzzese, Altägyptisches Rind, Fribourgeoise und Niata-Rind, keine neuen dazukommen. Um nur einige zu nennen: Das Shetland-

Rind aus Schottland, Miniature Panda aus den USA, Sahiwal aus Pakistan und das Vaynol aus Wales sind im Bestand gefährdet und sollen von Schutzplänen profitieren. In vielen Ländern gibt es heimische Rassen, denen es gut geht, doch andere Rassen sind durch nachlassende Leistungsfähigkeit, geringe Fruchtbarkeit, Spätreife, hohe Betriebskosten oder sogar Habitatverluste beeinträchtigt. Unter diesen Umständen sind reproduktionsbiologische Verfahren wie Embryotransfer, Leihmutterschaft, Spermakonservierung und künstliche Besamung essenziell.

In den britischen Medien gab es kürzlich Berichte von einem Bauernhof im Stil von Jurassic Park; mit diesem Marketing sollen die Kosten für die Haltung seltener Rinderrassen wieder eingespielt werden. Tatsächlich muss man bei diesen seltenen Rassen oft einen «Grund» für ihre Zucht finden, denn von Natur aus liefern sie häufig weniger Milch oder Fleisch als andere Rassen. Statt sich nur auf einige wohlgesinnte Liebhaberzüchter oder auf große Schutzprogramme zu verlassen, sind möglicherweise Aktionen wie Rindertourismus oder die Haltung von Rindern als Heim-/Haustier nötig. Zusätzlich können neue Zuchtmethoden (z. B. molekulargenetische Verfahren) dazu beitragen, eine möglichst hohe Diversität des Genpools zu garantieren. Viele dieser Tierpopulationen haben einen genetischen Flaschenhals durchlaufen, daher ist die wichtigste Aufgabe das Vermeiden von Inzucht.

## RINDER & KLIMA

Zu den meistdiskutierten Themen unserer Zeit zählt der Klimawandel, und auch Rinder gelten als mitschuldig. Paradoxerweise haben Rinderbesitzer und Verbraucher denselben Wunsch: Qualitätsprodukte zu einem wirtschaftlichen Preis. Futterumwandlungsraten, Wasseraufnahme, Verbrauch an Antibiotika und anderen Arzneimitteln, Futtermittelkosten und -menge – sie alle wirken sich auf die Produktionskosten und letztlich aufs Klima aus. Anatomie und Physiologie unterscheiden sich bei jedem Tier und jeder Rasse: Einige sind ökonomischer und folglich klimafreundlicher. Landwirte, Verbraucher und Umweltschützer stimmen in ihren Sorgen um den Klimawandel weitgehend überein.

Viele moderne Rassen liefern trotz weniger Futtermittel-Kalorien mehr Milch als früher. Auch die Rindfleischindustrie bevorzugt frohwüchsigere, futterdankbare Rassen (d. h. mit hoher Futterumwandlungsrate). Vielerorts wird Qualität inzwischen höher geschätzt als Quantität: Der Verbraucher isst also weniger Fleisch und ist bereit, mehr zu zahlen, wünscht dafür aber bessere Teilstücke. In diesem Zusammenhang wird auch diskutiert, ob Zweinutzungsrassen wirtschaftlich sinnvoll sind: Können Rinder wirklich gleichzeitig gute Milch- und Fleischproduzenten sein?

Indem man die Zusammensetzung der Darmflora verändert, kann man versuchen, «umweltfreundliche» Kühe zu schaffen. So könnte man z. B. die methanbildenden Bakterien durch «Impfungen» abtöten, während der Verdauungsprozess im Kuhmagen weiterläuft. Allerdings können bereits natürliche Futterumstellungen die Methanproduktion um bis zu 15 % verringern. Anstelle der üblichen rohfaserreichen Biomasse könnte man anderes Futter einsetzen – getestet werden sogar Meeresalgen, Probiotika und andere Futterzusätze – und so vielleicht den Durchbruch zu einer «methanärmeren» und damit klimafreundlicheren Rinderhaltung schaffen.

Ein großes Problem sind Landverlust und Entwaldung, die auf die Fleischrindhaltung zurückgehen; doch es gibt auch einige Rinderrassen, die sogar zur Erhaltung von Bodenflächen beitragen. Wenn man die Futtereffizienz der Tiere steigern könnte, würde man gleichzeitig den Landverlust durch Beweidung begrenzen.

Das Spektrum der modernen Rassen wird ständig größer, fast jedes Jahr kommen neue hinzu. Aus einem Zusammenschluss von australischen Landwirten, die eine neue zeckenresistente Rasse entwickeln wollten, entstand so die inzwischen offiziell anerkannte Rasse Queenslander. Mit der Zeit werden vermutlich auch genetisch modifizierte Rassen eine Rolle spielen; dabei könnten die Züchter mithilfe von Gentechnik bestimmte erwünschte Merkmale gezielt in das Genom einer Rasse einbringen, statt nur auf konventionelle Züchtung zu setzen. Doch bei jeder neuen Rasse stellt sich die Frage nach der optimalen Haltung, ob die Rasse leistungsfähig und wirtschaftlich rentabel ist oder ob sie Probleme bereitet und zu Krankheiten neigt.

**Oben** *Mineralstoffe, Vitamine, generelle Futterbestandteile und sogar alternative Futterquellen wie Meeresalgen sind wichtige Forschungsthemen in der Tierernährung.*

**Links** *Natürliche Darmbakterien und tierpathogene Bakterien spielen eine wesentliche Rolle für Tierwohl, Produktion und Wirtschaftlichkeit.*

# Zuchtschauen & Championkühe

Als Internet und moderne Kommunikationsmöglichkeiten wie Telefon, E-Mail und Handy noch nicht existierten, musste ein Landwirt auf andere Weise Reklame für seine Rinder machen: durch Mund-zu-Mund-Propaganda, schriftliche Berichte (wie Landwirtschafts-Jahrbücher) oder auf Jahrmärkten mit Viehmarkt, Viehschau und Viehprämierung. Sie waren früher ein wesentlicher Teil des bäuerlichen Lebens. Solche Ausstellungen und Messen finden auch heute noch statt; denken wir nur an die OLMA in St. Gallen, die Grüne Woche in Berlin oder den Salon International de l'Agriculture in Paris. Dabei kommen viele Experten an einem Ort zusammen: Landwirte, Händler, Veterinäre, Metzger, Wissenschaftler oder Spezialisten für Tierfutter und Betriebsmanagement. Man kann sich über Fragen von Gesundheit und Tierwohl austauschen, über Zuchtmethoden, Stall- und Futtersysteme oder auch Praxistipps weitergeben. Das Leben auf dem Land kann recht isoliert sein, weshalb das Gespräch mit Fachkollegen umso wichtiger war und ist. Man hat zudem Gelegenheit, andere Rinder anzusehen, ob im direkten Wettbewerb, als mögliche Zuchtpartner oder als Zukaufvieh – in jedem Fall ist es gut für einen Landwirt, das Produkt selbst zu sehen und für die eigenen Produkte zu werben.

Landwirte können mit ihren Rindern Ehre einlegen und stolz auf sie sein, was letztlich das Tierwohl fördert. Sie können dem Publikum demonstrieren, wie gut gepflegt ihre Tiere sind. Auch wirtschaftlich gesehen sind Zuchtschauen und Viehwettbewerbe essenziell, denn sie bieten hervorragende Vermarktungsmöglichkeiten und Raum für Diskussionen und Kooperationen. Eine Championkuh oder ein prämierter Bulle kann den Wert des Tieres, der Herde oder sogar der Rasse über Nacht steigern. Kein Wunder, dass Nutztierausstellungen und Wettbewerbe für alle Beteiligten wichtig und auch beim Publikum beliebt sind.

**Unten** *Bei einer Zuchtschau können Landwirte Erfahrungen austauschen, Vieh begutachten, kaufen und verkaufen, Zuchtprogramme in die Wege leiten, ihre Fachkollegen treffen und öffentlich für die Landwirtschaft werben.*

## KOSTEN & ZEIT

Unabhängig davon, ob es sich um eine lokale Schau, eine nationale oder sogar internationale Messe handelt, sind intensive Vorbereitungen nötig. Da ist die Frage der Beförderung: Sollen die Tiere durch Treiben, mit Lastwagen, Bahn oder sogar mit Schiff oder Flugzeug transportiert werden? Die Gefahr von Tierseuchen muss ausgeschlossen werden, wenn Tiere aus verschiedenen Herden und Regionen zusammenkommen. Wer vertritt den Besitzer während der Abwesenheit im Betrieb? Oft ist die Teilnahme an einer Messe nicht nur zeitaufwendig, sondern auch teuer. Die Vorbereitung der Tiere spielt ebenfalls eine Rolle: Beim «Kuh-Fitting» wird schamponiert, rasiert, geföhnt und das Euter geölt, um die Vorzüge der Kuh besonders zur Geltung zu bringen – mit einem Toupet kann man sogar die Schwanzquaste aufhübschen!

Angesichts dieses hohen Aufwands ist es kaum verwunderlich, dass die klassische Zuchtschau inzwischen digitale Konkurrenz bekommen hat. Dank der elektronischen Medien sind Informationen und Statistiken zur Herdengesundheit und -produktivität heute überall verfügbar – Bilder vom Smartphone oder der Stallkamera lassen sich sofort weltweit versenden. Heutzutage ist die Kommunikation auch ohne Zuchtschau sehr viel einfacher geworden, doch diese Messen sind nach wie vor beliebt und werden es auch auf absehbare Zeit bleiben.

**Oben** *Eine Schottische Hochlandkuh mit Kalb wird vom Besitzer präsentiert. Neben Konformation und Rassestandard berücksichtigen die Preisrichter auch Gesundheit und Wohlbefinden der vorgestellten Tiere.*

# Jersey

**GEWICHT**
Kuh: 425 kg
Stier: 700 kg

**WIDERRISTHÖHE**
Kuh: 118 cm
Stier: 125 cm

**FRUCHTBARKEIT/ ABKALBEN**
1. Abkalben mit 21–22 Monaten

**VERBREITUNG**
Weltweit

**NUTZUNG**
Milchrasse, teils Arbeitsrind (Nepal)

**FAKTEN**
Die Milch ist für ihren sehr hohen Milchfettgehalt bekannt und leicht gelb gefärbt. Hat hohen Proteingehalt und eignet sich ideal zur Käsebereitung.

**URSPRUNGSLAND** Jersey (Kanalinseln, UK)

Diese Milchrasse stammt von Rindern aus der Normandie (Frankreich) ab und wurde um 1700 erstmals als eigene Rasse erwähnt. Auf Jersey und Guernsey waren die Tiere so beliebt, dass sie bei Heiraten als Mitgift zwischen den Inseln wechselten. Da der Import von «fremden» Rindern ab 1789 verboten war, blieb die Rasse bis 2008 auf Jersey isoliert. Der Export war hingegen erlaubt, und so gelangte das Jersey-Rind in alle Welt. Es gilt als eine der schnellwüchsigsten Rinderrassen überhaupt. In einigen Exportländern selektierte man im Lauf der Zeit auf größere Tiere, z. B. in den USA. Dort wird auch ein deutlich kleinerer Schlag namens Miniature Jersey gezüchtet.

Die Geburt verläuft normalerweise unkompliziert, aber die jungen Kälber sind oft empfindlicher als bei anderen Rassen und benötigen mehr Pflege. Bei den Mutterkühen kommt es tendenziell häufiger zu Hypokalzämie (Milchfieber) als bei anderen Rassen, Mastitis ist allerdings selten. Aggressive Stiere können, da sie Hörner tragen, zum Problem werden. Die Kühe sind ruhiger, können jedoch nervös sein und Stereotype wie Zungenrollen entwickeln. Die Fellfarbe ist beliebig, oft allerdings gelblich bis hellbraun. Nach dem Holstein-Rind sind Jerseys die zweithäufigste Milchrasse der Welt (über 2 Mio. Individuen).

# Normande, Normanner Rind

**GEWICHT**
Kuh: 700 kg
Stier: bis 1100 kg

**WIDERRISTHÖHE**
Kuh: 144 cm
Stier: 155 cm

**FRUCHTBARKEIT/ ABKALBEN**
1. Abkalben mit 24 Monaten

**VERBREITUNG**
Inzwischen auf allen Kontinenten

**NUTZUNG**
Milchbetonte Zweinutzungsrasse; Fleisch marmoriert

**FAKTEN**
6595 l Milchleistung

**URSPRUNGSLAND** Frankreich

Diese sanftmütige Rasse stammt aus der Normandie (Frankreich). Angeblich soll sie mit den Wikingern nach Frankreich gelangt sein; wahrscheinlich ist sie aber aus heute verschwundenen Landschlägen wie Cauchoise, Augeronne und Cotentine entstanden. Die Normandie gilt als das Land von Milch und Käse: Da die Milch der Normande viel Kappa-Kasein der B-Variante enthält, gerinnt sie gut und eignet sich daher bestens, um Käse wie den bekannten Camembert de Normandie herzustellen. Auch das wohlschmeckende marmorierte Fleisch gilt als Delikatesse.

Die Normande erlebte im 19./20. Jh. eine Blütezeit, doch infolge des 2. Weltkriegs (Invasion der Alliierten in der Normandie) gingen die Zahlen stark zurück. Inzwischen liegt der Bestand wieder bei 2–3 Mio. Tieren. Die Rasse wurde ab 1877 nach Südamerika exportiert, vor allem als Fleischrasse. Das normalerweise weißgrundige Fell hat kastanienbraune Flecke, kann aber farblich variieren. Die sanftmütigen Tiere sind zäh und leichtkalbig, haben gesunde Klauen, produzieren große Mengen an eiweißreicher Milch, werden früh geschlechtsreif und können auch als Fleischrasse gehalten werden. Das Fell wird im Winter dichter und krauser, eine Anpassung an kalte Witterung. Die dunkle Pigmentierung der Augen trägt im Sommer zum Schutz vor UV-Licht bei.

# Norwegisches Rotvieh

**GEWICHT**
Kuh: 550 kg
Stier: 1300 kg

**WIDERRISTHÖHE**
Kuh: 137 cm
Stier: 145 cm

**FRUCHTBARKEIT/ ABKALBEN**
1. Abkalben mit 24–26 Monaten

**VERBREITUNG**
Inzwischen in über 30 Ländern

**WEITERE NAMEN**
*Norsk rødt fe, Norsk raudt fe,* NRF

**NUTZUNG**
Milchbetonte Zweinutzungsrasse

**FAKTEN**
Kann pro Laktationsperiode bis zu 16 000 kg Milch geben

**URSPRUNGSLAND** Norwegen

Das Norwegische Rotvieh entstand 1935 durch Kreuzung verschiedener alter norwegischer Rassen (wie *Rødt kollet Østlandfe* oder *Rødt Trnøderfe*) mit Schwedischem Rotvieh, finnischen Ayrshire-Rindern und Holstein-Rindern. Im Lauf der 1970er-Jahre wurde die junge Rasse bekannter; heutzutage macht sie 98 % des norwegischen Rinderbestandes aus. Durch Sperma- und Embryonenexporte ist die Rasse mittlerweile in ganz Europa und sogar weltweit verbreitet. Trotz der Bezeichnung Rotvieh kann das Fell nicht nur rötlich, sondern auch schwarz sein und weiße Flecke aufweisen. Die Tiere waren ursprünglich gehörnt, es gibt inzwischen aber auch genetisch hornlose Zuchtlinien.

Der Anteil an Totgeburten und unfruchtbaren Tieren ist geringer als bei Holstein-Rindern, und viele halten das Norwegische Rotvieh für eine der fruchtbarsten Rassen der Welt. Trotz der hohen Milchleistung erkranken die Kühe selten an Mastitis. Außerdem lahmen sie selten, was teilweise an den harten Hufen liegt. Die Rasse ist zwar milchbetont, doch mit einer tägliche Zunahme von 1,4 kg bei Mastbullen ist das Norwegische Rotvieh auch für die Fleischindustrie interessant. Die Kühe im Computerspiel Minecraft wurden übrigens nach dem Vorbild diese Rasse gestaltet.

# Guernsey

**GEWICHT**
Kuh: 475 kg
Stier: 650 kg

**WIDERRISTHÖHE**
Kuh: 132 cm
Stier: 137 cm

**FRUCHTBARKEIT/ ABKALBEN**
1. Abkalben mit 22–28 Monaten

**VERBREITUNG**
Weltweit

**NUTZUNG**
Milchrasse, früher als Arbeitsrind

**FAKTEN**
Milch gelb bis goldgelb aufgrund des Gehalts an β-Carotin (Provitamin A)

**URSPRUNGSLAND** Guernsey (Kanalinseln, UK)

Guernseys sind fast so berühmt und häufig wie das Jersey-Rind, stammen aber von einer Nachbar-Kanalinsel. Inzwischen sind sie weltweit verbreitet. Eine Kuh brachte es als «Sky Queen» zur Berühmtheit, da sie 1930 als erste Kuh in einem Flugzeug transportiert und währenddessen sogar gemolken wurde. Ähnlich wie bei den Jerseys waren die im Jahr 1700 erstmals als Rasse erwähnten Guernseys ab 1789 durch Importverbot vor dem Einfluss fremder Rassen geschützt, doch sie wurden weltweit exportiert.

Das hellgelbe bis rotbraune Fell mit seinen weißen Flecken ist sehr typisch; Guernseys sind als kräftige, futterdankbare Rasse bekannt. Etwa 60 % der Tiere weisen das Kappa-Kasein-B-Gen auf; es ist für die Käseherstellung wichtig, da die B-Variante des Kappa-Kaseins eine bessere Gerinnungsfähigkeit der Milch bewirkt. Dies führt zu einem festeren Käsebruch und wirkt sich auf Menge und Qualität des Käses aus. Auch die Milch ist aufgrund ihres prozentual deutlich höheren Gehalts an Milchfett (plus 30 %), Protein (plus 12 %), Vitamin D (plus 33 %), Kalzium (plus 15 %) und Vitamin A (plus 25 %) sehr begehrt. Zudem bilden 96 % der Individuen das Milchprotein Beta-Kasein-A2 (anstelle von A1), das angeblich gesünder ist. Trotz großer Kälber kommt es bei den Kühen nur selten zu Geburtskomplikationen.

# Gir

**GEWICHT**
Kuh: 385 kg
Stier: 545 kg

**WIDERRISTHÖHE**
Kuh: 130 cm
Stier: 140 cm

**FRUCHTBARKEIT/ ABKALBEN**
1. Abkalben mit 3–4 Jahren

**VERBREITUNG**
Indien, Südamerika, Nordamerika

**WEITERE NAMEN**
Desan, Gujarati, Kathiawari, Sorthi, Surati, Surti

**NUTZUNG**
Milchbetonte Zweinutzungsrasse

**FAKTEN**
Milch mit bis zu 4,5 % Milchfett

**URSPRUNGSLAND** Gujarat, Indien

Das auffälligste Kennzeichen des Gir ist die rundliche, stark gewölbte Stirn; kein anderes Rind weist dieses unverwechselbare Merkmal auf. Dank der Muskelschicht unter der Haut können die Rinder ihre lockere Haut besser «schütteln» und Parasiten sich schlechter festsetzen. Das Fell kann weiß, gelb und/oder rot gefärbt sein, nicht jedoch schwarz; es ist normalerweise gesprenkelt mit rotem Unterhaar. Ölige Hautsekrete tragen zum Schutz vor Insektenstichen bei. Typisch sind die langen Schlappohren und die imposanten, auswärts und rückwärts geschwungenen Hörner.

Der Gir stammt aus Indien, zählt dort nach wie vor zu den wichtigsten Zebu-Rassen. Er wurde auch nach Brasilien exportiert, und laut DNA-Untersuchungen stammen 50 % des heutigen brasilianischen Gir-Bestands von nur 28 Vorfahren ab. Dies führte zu ausgefeilten Zuchtprogrammen, damit eine möglichst große genetische Variabilität garantiert ist. Um den Milchertrag zu verbessern, kreuzt man den Gir häufig mit Holstein-Rindern. Eine dieser Hybridzüchtungen ist die Rasse Girolando, die in Brasilien zurzeit 80 % der Milch liefert; eine weitere Rasse mit Gir-Erbe ist das nordamerikanische Brahman. Der Gir ist eine milchbetonten Rasse; seine Leistung unterscheidet sich je nach Umwelt, Genetik und Art der Bewirtschaftung.

# Belarus-Rotvieh

**GEWICHT**
Kuh: 500 kg
Stier: 850 kg

**WIDERRISTHÖHE**
Kuh: 129 cm
Stier: 145 cm

**FRUCHTBARKEIT/ ABKALBEN**
1. Abkalben mit 26 Monaten

**VERBREITUNG**
Belarus (Weißrussland)

**WEITERE NAMEN**
Krasnaya, Belarus Red

**NUTZUNG**
Milchrasse, auch Fleisch

**FAKTEN**
Hoher Milchfettgehalt, durchschnittlich 4,32 %; bei Hochleistungsherden noch höher

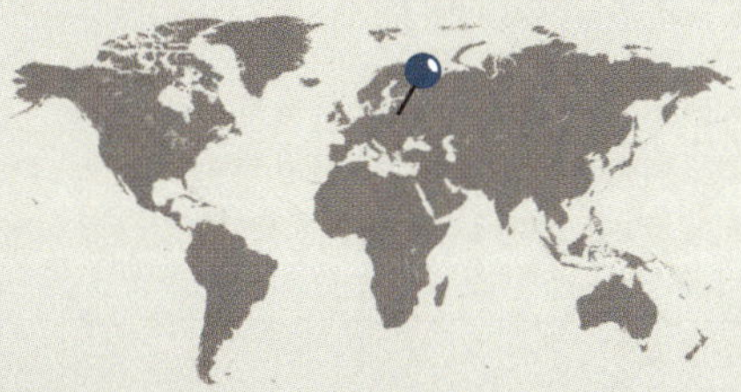

**URSPRUNGSLAND** Belarus (Weißrussland)

Die Rasse entstand im Lauf des 20. Jh. in Weißrussland, ausgehend von Angler Rind und Deutschem Rotvieh. In den 1920ern und 1930ern kreuzte man Polnisches Rotvieh und Rotes Dänisches Milchvieh ein, in den 1950ern Estnisches Rotvieh und Lettisches Braunvieh, in neuerer Zeit wieder Rotes Dänisches Milchvieh. Wie der Name vermuten lässt, hat die Rasse rotes/rostrotes Fell und ist in Belarus (Weißrussland) verbreitet: vor allem in der Gegend von Hrodna (Grodno) und Minsk. Das mittelgroße Rind ist mäßig bemuskelt und eignet sich auch zur Fleischmast; es besitzt auffällige Hörner und ein relativ langes Gesicht.

Das recht langlebige Belarus-Rotvieh ist gut an das lokale Klima und unterschiedliche Nahrung angepasst. Minderwertigeres Futter beeinflusst jedoch den Milchertrag. Insgesamt hat der Milchertrag im Lauf der letzten Jahrzehnte parallel zu besserer Futterqualität und Züchtungsfortschritten zugenommen. In den 1980ern lag die durchschnittliche Milchleistung bei 2557 kg (3053 kg bei den besten Milchherden); nach neueren Zahlen sind es dagegen 4514 kg und sogar 6056 kg bei der Top-Milchkuh.

# Girolando

**GEWICHT**
Kuh: 400 kg
Stier: 650 kg

**WIDERRISTHÖHE**
Kuh: 127 cm
Stier: 140 cm

**FRUCHTBARKEIT/ ABKALBEN**
1. Abkalben mit 30+ Monaten

**VERBREITUNG**
Brasilien

**NUTZUNG**
Milchrasse, auch Fleisch

**FAKTEN**
Liefert im Lauf einer 15-Jahres-Periode bis zu 20 000 kg Milch.

**URSPRUNGSLAND** Brasilien

Diese Rasse ist eine Hybridzüchtung zwischen Holstein-Rind und Gir, also zwischen taurinem und zebuinem Rind. Der aus Indien stammende Gir ist gut an tropisches Klima angepasst, während das Holstein-Rind für seine extreme Milchleistung bekannt ist: für Milchviehherden in Brasilien, wo das Girolando-Rind gezüchtet wurde, eine hervorragende Kombination. Das jeweilige Erbteil beträgt etwa 3/8 Gir und 5/8 Holstein-Rind. Die Tiere haben große Ohren wie der Gir, gleichen aber ansonsten dem Holstein-Rind und sind normalerweise schwarzbunt (schwarz-weiß gescheckt), doch auch braune Tiere kommen vor. Sie sind von Natur aus sanftmütig und umgänglich.

Diese ausgezeichnete Milchrasse wurde zwar erst in den 1940ern gezüchtet und 1989 registriert, ist aber bereits in ganz Brasilien beliebt und verbreitet. Die maximale Milchproduktion wird etwa im Alter von 10 Jahren erreicht. Girolandos werden zwar vor allem als Milchvieh gehalten, doch mit einer täglichen Zunahme von bis zu 1 kg eignen sie sich auch als Mastvieh. Da die Milch- und Fleischproduktion für die brasilianische Wirtschaft sehr wichtig sind, hat man dort das gesamte Genom des Girolando und anderer Rinderrassen sequenziert, um Aufschlüsse über die verschiedenen Merkmale zu erhalten.

# Sahiwal

**GEWICHT**
Kuh: 425 kg
Stier: 600 kg

**WIDERRISTHÖHE**
Kuh: 120 cm
Stier: 136 cm

**FRUCHTBARKEIT/ ABKALBEN**
1. Abkalben mit 39 Monaten

**VERBREITUNG**
Pakistan; Indien, Australien, Bangladesch, Afrika, Karibik

**WEITERE NAMEN**
Mint kumre, Lambi Bar, Lola, Montgomery, Multani, Teli

**NUTZUNG**
Milchrasse, Fleischrasse, auch Arbeitsrind

**FAKTEN** Normalerweise Mutterkuhhaltung, daher ist eine gleichzeitige Milchleistung von 2270 kg ein guter Wert.

**URSPRUNGSLAND** Pakistan

Die Rasse ist nach ihrer Ursprungsregion benannt, dem Distrikt Sahiwal (früher Montgomery) in Pakistan. Dort ist sie auch heute noch heimisch und als Milchzebu geschätzt. Da die Bestände des Sahiwal-Rindes stetig zurückgingen, ergriff man besondere Schutzmaßnahmen, um seine Haltung und Zucht zu fördern. Im Research Center for Conservation of Sahiwal Cattle etablierte man z. B. ein eigenes Zuchtprogramm. Das hellrote bis rotbraune Fell ist im Bereich von Buckel und Wamme oft dunkler gefärbt; die Ohren sind lang und hängend, die Stirn gewölbt.

Das Sahiwal besitzt angeblich die beste Milchleistung aller Zebu-Rassen. Es wird zwar heute vor allem als Milchrind gehalten, war ursprünglich aber ein Zweinutzungsrind, dessen schnellwüchsige Kälber sich gut für die Fleischindustrie eigneten. Diese starken muskulösen Zebus lassen sich auch als Zugtier nutzen, sind aber recht lethargisch und daher langsam. Das Sahiwal wurde als Fleischvieh nach Australien exportiert und dort oft mit anderen Fleischrassen gekreuzt, um positive Eigenschaften wie Hitzetoleranz und Zeckenresistenz einzubringen. In Kenia wird das Sahiwal bei den Massai sehr geschätzt; es gedeiht auch in sehr trockenem Gelände und liefert etwa 10 % der kenianischen Milchproduktion.

# Brown Swiss

**GEWICHT**
Kuh: 600 kg
Stier: 900 kg

**WIDERRISTHÖHE**
Kuh: 145 cm
Stier: 150 cm

**FRUCHTBARKEIT/ ABKALBEN**
Fruchtbar mit 26 Monaten

**VERBREITUNG**
Weltweit

**WEITERE NAMEN**
American Brown Swiss

**NUTZUNG**
Milchrasse

**FAKTEN**
Die Milch enthält kleinere Fett-Tröpfchen und längerkettige Fettsäuren als bei anderen Rassen.

**URSPRUNGSLAND** USA

Trotz des Namens stammt diese Rasse nicht aus der Schweiz, sondern wurde in den USA gezüchtet, allerdings auf der Grundlage von Braunvieh (auf Englisch «Swiss Brown»), das aus der Schweiz importiert wurde. Das ursprüngliche Braunvieh ist eine Dreinutzungsrasse, Brown Swiss wurde hingegen gezielt als Milchrasse gezüchtet: Eine Kuh kann pro Laktation mehr als 10 000 kg Milch geben, oft aber erst ab der 5. Laktationsperiode. Von ihren Braunvieh-Vorfahren (diese gelangten vermutlich vor 4000 Jahren in den Alpenraum) unterscheiden sich die heutigen Brown Swiss erheblich, vor allem durch die Milchleistung. Die Milch eignet sich mit 3,5 % Protein- und 4 % Fettgehalt besonders gut zur Herstellung von Qualitätskäse. Sie hat zudem einen hohen Gehalt an Beta-Kasein-A2 (anstelle von A1), das gesünder sein soll. Zur Optimierung der Milchleistung erfolgte intensive Zuchtwahl und Inzucht; dadurch haben einige Erbkrankheiten wie Weaver-Syndrom und Spinale Muskelatrophie in der Population zugenommen. Abgesehen von diesen Problemen werden Brown Swiss nach wie vor gerne eingekreuzt.

Die Tiere sind kurz gehörnt oder genetisch hornlos. Das Fell ist gewöhnlich grau bis graubraun und/oder weiß. Die Rasse ist robust und genügsam, da sie von Arbeitsrindern abstammt.

# Holstein-Friesian

**GEWICHT**
Kuh: 600–750 kg
Stier: 900–1200 kg

**WIDERRISTHÖHE**
Kuh: 145–150 cm
Stier: 152–160 cm

**FRUCHTBARKEIT/ ABKALBEN**
1. Abkalben mit 22–24 Monaten

**VERBREITUNG**
Weltweit

**WEITERE NAMEN**
Holstein-Rind; Vorläuferrasse: Schwarzbuntes Niederungsvieh

**NUTZUNG**
Milchrasse, aber auch für Fleisch genutzt

**FAKTEN**
Im Lauf der letzten 40 Jahre hat sich ihre Milchleistung verdoppelt.

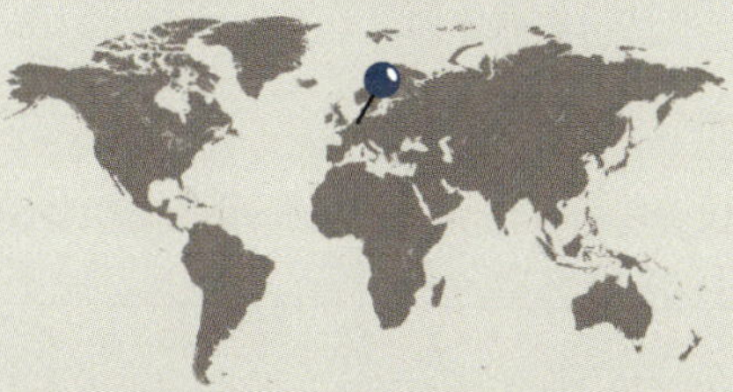

**URSPRUNGSLAND** Niederlande, Norddeutschland; USA

Beim Stichwort Milchkuh denkt man fast automatisch an schwarz-weiß gescheckte Rinder der Rasse Holstein-Friesian (HF), kurz Holstein-Rind genannt. Es ist die weltweit häufigste Milchviehrasse und wegen seiner enormen Milchleistung berühmt (im Mittel 8800 kg pro Jahr). Das HF entstand im 19. Jh. in den USA: Europäische Auswanderer führten Schwarzbuntes Niederungsvieh ein – schwarz-weiß gescheckte Rinder, die in ihrer Heimat an der Nordsee (West-, Ost-, Nordfriesland) seit Langem als hervorragendes Milchvieh geschätzt wurden. Diese «friesischen» und «holsteinischen» Kühe wurden in den USA auf noch höhere Milchleistung ausgelesen; schließlich gründete man 1885 eine gemeinsame Holstein-Friesian-Züchtervereinigung. Seit den 1960ern wurde das HF in europäische schwarzbunte Rassen eingekreuzt, um auch diese weiter zu optimieren. Inzwischen dominieren die Rinder vom Holstein-Typ mit extrem hoher Milchleistung.

Unter schwarz-weiß gescheckten Rindern treten regelmäßig rot-weiß gescheckte Tiere auf; später wurden diese gezielt gezüchtet (Red Holstein/RH, «Rotbunte»). Auch geklonte Holstein-Rinder sind mittlerweile Realität; bekannt ist der Fall der RH-Kuh «KHW Regiment Apple-Red», die 2013 auf der World Dairy Expo in der Wertung von ihrem eigenen Klon besiegt wurde.

# Island-Rind

**GEWICHT**
Kuh: 430 kg
Stier: 600 kg

**WIDERRISTHÖHE**
Kuh: 127 cm
Stier: 135 cm

**FRUCHTBARKEIT/ ABKALBEN**
1. Abkalben mit 20–24 Monaten

**VERBREITUNG**
Island

**WEITERE NAMEN**
Íslenska kýrin

**NUTZUNG**
Milchrasse, auch Fleisch

**FAKTEN**
Milchleistung 6000–11 000 kg

**URSPRUNGSLAND** Island

Diese Rasse stammt von Rindern ab, die mit den Wikingern vor etwa 1000 Jahren nach Island gelangten. Es dürfen keine lebenden Rinder sowie Sperma und Embryonen nach Island importiert werden, damit keine Tierseuchen eingeschleppt werden. Das Island-Rind ist nur in Island verbreitet; der Bestand liegt bei rund 75 000 Tieren, etwa 95 % sind genetisch hornlos. Wegen der kalten Witterung werden die Tiere 8 Monate des Jahres im Stall gehalten. Berücksichtigt man zudem die spärliche Vegetation und unwirtliche Umgebung, so ist verständlich, warum die wertvollen Rinder in diesem Land besonders geschützt werden.

Trotz des guten Milchertrags gibt es Vorschläge, ertragreichere Rassen zu importieren oder das Island-Rind sogar zu ersetzen, doch diese einheimische Rasse ist wesentlicher Teil der isländischen Geschichte. Aus der Milch stellt man Käse und Skyr her. Skyr wird aus Magermilch erzeugt und hat eine Konsistenz zwischen Quark und Joghurt. Teilweise wird dieses gesunde Milchprodukt noch nach traditioneller Art auf Bauernhöfen hergestellt. Skyr ist in Island seit Jahrhunderten beliebt, inzwischen auch weltweit bekannt und geschätzt. Übrigens waren die ersten Ausstellungsobjekte des bekannten Isländischen Phallusmuseums in Reykjavik Penisse von Island-Bullen.

# Illawarra

**GEWICHT**
mittel bis hoch

**WIDERRISTHÖHE**
mittel bis hoch

**FRUCHTBARKEIT/ ABKALBEN**
1. Abkalben mit 24 Monaten

**VERBREITUNG**
Australien, Nordamerika, Indonesien, Japan, Korea, Naher Osten, Neuseeland, Pazifikinseln, Großbritannien

**WEITERE NAMEN**
Illwarra Shorthorn, Australian Illawarra Shorthorn

**NUTZUNG**
Milchrasse, auch Fleisch

**FAKTEN**
Kann mehr als 40 l Milch pro Tag geben.

**URSPRUNGSLAND** Australien

Das australische Illawara-Rind entstand aus Shorthorns und etlichen anderen Rassen; es ist nach seiner Ursprungsregion Illawarra (New South Wales) benannt. Dieses Gebiet wurde von frühen Siedlern und Sträflingen gerodet, um Flächen für extensive Tierhaltung (Ranching) zu gewinnen. Bereits 1899 wurden einige Illawarra-Rinder im *Milking Shorthorn Herdbook* registriert; das offizielle Herdbuch wurde 1918 begründet.

Die überwiegende Fellfarbe ist Rot, gelegentlich mit etwas weißer Zeichnung oder Stichelhaar (Roan). Stiere wie auch Kühe sind gehörnt, im Charakter aber meist gutmütig. Sie kommen mit heißen (bis zu 40 °C) wie auch kalten Temperaturen (unter null) gut zurecht, sind futterdankbar und benötigen nur wenig Zufütterung. Die dunkle Pigmentierung von Haut und Hufen trägt zum Schutz vor UV-Licht bei. Dank ihres gebärfreudigen Beckens benötigen die Kühe selten Hilfe beim Kalben. Sie sind langlebig, bringen auch im Alter von mehr als zehn Jahren alljährlich ein Kalb zur Welt und können im Lauf des Lebens über 60 000 l Milch geben. Inzwischen gibt es Züchtervereinigungen und Zuchtschauen für diese beliebte Rasse.

# Belmont Red

**GEWICHT**
Kuh: 450 kg
Stier: 650 kg

**WIDERRISTHÖHE**
Kuh: 120 cm
Stier: 121 cm

**FRUCHTBARKEIT/ ABKALBEN**
1. Abkalben mit 32–34 Monaten

**VERBREITUNG**
Australien

**NUTZUNG**
Fleischrasse

**FAKTEN**
Immer wieder Siegerrasse der Aus-Meat Comparison Trials (jährlich stattfindende Fleisch-Qualitätsprüfung in Australien)

**URSPRUNGSLAND** Australien

In den 1950ern machte man sich Sorgen um die Fruchtbarkeit der zebuiden Rinderrassen in Australien. Daher ging man auf der Forschungsstation der Commonwealth Scientific and Industrial Research Organization (CSIRO) in Belmont daran, eine fruchtbare, an das Klima angepasste Rasse zu entwickeln. Aus der Kreuzung von Afrikanerrindern (Sanga-Rindern) und Hereford-Shorthorn (einem taurinen Rind) entstand die nach der Forschungsstation benannte Rasse; sie war ab 1969 für Farmer verfügbar. Die Fellfarbe ist rot (wie der Name nahelegt), gelegentlich mit etwas weißer Zeichnung. Dank des glatten, kurzhaarigen Fells können die Tiere bei heißem Wetter stärker schwitzen und haben eine bessere Hitzetoleranz.

Diese Rasse weist eine gute Fruchtbarkeit auf, ferner eine hohe Zeckenresistenz (eine finanzielle Ersparnis, da weniger Zeckenbehandlungen nötig sind), liefert hochwertiges Fleisch, ist frohwüchsig, futterdankbar und zudem im Temperament gutmütig. Der Anteil der lebensfähigen Spermien liegt mit 79 % deutlich über dem für Rinder akzeptablen Mindestmaß von 60 % der Spermien. Die Fleischqualität erhält durchgehend gute Bewertungen und ist besser als bei allen anderen Rindern in Australien.

# Gelbvieh

**GEWICHT**
Kuh: 700 kg
Stier: 1200 kg

**WIDERRISTHÖHE**
Kuh: 140 cm
Stier: 152 cm

**FRUCHTBARKEIT/ ABKALBEN**
1. Abkalben mit 22 Monaten

**VERBREITUNG**
Europa, Kanada, USA, Australien, Afrika

**WEITERE NAMEN**
(Gelbes) Frankenvieh

**NUTZUNG**
Fleischrasse (ursprünglich Fleisch-, Milch- und Arbeitsrind)

**FAKTEN**
Besitzt von allen Rinderrassen den größten Ribeye-Anteil pro 100 kg.

**URSPRUNGSLAND** Deutschland (Franken)

Die Rasse Gelbvieh entstand im 19. Jh. in Franken (daher der Name). Aus mehreren lokalen Landrassen entstand ein Dreinutzungsrind, das folglich als Fleisch-, Milch- und Arbeitsrind (Zugtier) genutzt wurde. Im Jahr 1897 gründete man einen Zuchtverband und beschloss, die Einkreuzungen anderer Rassen zu beenden. Inzwischen wird Gelbvieh im außereuropäischen Ausland vor allem als Fleischrasse gehalten. Die hell- bis rotgelbe Rasse war ursprünglich gehörnt, doch mittlerweile wurden viele genetisch hornlose Linien selektiert, teils auch mit schwarzem Fell. Die Tiere sind frohwüchsig, futterdankbar und frühreif. Das Abkalben ist unproblematisch, da die Kälber klein sind; die Mutterkühe liefern gute Milchmengen.

Heutzutage wird Gelbvieh häufig mit anderen Rassen gekreuzt; «reinrassige» Tiere müssen jedoch einen Gelbvieh-Anteil von mindestens 88 % haben. Die Rasse ist nach umfangreichen Zuchtprogrammen in Nebraska vor allem in den USA verbreitet. Gelbvieh liefert hochwertiges mageres Fleisch (besonders zart bei den Jährlingen); deshalb kreuzt man Gelbvieh-Bullen häufig mit Angus-Kühen, um Fleischrinder mit Bestnoten zu erzeugen. Laut Berichten aus Südafrika und Australien ist Gelbvieh hitzetolerant und zeckenresistent.

# Hereford

**GEWICHT**
Kuh: 800 kg
Stier: 1200 kg

**WIDERRISTHÖHE**
Kuh: 140 cm
Stier: 152 cm

**FRUCHTBARKEIT/ ABKALBEN**
1. Abkalben mit 24–36 Monaten

**VERBREITUNG**
Über 120 Länder auf der ganzen Welt

**WEITERE NAMEN**
Whiteface

**NUTZUNG**
Fleischrasse

**FAKTEN**
Weltweiter Bestand: 10 Mio. Tiere (5 Mio. Herdbuchtiere); kennzeichnend ist das marmorierte Qualitätsfleisch.

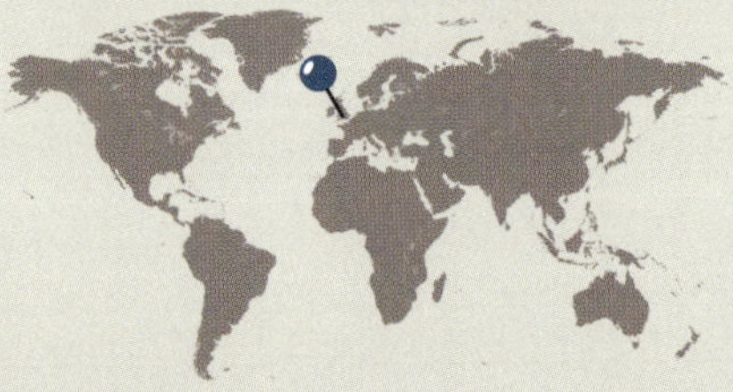

**URSPRUNGSLAND** England (UK)

Mit über 5 Mio. Herdbuchtieren sind Herefords weltweit bekannt und populär. Sie wurden zuerst in der Grafschaft Herefordshire in England gezüchtet (daher der Name): Im 18. Jh. wurden Shorthorn und andere Lokalrassen der walisisch-englischen Grenzregion eingekreuzt; das typische weiße Gesicht und die rote Fellfarbe hatten sich schon Anfang des 19. Jh. herausgebildet. Damals begann auch der weltweite Siegeszug der Rasse: Zuerst gelangte sie in die USA, später nach Kanada, Mexiko und Südamerika. Inzwischen ist sie in kalten rauen russischen Steppen und im kühlen Skandinavien ebenso zuhause wie im trockenen heißen Klima Australiens, Afrikas und Südamerikas. In sonnenreichen Ländern sind allerdings Augentumoren *(pink eye disease)* und Sonnenbrand der Euterhaut vergleichsweise häufig. Genetisch bedingter Zwergwuchs (bovine Achondroplasie) tritt bei Herefords weltweit auf.

Zucht und Haltung dieser gutmütigen Rasse sind einfach: Sie ist frühreif, hat eine kurze Tragzeit und sehr guten Mutterinstinkt; zudem sind die Bullen sehr deckfreudig. Miniatur-Herefords sind gezielt auf Kleinwüchsigkeit gezüchtet und ein Drittel kleiner als traditionelle Herefords; sie dürfen jedoch nicht Träger des Zwergwuchs-Gens sein.

# Weißblaue Belgier (WBB)

**GEWICHT**
Kuh: 875 kg
Stier: 1175 kg (teils mehr als 1300 kg)

**WIDERRISTHÖHE**
Kuh: 140 cm
Stier: 148 cm

**FRUCHTBARKEIT/ ABKALBEN**
1. Abkalben mit 32 Monaten

**VERBREITUNG**
Europa, Brasilien, USA, Kanada, Neuseeland

**WEITERE NAMEN**
Blanc-Bleu Belge (BBB), Belgian Blue

**NUTZUNG**
Fleischrasse

**FAKTEN**
Schlachtkörperausbeute bis zu 80 %

**URSPRUNGSLAND** Belgien

Diese Rasse entstand etwa im Zeitraum 1850–1890 in Belgien (Name!). Es gibt zwei Schläge des WBB: ein Zweinutzungsrind (Milch/Fleisch) und einen Fleischtyp, der ab 1950 entwickelt wurde. Er ist, ähnlich wie die italienische «Razza Piemontese», besonders stark bemuskelt: Man bezeichnet solche Rinder als Doppellender; verantwortlich sind Mutationen im Myostatin-Gen, die bei reinerbigen Tieren zur Muskel-Hypertrophie (unkontrolliertem Muskelwachstum) führen. Der Fettansatz ist deutlich vermindert, das Fleisch extrem mager. Verglichen zu anderen Rassen benötigen ältere Tiere wegen des starken Muskelwachstums sehr proteinreiches Futter. Die massige Muskulatur kann jedoch zu Skelettdeformationen führen; zudem ist das Geburtsgewicht der Kälber so hoch, dass die Entbindung meist per Kaiserschnitt erfolgen muss. Die Haltung reinrassiger WBB-Rinder vom Fleischtyp ist daher umstritten und in einigen Ländern verboten. Reinrassige WBB-Bullen werden aber bei anderen Zweinutzungsrassen häufig als Kreuzungspartner eingesetzt.

Weißblaue Belgier vom Fleischtyp sind später marktreif als andere Rassen. Aufgrund der hohen Fütterungs-, Tierarzt- und weiteren Haltungskosten ist es nicht einfach, die Wirtschaftlichkeit zu beurteilen – ganz abgesehen von den Tierschutzaspekten.

# Limousin

**GEWICHT**
Kuh: 750 kg
Stier: 1150 kg

**WIDERRISTHÖHE**
Kuh: 140 cm
Stier: 148 cm

**FRUCHTBARKEIT/ABKALBEN**
1. Abkalben mit 24–32 Monaten

**VERBREITUNG**
In über 70 Ländern gehalten

**WEITERE NAMEN**
Limousine

**NUTZUNG**
Fleischrasse, teils Vaterrasse für Milchrinder

**FAKTEN**
Trotz anfangs schlecht bewerteter Fleischqualität wurde die Rasse schon 1857 als bestes europäisches Fleischrind prämiert.

**URSPRUNGSLAND** Frankreich

Die Rasse entstand in der Region Limousin am Rand des Zentralmassivs. Bereits 1886 wurde ein Herdbuch begründet, nach alten Dokumenten war dieses Rind aber schon 1770 im Limousin heimisch. DNA-Untersuchungen haben die Verwandtschaft mit vielen anderen, vorwiegend europäischen Rassen belegt. Das heutzutage so massige Limousin-Rind wog gegen Ende des 18. Jh. nur 300–350 kg; bereits 1862 brachten die Tiere aber 600 kg auf die Waage. Nach einem starken Rückgang nahmen die Bestände ab den 1960ern wieder zu; in Frankreich ist Limousin nach Charolais heutzutage die zweithäufigste Fleischrinderrasse.

Die Einführung genetisch hornloser Tiere war bei den Züchtern umstritten, da es Schwierigkeiten bei der Registrierung im Herdbuch gab. Aufgrund einer bestimmten Mutation im Myostatin-Gen neigen Limousin-Rinder zu besonderer Muskelfülle; diese verursacht allerdings keine Probleme beim Abkalben. Etwa 90–96 % der reinrassigen Limousin-Rinder sind für diese Mutation homozygot (reinerbig), was eine optimale, auch an die Nachkommen vererbte Bemuskelung garantiert. Die Schlachtkörperausbeute kann bis zu 80 % betragen. Das Fell ist rotbraun bis weizenfarben, aber auch andere Färbungen wie Schwarz sind erlaubt.

# Parthenaise

**GEWICHT**
Kuh: 875 kg
Stier: 1150 kg

**WIDERRISTHÖHE**
Kuh: 145 cm
Stier: 155 cm

**FRUCHTBARKEIT/ABKALBEN**
1. Abkalben mit 30–32 Monaten

**VERBREITUNG**
Frankreich, Benelux-Länder, Großbritannien, Irland, Kanada, USA

**WEITERE NAMEN**
Parthenais, Gâtinaise

**NUTZUNG**
Fleischrasse

**FAKTEN**
Das Fleisch erzielt Höchstpreise, sie sind 25 % höher als bei anderen europäischen Rassen.

**URSPRUNGSLAND** Frankreich

Das Parthenaise-Rind zählt zu den größten Rinderrassen der Welt und war ursprünglich ein Dreinutzungsrind (Milch, Fleisch, Arbeit). Die Rasse entstand rund um die Stadt Parthenay (Département Deux-Sèvres, Südwestfrankreich); ein Herdbuch wurde 1893 begründet. Andere Rassen wie Holstein-Rind, Normande und Charolais lieferten für die Milch- bzw. Fleischindustrie jedoch bessere Erträge als diese Dreinutzungsrasse. Als der Bedarf an Arbeitsrindern (Zugtieren) in der Landwirtschaft abnahm, züchtete man die Rasse im Lauf der letzten 70 Jahre zum Fleischrind um, damit eine wirtschaftliche Haltung weiter möglich war.

Die Fellfarbe ist hell- bis dunkelweizenblond, Flotzmaul, Augen- und Ohrenränder sowie Schwanzquaste sind schwarz, ebenso die harten Klauen und die Hornspitzen. Parthenaise-Rinder sind zwar kleiner als Weißblaue Belgier, weisen aber ebenfalls Doppellendigkeit (erhöhte Muskelmasse) auf und sind trotzdem leichtkalbiger. Allerdings sind die Färsen erst später ausgewachsen als bei anderen Rassen. Die Tiere sind trotz ihrer Größe beweglich, fruchtbar, robust und gedeihen unter verschiedensten Klimabedingungen. Der Schlachtkörper weist nur 8,8 % Fett auf, daher gilt das zarte Fleisch als gesund, zumal der Cholesteringehalt niedriger als bei Hühnerfleisch ist.

# Beefmaster

**GEWICHT**
Kuh: 500 kg
Stier: 1200 kg

**WIDERRISTHÖHE**
Kuh: 129 cm
Stier: 135 cm

**FRUCHTBARKEIT/ ABKALBEN**
1. Abkalben mit 24 Monaten

**VERBREITUNG**
USA, Brasilien, Südafrika

**WEITERE NAMEN**
«The Profit Breed» (Profit-Rasse)

**NUTZUNG**
Fleischbetontes Zweinutzungsrind

**FAKTEN**
Liefert unabhängig von heißer oder kalter Witterung gute Qualität.

**URSPRUNGSLAND** USA

Das Beefmaster entstand auf der Lasater-Ranch in Texas. Dort kreuzte man in einem Zuchtprogramm (1908 bis 1930er) Hereford- und Shorthorn-Kühe mit Brahman-Bullen. Die Rasse wurde 1954 registriert; damals befand sich der Betrieb schon in Colorado, wo die Herde mit kälterer Witterung zurechtkommen musste. Das Beefmaster, ursprünglich für das heiße texanische Klima gezüchtet, hat sich die Hitzetoleranz bis heute bewahrt – selbst in der Mittagshitze suchen die Tiere keinen Schatten auf, sondern grasen weiter. Die leichtkalbigen Mutterkühe liefern jährlich ein Kalb von etwa 35 kg und große Mengen guter Milch. Die Bullen sind deckfreudig, intelligent, gutmütig und nicht aggressiv. Die Fellfarbe ist normalerweise rot, gelegentlich weiß gefleckt, die Rinder sind gehörnt oder genetisch hornlos.

Für die Begründer der Rasse zählten vor allem die Produktivitätseigenschaften der Rinder. Der genaue Stammbaum der Beefmasters ist nicht bekannt, stattdessen konzentrierte man sich – auch heute noch – auf die «Six Essentials» (sechs Schlüsselpunkte): Veranlagung, Fruchtbarkeit, Gewicht, Konformation, Widerstandsfähigkeit und Milchproduktion. Dank dieses Erfolgsrezepts ist Beefmaster inzwischen die vierthäufigste Rasse der USA.

# Wagyu

**GEWICHT**
Kuh: 512 kg
Stier: 809 kg

**WIDERRISTHÖHE**
Kuh: 129 cm
Stier: 145 cm

**FRUCHTBARKEIT/ ABKALBEN**
1. Abkalben mit 22–24 Monaten

**VERBREITUNG**
Japan, Australien, USA, Kanada, Großbritannien

**WEITERE NAMEN**
Washu

**NUTZUNG**
Fleischrasse

**FAKTEN**
Gehört zum teuersten Rindfleisch der Welt.

**URSPRUNGSLAND** Japan

*Wagyu* bedeutet, wörtlich übersetzt, «japanisches Rind» und ist ein Sammelbegriff für die vier japanischen Rinderrassen: Japanese Black (Schwarzes Japanisches Rind, *Kuroge Wagyu/Washu*), Japanese Brown (Braunes Japanisches Rind, *Akage Wagyu/ Washu*), Japanese Shorthorn und Japanese Polled (hornlos). Mit etwa 90 % macht Japanese Black den größten Teil des japanischen Bestandes aus, auf Brown entfallen 9 %, auf Shorthorn 1 %, und Polled ist selten. Kühe und Stiere sind gehörnt, nur bei Polled sind beide genetisch hornlos. Die Wagyu-Rinder stammen von heimischen japanischen Rassen ab, die im 20. Jh. mit europäischen Rassen gekreuzt wurden. Das Fleisch ist sehr fein marmoriert, äußerst zart und weltweit bekannt und begehrt.

Es gibt verschiedene Schläge des Japanese Black, darunter den *Tajima*-Schlag; sein Fleisch darf als Kobe-Rind verkauft werden, wenn die Tiere in der Präfektur Hyogo (mit der Stadt Kobe als Verwaltungssitz) aufgezogen wurden. Das Kobe-Fleisch gilt als exklusive Delikatesse und erzielt Höchstpreise (je nach Teilstück über 1000 Euro pro Kilo). Es darf erst seit 2012 exportiert werden. Reinrassige Wagyu-Kühe kosten rund 25 000 Euro – mehr als 10-mal so viel wie ein Angus-Rind.

# Aberdeen Angus

**GEWICHT**
Kuh: 550 kg
Stier: 850 kg

**WIDERRISTHÖHE**
Kuh: 118 cm
Stier: 135 cm

**FRUCHTBARKEIT/ ABKALBEN**
1. Abkalben mit 22–24 Monaten

**VERBREITUNG**
Großbritannien und restliches Europa, Australasien, Südafrika, Nord- und Südamerika

**WEITERE NAMEN**
Angus, Aberdeenrind

**NUTZUNG**
Fleischrasse

**FAKTEN**
Gut marmoriertes, feinfaseriges Fleisch

**URSPRUNGSLAND** Schottland (UK)

Diese Rasse entstand in den Grafschaften Angus und Aberdeenshire in Ostschottland; der übliche schwarze Farbschlag wird auch als Black Angus bezeichnet, der seltenere rote Schlag als Red Angus. Alle Tiere sind genetisch hornlos. Die robuste, mittelgroße Rasse existiert seit dem 16. Jh. Inzwischen ist Black Angus in den USA das Fleischrind mit der größten Verbreitung und in Großbritannien die zahlenmäßig wichtigste heimische Rinderrasse. In Australien ist jedes vierte Rind als Angus registriert, in Ländern wie Argentinien, Kanada und Neuseeland gehört es zu den vorherrschenden Rassen. Angus-Fleisch ist zum Teil wegen seiner Verbindungen zur Fast-Food-Industrie so beliebt; diese schätzt gutes Qualitätsfleisch, das zudem zuverlässig lieferbar und erschwinglich ist.

Bei Angus-Rindern sind vier rezessiv vererbte Gendefekte verbreitet, die vor allem den Bewegungsapparat betreffen; die Träger werden heute über Gentests ermittelt. Die Kühe haben gute Muttereigenschaften, die Trächtigkeit ist ein paar Wochen kürzer als bei den meisten europäischen Rassen. Zudem sind die Tiere sehr raschwüchsig und frühreif. Die Bullen gelten als aggressiv, daher muss man im Umgang mit ihnen vorsichtig sein. Aus den USA stammt das beliebte Brangus-Rind, eine Kreuzung aus Angus und Brahman.

# Beefalo

**GEWICHT**
Kuh: 680 kg
Stier: 900 kg

**WIDERRISTHÖHE**
Kuh: 140 cm
Stier: 142 cm

**FRUCHTBARKEIT/ ABKALBEN**
Fruchtbar mit 24–36 Monaten

**VERBREITUNG**
USA, Kanada, Australien

**NUTZUNG**
Fleischrasse

**FAKTEN**
Das Fleisch enthält bei gleichem Porteingehalt 66 % weniger Kalorien, 79 % weniger Fett, 33 % weniger Cholesterin als «normales» Rindfleisch, Geflügel oder sogar Kabeljau.

**URSPRUNGSLAND** USA

Das Beefalo (ein Kofferwort aus *beef* und *buffalo*) ist eine Kreuzung aus *Bos taurus* (meist dem Bullen) und Amerikanischem Bison. Beefalo-Rinder sehen meistens eher wie normale Rinder als Bisons aus und dürfen laut Rassestandard max. 37,5 % Bisonerbe haben. Bereits 1749 hatte man spontane Bison-Hausrind-Kreuzungen in freier Natur gefunden und diese seit dem 19. Jh. gezielt durchgeführt. Insgesamt bezeichnet man diese Hybriden als Cattalo, dies schließt also auch Rinder mit mehr als 37,5 % Bisonanteil ein. Über die Jahre führte man etliche Zuchtprogramme durch, kombinierte dabei Kühe und Bullen verschiedener Rassen in jeweils wechselnden Anteilen und bewertete Fruchtbarkeit, Anzahl der Nachkommen und weitere Eigenschaften. Das wichtigste Zuchtziel war ein robustes Rind mit günstigem Milchertrag und guter Fleischqualität. Beefalo sind leichtkalbig und umgänglicher als Bisons, dabei raschwüchsig und durch ihr dickes Fell kälteresistent.

Inzwischen hat sich allerdings gezeigt, dass es nur mehr vier Bisonherden ohne Einkreuzung von Hausrindern gibt; das reinblütige Amerikanische Bison wird daher als «potenziell gefährdet» eingestuft. Verbraucher schätzen am Beefalo-Fleisch, dass es von frei laufenden Tieren stammt und frei von Antibiotika- oder Steroidrückständen ist.

# Texas Longhorn

**GEWICHT**
Kuh: 450 kg
Stier: 800 kg

**WIDERRISTHÖHE**
Kuh: 122 cm
Stier: 152 cm

**FRUCHTBARKEIT/ ABKALBEN**
Fruchtbar ab 12–13 Monaten, 1. Abkalben mit 24 Monaten

**VERBREITUNG**
Inzwischen in andere Länder importiert

**WEITERE NAMEN**
American Longhorn

**NUTZUNG**
Fleischrasse; Ochsenreiten, Schauvorführungen

**FAKTEN**
Das sehr magere Fleisch hat einen niedrigen Cholesteringehalt.

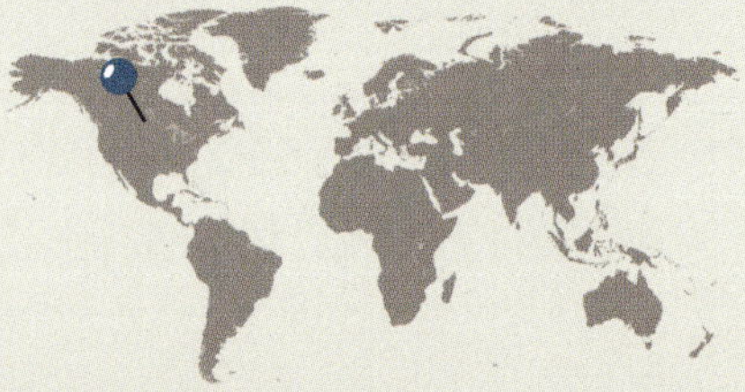

**URSPRUNGSLAND** USA, Kanada

Die Kühe und Stiere dieser Rasse tragen Hörner, die von Spitze zu Spitze rund 1,8 m messen. Die Texas Longhorns stammen von Rindern ab, die 1493 mit Kolumbus in die Neue Welt gelangten; später importierten die Spanier weitere Tiere, die verwilderten und jahrhundertelang im Gebiet des späteren Bundesstaats Texas umherstreiften. Das Texas Longhorn entwickelte sich zu einem robusten, genügsamen Rind, das auf ertragsarmen Flächen auch mit minderwertigem Weidefutter überleben kann, Dürrezeiten übersteht und meilenweit umherläuft. Nach der Kreuzung mit verwilderten mexikanischen Rindern wurden die Longhorns zahmer und auf Viehranches gehalten.

Im 19. Jh. trieb man die Texas Longhorns 2500 km weit bis in den Norden der USA, um sie dort zu vermarkten. Pro Herde waren es meist 2000 Tiere; beim größten Viehtreck 1869 zählte man 15 000 Rinder. Später verlor das Longhorn an Bedeutung, da das magere Fleisch zu wenig Talg lieferte, der damals für die Kerzenproduktion begehrt war. Diese inzwischen so gesuchte Rasse – ein Preisbulle kostet um die 33 500 Euro, der zehnfache Spitzenpreis ist möglich – stand damals kurz vor dem Aussterben. Die Rettung kam durch den US Forest Service; auch heute noch wird das Texas Longhorn als «vom Aussterben bedroht» eingestuft.

# Schottisches Hochlandrind

**GEWICHT**
Kuh: 470 kg
Stier: 700 kg

**WIDERRISTHÖHE**
Kuh: 100 cm
Stier: 117 cm

**FRUCHTBARKEIT/ ABKALBEN**
1. Abkalben mit 24–36 Monaten

**VERBREITUNG**
Weltweit

**WEITERE NAMEN**
Highland (Cattle), Scottish Highland, Kyloe

**NUTZUNG**
Fleischrasse (etwas Milch)

**FAKTEN**
Die Milch hat einen hohen Milchfettgehalt.

**URSPRUNGSLAND** Schottland (UK)

Bereits seit 1954 hält Queen Elizabeth II. eine eigene Herde der Highland Cattle auf ihrem Anwesen in Balmoral (Schottland) – sicher auch deshalb, weil das Fleisch dieser Rasse hervorragend ist. Das Schottische Hochlandrind stammt vom hamitischen Langhornrind ab und existierte früher in zwei Linien: einem kleineren, meist schwarzen Schlag (dem eigentlichen Kyloe) auf den westlichen Inseln sowie einem größeren, meist rötlichen Schlag in den gebirgigen Highlands. Durch Kreuzung entstand aus diesen beiden die moderne Erscheinungsform des Hochlandrinds.

Mit den langen, ausladenden Hörnern und dem langen, zottigen Fell ist dieses robuste Rind unverkennbar. Durch das doppelte, wasserabweisende Haarkleid ist es besonders gut vor kalter, nasser Witterung geschützt und lebt ganzjährig im Freiland. Es ist sehr genügsam, was die Nahrung angeht, und eignet sich bestens zur Extensivhaltung und Landschaftspflege. Die Rasse ist gutmütig und relativ unproblematisch im Umgang. Das Haarkleid ist meist rot, kann auch braun, gelb, schwarz, seltener gestromt, grau oder weiß gefärbt sein; die Färbung wird durch mindestens drei Farbgene (*MC1R*, *PMEL* und *SILV*) bestimmt.

# Galloway & Belted Galloway

**GEWICHT**
Kuh: 550 kg
Stier: 800 kg

**WIDERRISTHÖHE**
Kuh: 120 cm
Stier: 135 cm

**FRUCHTBARKEIT/ ABKALBEN**
1. Abkalben mit 29–36 Monaten

**VERBREITUNG**
Australien, Brasilien, Kanada, Frankreich, Deutschland, USA, Niederlande, Neuseeland

**NUTZUNG**
Fleischrasse (etwas Käse)

**FAKTEN**
Hervorragende Fleischqualität

**URSPRUNGSLAND** Schottland (UK)

Die Galloways entstanden im 17. Jh. in Schottland; heute gibt es weltweit etwa 10 000 Tiere. Die Rasse stammt zwar von horntragenden Rindern ab, ist aber genetisch hornlos. Da das Handling hornloser Tiere einfacher und sicherer ist, wurde das Merkmal gezielt selektiert. Das doppellagige Fell hat langes, welliges Deckhaar (praktisch wasserdicht) und dichtes, wärmeisolierendes Unterhaar. In der wärmeren Jahreszeit wird ein Sommerfell ausgebildet. Galloway-Rinder sind normalerweise schwarz *(black)*, ferner rotbraun *(red)* und falbfarben *(dun)*; Mutationen im *MC1R*- bzw. *PMEL*-Gen spielen bei den Farbschlägen eine Rolle.

Das Belted Galloway mit seinem auffälligen weißen «Gürtel» wurde 1921 offiziell als Rasse anerkannt. Es stammt direkt vom Galloway ab; möglicherweise war das niederländische Lakenvelder als Kreuzungspartner beteiligt. Die Rasse wurde weltweit exportiert, zurzeit ist der Bestand in den USA mit rund 18 400 Tieren etwa 5-mal so groß wie in Schottland. In Großbritannien gingen die Zahlen 2001 während der Maul- und Klauenseuche stark zurück, konnten sich aber erholen. Für den Aufschwung der Galloway-Rinder ist die starke Nachfrage nach exzellentem Fleisch verantwortlich, außerdem sind Rassen für die Extensivhaltung begehrt.

# Charolais

**GEWICHT**
Kuh: 1000 kg
Stier: 1400 kg

**WIDERRISTHÖHE**
Kuh: 135 cm
Stier: 145 cm

**FRUCHTBARKEIT/ ABKALBEN**
1. Abkalben mit 24 Monaten

**VERBREITUNG**
Weltweite Verbreitung begann in den 1930ern und nahm ab den 1950ern zu.

**NUTZUNG**
Fleischrasse, früher auch Milch- und Arbeitsrind

**FAKTEN**
Das hellrote, zart marmorierte, dabei magere Fleisch ist berühmt.

**URSPRUNGSLAND** Frankreich

Diese weiße oder cremefarbene Rasse mit rosa Flotzmaul sowie hellen Klauen und Hörnern ist unverkennbar. Inzwischen wurden auch schwarz- und rotfellige Schläge gezüchtet. Das Charolais-Rind entstand in Frankreich (nach manchen Angaben bereits um 878 n. Chr.); mit 4 Mio. Tieren ist es dort das häufigste Fleischrind. Bullen können bis zu 2000 kg auf die Waage bringen; zudem sind die großen, massigen Tiere gehörnt und relativ aggressiv. Daher ist die Haltung nicht ganz einfach, vor allem wenn männliche Tiere gemeinsam gehalten werden. Aufgrund des starken Mutterinstinkts können die Kühe aggressiv reagieren, wenn sie sich bedroht fühlen. Das Charolais ist nicht als Vaterrasse für kleinere Rassen geeignet, da es zu Geburtskomplikationen und Gebärmuttervorfall bei den kleineren Mutterkühen kommen kann.

Charolais-Rinder sind gut an kältere Witterung angepasst und ferner durch ihr kurzhaarigeres Sommerfell relativ hitzetolerant. Wegen der geringen Pigmentierung kommen sie allerdings mit intensiver Sonneneinstrahlung nicht gut zurecht; sie leiden eher als andere Rassen unter Sonnenbrand oder Augentumoren. Progressive Ataxie ist eine für Charolais-Rinder typische Erbkrankheit; auch Gaumenspalten und einige andere Probleme können bei dieser insgesamt robusten Rasse auftreten.

# Devon

**GEWICHT**
Kuh: 570 kg
Stier: 1100 kg

**WIDERRISTHÖHE**
Kuh: 130 cm
Stier: bis 175 cm

**FRUCHTBARKEIT/ ABKALBEN**
1. Abkalben mit 24–36 Monaten

**VERBREITUNG**
Auf fünf Kontinenten verbreitet

**WEITERE NAMEN**
North Devon, Red Ruby, Red Devon

**NUTZUNG**
Fleischrasse (etwas Milch)

**FAKTEN**
Ursprünglich ein Zweinutzungsrind

**URSPRUNGSLAND** England (UK)

Beim Devon-Rind unterscheidet man das eigentliche, ursprüngliche Devon-Rind (North Devon) als eigene Rasse vom jüngeren South Devon. Das North Devon hat ein rotbraunes bis lohfarbenes Fell, während es beim South Devon gelblich/bräunlich ist. Das North Devon zählt zu den alten südenglischen Rotvieh-Rassen; es wurde mit Hereford, Sussex, Lincoln Red und Red Poll gekreuzt. Es ist ein starkes, robustes Rind mit hoher Krankheits- und Parasitenresistenz. Im 17. Jh. importierte man Devon-Rinder nach Nordamerika und züchtete daraus die Rasse American Milking Devon. Letztere wäre in den 1970ern beinahe ausgestorben, sie ist immer noch gefährdet und wird durch spezielle Programme gefördert.

Die Rasse South Devon gehört zu den größten Rindern überhaupt (der schwerste Bulle wog 2000 kg). Angeblich stammen die South Devon von einer normannischen Rotvieh-Rasse ab, die mit Wilhelm dem Eroberer (1066) nach England gelangte. Zuchtprogramme mit immer größeren Bullen haben zu einer Zunahme von Geburtskomplikationen geführt. Insgesamt ist das South Devon jedoch robust und leichtkalbig, verfügt über gute Muttereigenschaften und reichlich Milch für die Kälber. Dank langem Winterfell und glattem, kurzem Sommerfell können die Tiere sich an verschiedene Klimaverhältnisse anpassen; sie liefern Fleisch und Milch von hoher Qualität.

# Droughtmaster

**GEWICHT**
Kuh: 550 kg
Stier: 930 kg

**WIDERRISTHÖHE**
Kuh: 120 cm
Stier: 150 cm

**FRUCHTBARKEIT/ ABKALBEN**
1. Abkalben mit 22–24 Monaten

**VERBREITUNG**
Afrika, Asien, Lateinamerika, Naher Osten, Pazifikinseln

**NUTZUNG**
Fleischrasse

**FAKTEN**
1–2 Jahre alte Ochsen haben einen sehr mageren Schlachtkörper; das gleichmäßig marmorierte Fleisch zählt zu den besten bei den Zebu-Rassen.

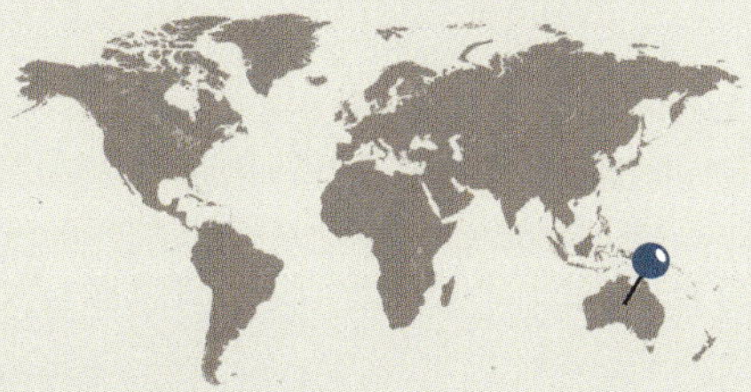

**URSPRUNGSLAND** Australien

Die Rasse Droughtmaster wurde im 20. Jh. von mehreren Rinderzüchtern gemeinsam in North Queensland (Australien) entwickelt. Wegen des dortigen Tropenklimas war das Zuchtziel ein hitzetolerantes und besonders zeckenresistentes Rind. Zu diesem Zweck wurden britische Rassen wie Beef Shorthorn und später Hereford mit der amerikanischen Zebu-Rasse Brahman gekreuzt, bis schließlich das heutige Droughtmaster, eine 50:50-Mischung aus *Bos indicus* und *B. taurus*, entstand. Neben Hitzetoleranz und Zeckenresistenz ist die Futtergenügsamkeit bemerkenswert, die Tiere gedeihen auch auf sehr kargen Weideflächen. Dank ihres Zebu-Erbes sind sie anspruchslos, verfügen über eine hohe Futterumwandlungsrate und sind ferner resistent gegen Blähsucht (Pansentympanie).

Droughtmaster sind im Umgang friedfertig und sexuell frühreif. Die lohbraune bis dunkelrote Fellfarbe bietet einen guten Sonnenschutz. Die Ohren sind meist groß, die Augen tief liegend oder durch Schlupflider geschützt, der Zebubuckel mäßig und die Wamme stark ausgeprägt. Die lockere Haut erleichtert die Wärmeabgabe. Inzwischen werden gezielt genetisch hornlose Schläge gezüchtet, da sie im Handling sicherer sind und die Probleme des Enthornens entfallen. Wie bei den meisten Rindern kann die Haut zu Leder verarbeitet werden.

# Chianina

**GEWICHT**
Kuh: 900 kg
Stier: 1350 kg

**WIDERRISTHÖHE**
Kuh: 160 cm
Stier: 165 cm
Ochse: bis zu 200 cm

**FRUCHTBARKEIT/ ABKALBEN**
1. Abkalben mit 32–37 Monaten

**VERBREITUNG**
Europa, Asien, Nord- und Südamerika, Australien

**NUTZUNG**
Fleischrasse, Arbeitsrind

**FAKTEN**
Ursprünglich Arbeitsrind, jetzt überwiegend Fleischrind

**URSPRUNGSLAND** Italien

Das Chianina ist eine der größten, schwersten und ältesten Rinderrassen der Welt; es soll bereits vor über 2200 Jahren existiert haben. Bis in die 1970er diente es in Italien als Arbeitsrind, heute wird es nur mehr bei Festumzügen eingesetzt. Die großen, robusten Ochsen und auch die Kühe sind bestens für die Feldarbeit geeignet, denn sie sind gutmütig, willig und stark. Man unterscheidet vier Schläge der Razza Chianina: das Chianina des Valdichiana (Chiana-Tals), das Perugina und das Valdarno (beide ausgestorben) und schließlich das Calvana. Letzteres ist seit 1985 als eigene Rasse anerkannt.

Im Jahr 1955 stellte der Bulle «Donetto» mit 1750 kg den damaligen Gewichtsrekord für Rinder auf. In Italien werden 90 % der Chianina in der Toskana (wo die Rasse zuerst gezüchtet wurde), Umbrien und Latium gehalten. Das Fleisch darf das «5R»-Siegel tragen, das den fünf in Italien autochthonen Rinderrassen (Chianina, Marchigiana, Maremmana, Romagnola, Podolica) vorbehalten ist. Es ist von hervorragender Qualität und weltweit begehrt. Die Kälber sind bei der Geburt recht klein (etwa 50 kg mit kleinem Schädel, daher wenig Geburtskomplikationen) und hellbraun gefärbt; das für die Rasse typische porzellanweiße Fell entwickelt sich erst nach ein paar Monaten.

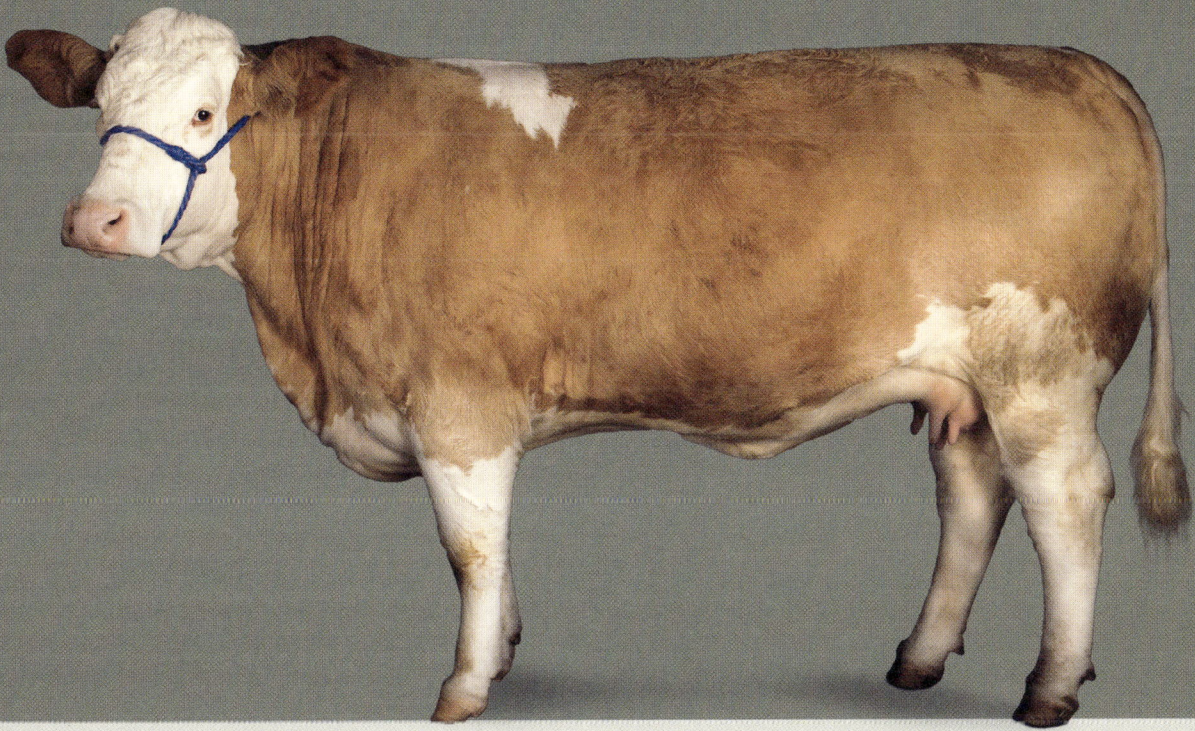

# Simmentaler, Fleckvieh

**GEWICHT**
Kuh: 900 kg
Stier: 1300 kg

**WIDERRISTHÖHE**
Kuh: 140 cm
Stier: 155 cm

**FRUCHTBARKEIT/ ABKALBEN**
1. Abkalben mit 22–24 Monaten

**VERBREITUNG**
Weltweit

**WEITERE NAMEN**
Simmental, Simmentaler Fleckvieh, Pie Rouge de Simmental

**NUTZUNG**
Zweinutzungsrasse, früher auch Arbeitsrind

**FAKTEN**
Die Tageszunahme bei Mastvieh kann 1440 g betragen.

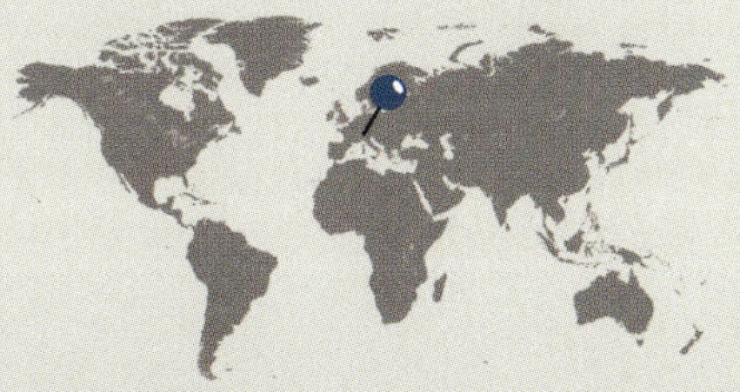

**URSPRUNGSLAND** Schweiz

Der Name dieser Rassengruppe geht auf das Simmental im Berner Oberland (CH) zurück, wo diese Rinder bereits im Mittelalter heimisch waren. Inzwischen gibt es weltweit 40 Mio. Rinder des Simmental-Typs – im deutschsprachigen Raum wird er meist einfach als «Fleckvieh» bezeichnet. Simmentaler sind besonders in den Ländern der ehemaligen Sowjetunion verbreitet, wurden dort mit lokalen Rassen gekreuzt und oft zu eigenen Rassen entwickelt. Fleckvieh ist sehr anpassungsfähig und robust, ein Erbe der Heimat im Alpenraum. Es kommt mit heißem und kaltem Klima zurecht und ist von Sibirien bis Afrika verbreitet. Die klassische Färbung ist hell- bis dunkelrotbraun mit weißem Kopf und weißer Scheckung; inzwischen gibt es auch andere Farbschläge. Die Tiere sind gehörnt oder genetisch hornlos. Das Simmentaler wird wegen seines marmorierten Fleischs, aber auch wegen der hervorragenden Milchleistung geschätzt: Proteingehalt 3,7 %, Fettgehalt 4,2 %; bis zu 6000 l in der ersten Laktationsperiode, danach bis zu 9000 l.

Zum traditionellen Bild der Schweizer Berge gehört in Kunst und Literatur oft eine Kuh mit Kuhglocke; dabei handelt es sich meist um Fleckvieh. Sogar die berühmte lila Milka-Kuh wurde nach dem Vorbild einer Simmentaler-Kuh gestaltet, und in den TV-Werbespots trat eine lila eingefärbte Kuh der Rasse Simmentaler Höhenfleckvieh auf.

# Tharparkar

**GEWICHT**
Kuh: 350 kg
Stier: 450 kg

**WIDERRISTHÖHE**
Kuh: 138 cm
Stier: 143 cm

**FRUCHTBARKEIT/ ABKALBEN**
1. Abkalben mit 38–42 Monaten

**VERBREITUNG**
Pakistan, Indien

**WEITERE NAMEN**
Thari, Thar-Rind, Kutch-Rind; früher: Weißes oder Graues Sindh-Rind

**NUTZUNG**
Milchrasse, Arbeitsrind

**FAKTEN**
Milch mit 5 % Fettgehalt

**URSPRUNGSLAND** Pakistan

Diese Zebu-Rasse stammt aus dem Distrikt Tharparkar (Provinz Sindh, Pakistan). Lokal wird der Tharparkar nach der nahe gelegenen Wüste Thar meist als «Thari» (Thari-Rind) bezeichnet, von den Bewohnern der Nachbarregion Kutch (Kachchh) auch als «Kutchi» (Kutch-Rind). Typisch für die Region sind große Dünengebiete, auf denen das Vieh weidet. Nur von Juli bis September entwickelt sich eine spärliche Pflanzendecke; in der übrigen Zeit müssen die Besitzer die Tiere mit Futter versorgen. Das Fell ist weiß bis grau gefärbt, manchmal auch rot, schwarz oder in einer Kombination dieser Farben, die Schwanzquaste ist schwarz, die Rückenlinie hellgrau bis weiß. Der Tharparkar hat eine leicht gewölbte Stirn, lange, etwas hängende Ohren sowie lyraförmige Hörner. Wamme und Buckel sind deutlich ausgeprägt, ähnlich wie bei anderen Rinderrassen, die in heißen Gegenden leben. Diese kräftig gebauten Rinder sind bestens als Zugtiere geeignet (besonders die Bullen).

Die Rasse zeigt häufig Einflüsse durch andere Rassen wie Kankrej, Red Sindhi (Rotes Sindh-Rind), Gir und Nagori. Professionelle Hirten (die «Maldar») versorgen meist Herden von 50–300 Tieren; diese halbwilden, frei laufenden Rinder sind aber oft aggressiv, bei Menschenkontakt werden sie zahmer.

# Buša

**GEWICHT**
Kuh: 230 kg
Stier: 400 kg

**WIDERRISTHÖHE**
Kuh: 110 cm
Stier: 118 cm

**FRUCHTBARKEIT/ ABKALBEN**
Geschlechtsreif mit 24 Monaten

**VERBREITUNG**
Osteuropa

**WEITERE NAMEN**
*Bos brachyceros europaeus*

**NUTZUNG**
Milch-, Fleisch-, Arbeitsrind

**FAKTEN**
Gemessen an der Körpergröße ist der Milchertrag hoch.

**URSPRUNGSLAND** Balkanhalbinsel

Die Geschichte des Buša-Rindes reicht bis in die Jungsteinzeit zurück; es leitet sich von ursprünglichen kurzhörnigen Rindern *(Bos brachyceros europaeus)* ab, die in viele Rassen eingekreuzt wurden. Relativ unverfälscht haben sich diese Rinder auf dem Balkan gehalten; sie sind z. B. im Kosovo recht beliebt, aber auch in den Gebirgsgegenden von Serbien verbreitet. Doch die Einkreuzung der heute gängigen Rinderrassen hat dazu geführt, dass es kaum mehr genetisch reine Linien gibt. Aufgrund ihrer Parasitenresistenz und Anspruchslosigkeit ist die Buša eine ideale Rasse für Kleinbauern, die auch auf kargen Flächen im Bergland ohne Zufütterung gedeiht.

Buša-Rinder sind in verschiedenen Schlägen auf der Balkanhalbinsel verbreitet und unterscheiden sich u. a. durch die Fellfarbe: Man findet rotfellige Tiere, graublaue, rote, schwarze und graue. Kuhkälber wiegen bei der Geburt nur 15–22 kg und erreichen ausgewachsen 180–270 kg. Für derart kleine Kühe ist eine Milchleistung von 1400 kg allerdings beachtlich (vor allem angesichts der kurzen Laktation von nur 240–280 Tagen).

# Ankole-Watusi & Watussirind

**GEWICHT**
Kuh: 500 kg
Stier: 600 kg

**WIDERRISTHÖHE**
Kuh: 165 cm
Stier: 198 cm

**FRUCHTBARKEIT/ ABKALBEN**
1. Abkalben mit 27–33 Monaten

**VERBREITUNG**
USA, Europa, Afrika, Australien, Südamerika

**WEITERE NAMEN**
Ankole Longhorn

**NUTZUNG**
Mehrnutzungsrasse

**FAKTEN**
Fleisch fettarm, geringer Cholesteringehalt

**URSPRUNGSLAND** Ostafrika, USA (Ankole-Watusi)

Die moderne Rasse Ankole-Watusi entstand im 20. Jh. in den USA und wurde 1983 offiziell als Rasse anerkannt. Sie geht aber auf eine Rasse aus der Gruppe der Sanga-Rinder zurück, die in Ostafrika unter verschiedenen Namen/Schlägen verbreitet ist: Am bekanntesten sind Watussirind (Ruanda, Burundi) und Ankolerind (Uganda). Diese Rinder sind vermutlich bereits um 4000 v. Chr. entstanden. In der Tat sind sie bereits auf ägyptischen Wandmalereien abgebildet und auf alten afrikanischen Höhlenmalereien als heilige Kulttiere dargestellt.

Wie das eigentliche Watussi- bzw. Ankolerind zeichnet sich auch das Ankole-Watusi durch mächtige Hörner aus. Sie besitzen den größten Hornumfang unter den Rindern. Das Haarkleid ist meist rot, kann aber auch anders gefärbt sowie weiß gescheckt, gefleckt oder gestromt sein. Die Tiere eignen sich als Milch-, Fleisch- oder Arbeitsrind; die Milch ist sehr fettreich (10 %). Man macht sich das geringe Geburtsgewicht der Kälber zunutze, indem man Watussi-Bullen mit den Färsen anderer Rassen verpaart, damit deren erstes Kalb klein ist und sie leicht abkalben können. Die genügsame robuste Rasse kommt mit recht wenig Wasser bzw. Futter und mit unterschiedlichen Klimabedingungen zurecht.

# Dexter

**GEWICHT**
Kuh: 325 kg
Stier: 450 kg

**WIDERRISTHÖHE**
Kuh: 100 cm
Stier: 108 cm

**FRUCHTBARKEIT/ ABKALBEN**
1. Abkalben mit 24–27 Monaten

**VERBREITUNG**
Afrika, Australien, Europa, Neuseeland, Nord-/ Südamerika

**WEITERE NAMEN**
Dexter-Kerry

**NUTZUNG**
Fleisch-, Milch-, Arbeitsrind, auch «Familienkuh»

**FAKTEN**
Eine Dexter-Kuh gibt im Vergleich zum Körpergewicht so viel Milch wie eine Jersey-Kuh.

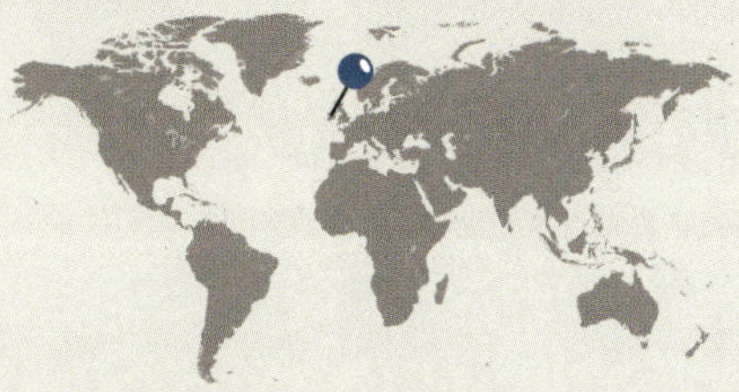

**URSPRUNGSLAND** Irland

Diese hübsche Rasse ist nur etwa halb so groß wie ein Hereford-Rind und damit die kleinste europäische Rinderrasse. Sie entstand in Irland und ist seit 1845 dokumentiert: Benannt ist sie nach einem Mr. Dexter, der einen Großteil der anfänglichen Züchtungsarbeit leistete. Die Fellfarbe ist überwiegend schwarz, doch auch Rot oder Graubraun kommen vor. Die meisten Tiere sind gehörnt, ein genetisch hornloser Schlag existiert seit den 1990ern. Aufgrund seiner kompakten Größe und Gutmütigkeit ist das Dexter inzwischen in Streichelzoos, Erlebnisbauernhöfen und Nebenerwerbsbetrieben verbreitet. Es eignet sich aber auch für eine wirtschaftliche Haltung, da es pro Laktationsperiode bis zu 4080 l Milch geben kann, die einen hohen Protein- und Milchfettgehalt hat. Das Fleisch ist wegen des guten Geschmacks und der kleinen Bratenstücke sehr beliebt.

Das Dexter wäre in den 1970ern beinahe ausgestorben, doch inzwischen haben die Bestände deutlich zugenommen und es gilt nicht mehr als gefährdet. Die Rasse kann vom Gendefekt Chondrodysplasie betroffen sein; die Träger des Gendefekts sind bis zu 20 cm kleiner als normal (man kann sie mit einem Gentest ermitteln). Wenn man zwei Träger verpaart, kommt es bei einem Viertel zum Abort eines missgebildeten Kalbes (Bulldog-Kalb).

# Brahman

**GEWICHT**
Kuh: 600 kg
Stier: 900 kg

**WIDERRISTHÖHE**
Kuh: 130 cm
Stier: 135 cm

**FRUCHTBARKEIT/ABKALBEN**
1. Abkalben mit 24–36 Monaten

**VERBREITUNG**
Weltweit

**WEITERE NAMEN**
American Brahman, Brahma

**NUTZUNG**
Fleischrasse; Ochsenreiten, «Bull Butting»

**FAKTEN**
Das Fleisch zeichnet sich durch einen gleichmäßig verteilten geringen Fett- bzw. hohen Muskelanteil aus.

**URSPRUNGSLAND** USA

Diese Rasse entstand in den USA; dort züchtete man seit 1885 aus verschiedenen indischen Zebu-Schlägen (Guzerat, Ongole/Nelore, Gir, Krishna Valley) eine neue Rasse, die man nach der obersten indischen Kaste (den Brahmanen) benannte. Der Zebubuckel ist deutlich ausgeprägt, das Haarkleid hellgrau bis kräftig rot/fast schwarz gefärbt. Seit vielen Jahren setzt man das Brahman zum Einkreuzen ein und hat aus Brahmans und taurinen Rindern etliche bekannte Hybridrassen gezüchtet, wie Droughtmaster (Beef Shorthorn-Hereford-Brahman), Beefmaster (Shorthorn-Hereford-Brahman), Girolando (Holstein-Brahman), Brangus (Angus-Brahman).

Das Brahman ist für Tropenverhältnisse geeignet, da es hitzetolerant und parasitenresistent ist sowie gut mit Sonne und hoher Luftfeuchtigkeit zurechtkommt (und sogar mit sehr kalten Temperaturen). Die lockere, faltige Haut und spezialisierte Schweißdrüsen helfen den Tieren beim Temperaturausgleich, sodass sie nicht so leicht überhitzen. In Australien weisen inzwischen über 50 % des Rinderbestands Brahman-Blut auf. Die Kühe haben einen sehr guten Mutterinstinkt, die Bullen sind deckfreudig. Ochsen und Bullen sind als Reittiere beliebt, da sie recht gutmütig, intelligent und zudem sehr muskulös sind.

# Vaynol

**GEWICHT**
Kuh: 325 kg
Stier: 425 kg

**WIDERRISTHÖHE**
Kleine bis mittelgroße Rasse, unter 137 cm

**FRUCHTBARKEIT/ ABKALBEN**
1. Abkalben ab 4–5 Jahren

**VERBREITUNG**
Großbritannien

**NUTZUNG**
Fleischrasse; Lederproduktion, Landschaftspflege

**FAKTEN**
Ist zwar ein Fleischrind, aber relativ langsamwüchsig und spätreif.

**URSPRUNGSLAND** Schottland und Wales (UK)

Die Herde stammt ursprünglich aus Schottland, lebte ab 1872 auf dem Landsitz Vaynol Park in Wales und wurde 1980 umgesiedelt, nachdem der Besitzer, Sir Michael Duff, gestorben war. In früherer Zeit konnten die Tiere wild und frei umherstreifen; inzwischen leben sie meist halbwild, sind aber trotz mehr Menschenkontakt noch recht scheu. Sie ähneln den weißen Wildrindern von Chillingham: Das Fell ist weiß oder schwarz (gelegentlich weiß mit schwarzen Sprenkeln), Ohren und Flotzmaul sind schwarz.

Das Vaynol ist als «vom Aussterben bedroht» eingestuft und zählt mit einer Herde von nur 150 Tieren zu den seltensten britischen Nutztierrassen. Die Schutzmaßnahmen umfassen sorgfältige Auswahl der Tierhalter und ein maßgeschneidertes Zuchtprogramm, bei dem das Sperma verstorbener Bullen eingesetzt wird. Die Herden werden an verschiedenen Orten in Yorkshire, Lincolnshire und Scotland gehalten, um Auswirkungen von eventuellen Tierseuchen zu vermeiden. Als Nächstes soll wieder eine Herde in Wales etabliert werden. Wegen des aktuell niedrigen Zuchtbestands muss man vermutlich jedoch warten, bis sich die Zahlen stabilisiert haben. Im Januar 2021 gab es eine Erfolgsmeldung, als das erste per Embryotransfer übertragene Vaynol-Kalb geboren wurde.

# Shorthorn

**GEWICHT**
Milch-Shorthorn-Kuh: 600 kg
Fleisch-Shorthorn-Kuh: 800 kg
Stier: 1000 kg

**WIDERRISTHÖHE**
Kuh: 130 cm
Stier: 140 cm

**FRUCHTBARKEIT/ABKALBEN**
1. Abkalben mit 24–30 Monaten

**VERBREITUNG**
Europa, Nord- und Südamerika, Afrika, Australien, Neuseeland

**NUTZUNG**
Fleischrasse, Milchrasse

**FAKTEN**
Gut marmoriertes Fleisch (Fleisch-Shorthorn)

**URSPRUNGSLAND** England (UK)

Das ursprüngliche Shorthorn entstand im 18. Jh. in Nordengland. Im Lauf der Zeit entwickelten sich zwei Zuchtrichtungen: Milch-Shorthorn und Fleisch-Shorthorn. Bereits 1822 wurde das Herdbuch (erstes Rinderherdbuch der Welt) begründet, und die Rasse wurde rasch in viele Länder exportiert. Mit 550 kg sind die Kühe des selteneren Northern-Dairy-Shorthorn-Schlags kleiner als Milch-Shorthorn-Kühe, liefern pro Laktationsperiode aber trotzdem 4500 l Milch (3–3,25 % Eiweiß; 3,5–4,5 % Milchfett), aus der vor allem Käse und Butter hergestellt werden.

Die Haarfarbe der Shorthorn-Rinder ist rot, weiß oder rotschimmelig *(roan)*; der Whitebred-Shorthorn-Schlag hat immer weißes Fell. Da Shorthorns weltweit gezüchtet wurden, haben sich weitere Schläge entwickelt, z. B. Deutsches Shorthorn, American Shorthorn, Poll Shorthorn und Australian Shorthorn. Gelegentlich tritt bei Shorthorn-Kälbern eine rezessive Erbkrankheit namens Tibiale Hemimelie (Tibialer Längsdefekt) auf; diese schweren Schienbein-Missbildungen machen ein Einschläfern der Kälber notwendig. Dank seiner wertvollen Eigenschaften (wenig Lahmheit, wenig Mastitis, deckfreudige Bullen) wird das Shorthorn gerne bei Gebrauchskreuzungen eingesetzt.

# Bargur

**GEWICHT**
Kuh: 250 kg
Stier: 300 kg

**WIDERRISTHÖHE**
Kuh: 115 cm
Stier: 118 cm

**FRUCHTBARKEIT/ ABKALBEN**
1. Abkalben mit 45 Monaten

**VERBREITUNG**
Indien

**WEITERE NAMEN**
Semmarai

**NUTZUNG**
Milchrasse; Dung, Urin, Arbeitsrind

**FAKTEN**
Maximalwerte von etwa 1300 kg Milch pro Laktation, im Durchschnitt aber rund 350 kg

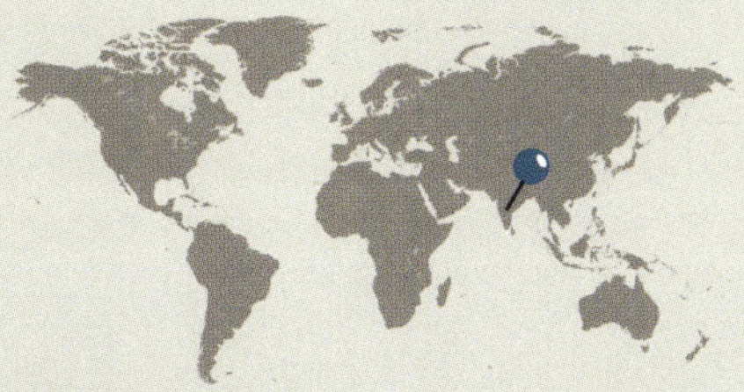

**URSPRUNGSLAND** Indien

Diese Zebu-Rasse stammt aus den Wäldern der Bargur-Berge in Tamil Nadu (Indien) und ist wegen ihres widerspenstigen Temperaments berüchtigt. Die Tiere sind an schroffes Gelände mit kargen Bedingungen angepasst; sie sind robust, genügsam und klein, aber sehr schnell. Bei der lokalen Bevölkerung (sie gehört oft zur Religionsgemeinschaft der Lingayat) gilt die Milch der Bargur-Kühe als heilkräftig. Die Rinder werden in Herden gehalten und sind für Kultur und Religion der streng vegetarischen Lingayat wichtig. So besteht eines der von ihnen verehrten Symbole für Shiva aus einem *Ishtalinga*, einem (meist an einer Halskette getragenen) Stein, der mit einer Paste aus Kuhdung und Asche überzogen ist.

Da der Bestand des Bargur-Rindes stark abgenommen hat (nur mehr 2500 reinrassige Tiere im Jahr 2007), wurden diverse Schutzmaßnahmen gestartet. Die Rinder grasen meist unter halbwilden Bedingungen im Wald und sind in Einfriedungen (sogenannten *Pattys*) untergebracht – eine extensive und klimaneutrale Form der Weidehaltung. Bargur-Rinder sind kompakt und kräftig, sämtlich gehörnt und besitzen ein rotbraunes, weiß geflecktes Haarkleid (selten rein braun oder weiß gefärbt). Sie werden als Zugtiere eingesetzt, doch auch Milch, Dung und Urin sind begehrte Produkte.

# Miniature Panda

**GEWICHT**
Kühe und Stiere
135–227 kg

**WIDERRISTHÖHE**
Weniger als 106 cm

**FRUCHTBARKEIT/ ABKALBEN**
1. Abkalben mit 24 Monaten möglich, doch das Kalb entspricht nicht immer dem Rassestandard

**VERBREITUNG**
Vorwiegend USA

**WEITERE NAMEN**
Panda-Kuh

**NUTZUNG**
Tierschau, «Familienkuh», manche Bullen für Junior-Rodeo

**FAKTEN**
Wegen der Seltenheit können diese Mini-Rinder über 25 000 Euro kosten.

**URSPRUNGSLAND** USA

Diese hübsche Rasse zeigt frappante Ähnlichkeit mit einem Großen Panda, ist aber leider noch seltener. Die erste Färse stammte aus der Anpaarung eines Miniatur-Bullen (75 % Dexter und 25 % Belted Galloway) und einer «Happy-Mountain-Cow»-Mutter (von der Happy Mountain Farm® im Staat Washington, USA). Angeblich gab es 2001 nur 24 Miniature-Panda-Rinder, inzwischen soll die Zahl bei 40 liegen. Die Rasse wurde medienwirksam präsentiert und schaffte es sogar in die Zeitschrift *Time*, als am Silvestertag 2010 ein kleiner Bulle namens Ben in Colorado geboren wurde. Auffällig sind der weiße Bauchring (durch eine Mutation im Belted-Gen, Erbe des Belted Galloway) und das weiße Gesicht mit schwarz eingefassten Augen.

Diese Miniaturrassen kommen mit 20 Ar Fläche pro Rind gut zurecht und sind deshalb besonders für Kleinst- und Nebenerwerbsbetriebe oder Streichelzoos geeignet. Die Futterumwandlungsrate ist gegenüber den normalgroßen Ursprungsrassen etwa 25 % günstiger, was die Haltung kosteneffizient macht. Die Zucht ist allerdings schwierig, vor allem wenn die Tiere den rassetypischen «Panda-Look» aufweisen sollen.

# Randall

**GEWICHT**
Kuh: 400 kg
Stier: 650 kg

**WIDERRISTHÖHE**
Kleine bis mittelgroße Rasse, variabel

**FRUCHTBARKEIT/ ABKALBEN**
Im Vergleich zu anderen Rassen spätreif

**VERBREITUNG**
USA, Kanada

**NUTZUNG**
Dreinutzungsrasse: Milch-, Fleisch-, Arbeitsrind

**FAKTEN**
Fleischqualität variabel: von gleichmäßig marmoriertem Fleisch bis zum mageren Schlachtkörper mit gelber Fettschicht

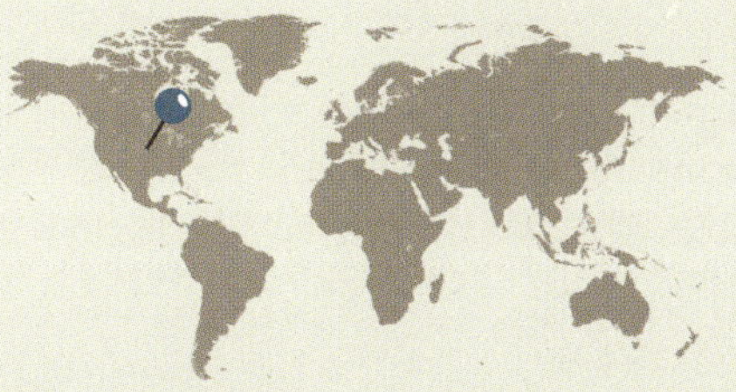

**URSPRUNGSLAND** USA

Diese Rasse entstand im 20. Jh. auf der Farm der Familie Randall in Vermont (USA). Das Randall ist sehr selten, zum Teil deshalb, weil die Tiere 80 Jahre lang als geschlossene Herde gehalten wurden. Nach dem Tod des Züchters Everett Randall wurde die Herde in alle Winde zerstreut, doch glücklicherweise kaufte Cynthia Creech später die Überreste zusammen. Sie war eigentlich Städterin, zog aber auf die alte Familienfarm und widmete sich der Erhaltung der Rasse, die zu diesem Zeitpunkt aus 5 Kühen, 4 Färsen, 2 Bullenjährlingen, 1 Bullenfresser, 2 weiteren Kälbern und 1 Zuchtbullen bestand – die meisten davon in schlechtem Zustand. Der Veterinärmediziner und Genetiker Prof. Phil Sponenberg entwarf ein eigenes Zuchtprogramm für die Rasse, um ihr Überleben zu sichern. Sie gilt zwar immer noch als «vom Aussterben bedroht», zählt inzwischen aber über 250 Zuchtkühe.

Randalls sind in Größe und Farbe variabel, sie sind meist schwarz über weiß und besitzen eine typische Rückenblässe. Diese robuste, anpassungsfähige Landrasse ist vor allem für Weidehaltung in Klein- und Nebenerwerbsbetrieben geeignet. Die Tiere sind sehr intelligent und verfügen über gute Muttereigenschaften.

# Anhang

# Glossar

**AUEROCHSE**: Gemeinsamer Vorfahr aller modernen Rinder.

**BUCKELRINDER** (*Bos primigenius indicus, Bos indicus* oder *Bos taurus indicus*), auch Zebus oder zebuine Rinder genannt, sind leicht an ihrem typischen Buckel auf dem Widerrist zu erkennen und stammen aus Asien (im Gegensatz zu den taurinen Rindern aus Europa).

**BULLE** oder **STIER**: Erwachsenes männliches Rind, das nicht kastriert wurde.

**DREINUTZUNGSRASSE**: Beim Rind meist eine historische/ursprüngliche Rasse, die zur Nutzung als Milch-, Fleisch- und Arbeitsrind (häufig als Zugtier) eingesetzt wurde. Zwei- und Dreinutzungsrassen kann man auch als **MEHRNUTZUNGSRASSEN** zusammenfassen; bei Mehrnutzungsrassen wird zusätzlich manchmal der Dung oder Urin verwendet.

**ENTHORNUNG/ENTKNOSPUNG**: Entfernung bereits existierender Hörner sowie das Ausbrennen oder Ausätzen von Hornanlagen bei Rindern und anderen Hornträgern wie Ziegen.

**ERSTKALBIN**: Kuh, die zum ersten Mal kalbt.

**FÄRSE** oder **KALBIN**: Geschlechtsreife Kuh bis zum ersten Kalben.

**FLEISCH- ODER MASTRIND/FLEISCHRASSE**: Wird in der fleischverarbeitenden Industrie genutzt; meist speziell zu diesem Zweck gezüchtete Rasse.

**FRESSER**: Jungtier nach dem Entwöhnen bis zu einem Alter von rund einem Jahr.

**JÄHRLING**: Ein- bis zweijähriges Rind.

**KALB**: Junges männliches oder weibliches Rind, das noch nicht entwöhnt ist und noch an der Mutter saugt; später spricht man vom Jungrind.

**KUH**: Weibliches Rind nach dem ersten Kalben. Der Begriff wird in der Umgangssprache auch generell für alle Hausrinder benutzt, da es mehr Kühe als Bullen gibt, vor allem in der Milchviehwirtschaft.

**LAKTATION**: Produktion und Sekretion von Milch; Zeitraum, in dem ein weibliches Säugetier Milch gibt (auch als Laktationsperiode bezeichnet).

**LANDRASSE, LANDSCHLAG**: Lokal angepasste, traditionelle Nutztierrasse («bodenständiger Schlag»), die sich im Lauf der Zeit vor allem durch natürliche Auslese entwickelt hat.

**MASTITIS**: Euterentzündung.

**MEHRNUTZUNGSRASSE** *siehe* Dreinutzungsrasse

**MILCHLEISTUNG**: Gesamte Milchmenge, die von einer Kuh im Lauf einer Laktationsperiode produziert wird.

**MILCHRIND/-RASSE**: Die Milch der Milchkühe wird in der milchverarbeitenden Industrie genutzt; meist speziell zu diesem Zweck gezüchtete Rasse.

**OCHSE**: Kastriertes männliches Rind.

**POLLED**: Genetisch (natürlich) hornlos; englischer Begriff, der bei der Züchtung von hornlosen Rindern eine Rolle spielt.

**RIND/RINDER**: Allgemeiner Begriff, der sich auf sämtliche Angehörigen der Tribus Bovini bezieht, ganz gleich, ob weiblich oder männlich, jung oder alt. Dazu gehören die Eigentlichen Rinder (Gattung *Bos*) und damit auch das Hausrind.

**SANGA-RIND**: Sammelbegriff für einheimische afrikanische Rinder südlich der Sahara.

**SCHLACHTKALB**: Kalb einer Milchviehrasse, das nur zur Fleischgewinnung verwendet wird.

**SCHNITZELKALBIN** *siehe* Zwicke

**SELEKTION, ZUCHTWAHL**: Auswahl von Tieren mit erwünschten Eigenschaften/Merkmalen zur Weiterzucht.

**TAURINES RIND**: *Bos taurus taurus*, auch als europäisches Rind bezeichnet.

**WIEDERKÄUEN**: Vorgang, im Laufe dessen eine Nahrungsportion (die aus Panseninhalt besteht) wieder hochgewürgt, erneut gekaut und wieder heruntergeschluckt wird. Pflanzenfresser mit mehrteiligem Wiederkäuermagen werden als Wiederkäuer bezeichnet.

**ZWEINUTZUNGSRASSE**: Beim Rind eine Rasse, die gleichermaßen auf Milch- wie auf Fleischproduktion selektiert wurde.

**ZWICKE, SCHNITZKALBIN (AUCH FREEMARTIN)**: steriles weibliches Rind; es handelt sich um weibliche Kälber aus Zwillingsgeburten, bei denen ein Zwilling ein Bullenkalb ist, denn in diesem Fall ist das weibliche Tier oft steril und entwickelt männliche wie weibliche Merkmale.

# Weiterführende Literatur


## BÜCHER

Budras, K.-D., Wünsche, A. (2002). *Atlas der Anatomie des Rindes*. Schlütersche, Hannover.

Fischer, R. (1995). *Permanent Farming Systems based on Animal Traction*. Vieweg, Braunschweig.

Frandson, R. D., Wilke, W. L., Fails, A. D. (2009). *Anatomy and Physiology of Farm Animals*. Wiley-Blackwell, UK.

Green, M. (2012). *Dairy Herd Health*. CABI, UK.

Hotton, N. (Ed.) (1986). *The Ecology and Biology of Mammal-like Reptiles*. Smithsonian Institution Press, Washington.

Lampert, W. (2019). *Die Kuh. Eine Hommage*. teNeues, Kempen.

Robertson, J., Vickers, M. (2013). *Better Cattle Housing Design*. Agriculture and Horticulture Development Board, UK.

Sambraus H. H. (2016). *Farbatlas Nutztierrassen. 263 Rassen in Wort und Bild*. Ulmer, Stuttgart.

Sanchez, M. F. (2009). *The Oestrus Cycle of the Cow: A Photographic Atlas*. Servet, Spanien.

van Vuure, C. (2005). *Retracing the Aurochs – History, Morphology, and Ecology of an Extinct Wild Ox*. Pensoft, Bulgarien.

## ARTIKEL

AHDB (2018) Use of vaccines in dairy and beef cattle production 2011–2017. Agriculture and Horticulture Development Board, UK. www. farmantibiotics. org

Anderson, D. E. & St. Jean, G. (2008). Management of fractures in field settings, in: *Veterinary Clinics: Food Animal Practice* 24, S. 567–582. DOI: 10.1016/j. cvfa.2008.07.006

Archer, S. C. & al. (2015). Claw length recommendations for dairy cow foot trimming, in: *Veterinary Record* 177: 222. DOI: 10.1136/vr.103197

Ballarin, C. & al. (2016). The brain of the domestic *Bos taurus*: weight, encephalization and cerebellar quotients, and comparison with other domestic and wild *Cetartiodactyla*, in: *PLoS One* 11: 4:e0154580. DOI: 10.1371/journal. pone.0154580

Beasley, M. J., Brown, W. A. B. & Legge, A. J. (1993). Metrical discrimination between mandibular first and second molars in domestic cattle, in: *International Journal of Osteoarchaeology* 3, S. 303–314. DOI: 10.1002/oa.1390030409

Bhakat, M. & al. (2015). Influence of semen collector on semen characteristics of Murrah buffalo and Crossbred bulls, in: *Advances in Animal and Veterinary Sciences* 3: 4, S. 253–258. DOI: 10.14737/ journal.aavs/2015/3.4.253.258

Bibi, F. (2007). Origin, paleoecology, and paleobiogeography of early Bovini, in: *Palaeogeography, Palaeoclimatology, Palaeoecology* 248: 1, S. 60–72. DOI: 10.1016/j. palaeo.2006.11.009

Booth, N., Briscoe, M. & Powell, R. (2000). Suicide in the farming community: methods used and contact with health services, in: *Occupational and Environmental Medicine* 57, S. 642–644. DOI: 10.1136/ oem.57.9.642

Byard, R. W. (2017). Farming deaths – an ongoing problem, in: *Forensic Science, Medicine and Pathology* 13: 1, S. 1–3. DOI: 10.1007/s12024-017-9839-8

Cao, Y., Lu, Z. & Liu, Z. (2016). Foot-and-mouth disease vaccines: progress and problems, in: *Expert Review pf Vaccines* 15: 6, S. 783–789. DOI: 10.15 86/14760584.2016.1140042

Decker, J. E. & al. (2014). Worldwide patterns of ancestry, divergence, and admixture in domesticated cattle, in: *PLOS Genetics* 10: 3. DOI: 10.1371/ journal.pgen.1004254

Eberhardt, B. G. & al. (2009). Influence of the breed of bull (*Bos taurus indicus* vs. *Bos taurus taurus*) and the breed of cow

(*Bos taurus indicus*, *Bos taurus taurus* and crossbred) on the resistance of bovine embryos to heat, in: *Animal Reproduction Science* 114: 1–3, S. 54–61. DOI: 10.1016/j.anireprosci.2008.09.008

Edwards, C.J. & al. (2010). A complete mitochondrial genome sequence from mesolithic wild aurochs (*Bos primigenius*), in: *PLoS ONE* 5: 2. DOI: 10.1371/journal.pone.0009255

Espe, D. & Cannon, C. Y. (1940). The length of the intestine of calves and its bearing on the absorption of the nutrients from the chyme, in: Journal of Dairy Science 23: 12, S. 1211–1214. www.journalofdairyscience.org/article/S0022-0302(40)92833-8/pdf

Farm Animal Welfare Council/Farm Animal Welfare Committee. Five Freedoms. Archived from the original on 2012-10-07. webarchive. nationalarchives.gov.uk

Grandin, T. (2001). Cattle vocalizations are associated with handling and equipment problems at beef slaughter plants, in: *Applied Animal Behavior Science* 71, S. 191–201. DOI: 10.1016/s0168-1591(00)00179-9

Green, L. E. & al. (2014). Temporal associations between low body condition, lameness, and milk yield in a UK dairy herd, in: *Preventive Veterinary Medicine* 113: 1, S. 63–71. DOI: 10.1016/j.prevetmed.2013.10.009

Groves, C. P. (1981). Systematic relationships in the Bovini (Artiodactyla, Bovidae), in: *Zeitschrift für zoologische Systematik und Evolutionsforschung* 19, S. 264–278. DOI: 10.1111/j.1439-0469.1981.tb00243.x

Gutiérrez-Gil, B., Wiener, P. & Williams, J. L. (2007). Genetic effects on coat colour in cattle: dilution of eumelanin and phaeomelanin pigments in an F2-Backcross Charolais × Holstein population, in: *BMC Genetics* 8: 56. DOI: 10.1186/1471-2156-8-56

Hämäläinen, P., Takala, J. & Kiat, T. B. (2017). Global estimates of occupational accidents and world-related illnesses. Ministry of Social Affairs and Health, Workplace Safety and Health Institute, Finland.

Hassanin, A. & Douzery, E. J. P. (1999). Evolutionary affinities of the enigmatic saola (*Pseudoryx nghetinhensis*) in the context of the molecular phylogeny of Bovidae, in: *Proceedings of the Royal Society B: Biological Sciences* 266: 1422, S. 893–900. DOI: 10.1098/rspb.1999.0720

Johnston, A. M. & Edwards, D. S. (1996). Welfare implications of identification of cattle by ear tags, in: *The Veterinary Record* 138: 25, S. 612–614. DOI: 10.1136/vr.138.25.612

Kirkwood, R. M. & al. (2018). Risk of iatrogenic damage to the sciatic nerve in dairy cattle, in: *The Veterinary Record* 182, 140. DOI: 10.1136/vr.104429

Knight-Jones, T. J. & Rushton, J. (2013). The economic impacts of foot and mouth disease – what are they, how big are they, and where do they occur?, in: *Preventive Veterinary Medicine* 112: 3–4, S. 161–173. DOI: 10.1016/j.prevetmed.2013.07.013

Kovács, L. & al. (2015). Heart rate and heart rate variability in dairy cows with different temperament and behavioural reactivity to humans, in: *PloS One* 10: 8. DOI: 10.1371/journal.pone.0136294

Lopez-Rios, J. & al. (2014). Attenuated sensing of SHH by Ptch1 underlies evolution of bovine limbs, in: *Nature* 511: 7507, S. 46–51. DOI: 10.1038/nature13289

Maheshwari, A. & al. (2015). Recent US case of Variant Creutzfeldt-Jakob Disease – global implications, in: *Emerging Infectious Diseases* 21: 5, S. 750–759. DOI: 10.3201/eid2105.142017

Marino, L. & Allen, K. (2017). The psychology of cows, in: *Animal Behavior and Cognition.* 4: 4, S. 474–498. DOI: 10.26451/abc.04.04.06.2017

Marshall, F. (1989). Rethinking the role of *Bos indicus* in Sub-Sahara Africa, in: *Current Anthropology* 30: 2, S. 235–240. DOI: 10.1086/203737

Meen, G. H. & al. (2015). Sound analysis in dairy cattle vocalization as a potential welfare monitor, in: *Computers and Electronics in Agriculture* 118, S. 111–115. DOI: 10.1016/j.compag.2015.08.028

Mort, M. & al. (2005). Psychosocial effects of the 2001 UK foot and mouth disease epidemic in a rural population: qualitative diary based study, in: *British Medical Journal* 331: 7527, S. 1234. DOI: 10.1136/bmj.38603.375856.68

Nepstad, D. & al. (2014). Slowing Amazon deforestation through public policy and interventions in beef and soy supply chains, in: *Science* 344: 6188, S. :1118–1123. DOI: 10.1126/science.1248525

Newsome, R. F. & al. (2016). Linking bone development on the caudal aspect of the distal phalanx with lameness during life, in: *Journal of Dairy Science* 99: 6, S. 4512–4525. DOI: 10.3168/jds.2015-10202

Okello, W. & al. (2015). Contribution of draft cattle to rural livelihoods in a district of southeastern Uganda endemic for bovine parasitic diseases: an economic evaluation, in: *Parasites & Vectors* 8. DOI: 10.1186/s13071-015-1191-9

Reincke, K., Saha, A. & Wyrzykowski, Ł. (2018). The global dairy world

2017/18 – results of the IFCN Dairy Report 2018. International Farm Comparison Network. ifcndairy.org

Sankar, R. & Archunan, G. (2004). Flehmen response in bull: role of vaginal mucus and other body fluids of bovine with special reference to estrus, in: *Behavioural Processes*. 67: 1, S. 81–86. DOI: 10.1016/j.beproc.2004.02.007

Siddiq, M. K., Khan, M. A. & Akhtar, M. (2016). Bos (Mammalia: Bovidae) from the Pinjor Formation of Sardhok, Pakistan, in: *Pakistan Journal of Zoology* 48: 4, S. 1071–1075.

Simpson, S., Rutland, P. & Rutland, C. S. (2017). Genomic insights into cardiomyopathies: a comparative cross-species review, in: *Vet Sci.* 4: 1, S. 19. DOI: 10.3390/vetsci4010019

Sinding, M.-H. S., Gilbert, M. T. P. (2016). The draft genome of extinct European aurochs and its implications for de-extinction, in: *Open Quaternary* 2, S. 7. DOI: 10.5334/oq.25

Takeda, K. & al. (April 2004). Mitochondrial DNA analysis of Nepalese domestic dwarf cattle Lulu, in: *Animal Science Journal* 75: 2, S. 103–110. DOI: 10.1111/j.1740-0929.2004.00163.x

Tatum, J. D. (2011). Animal age, physiological maturity, and associated effects on beef tenderness. White Paper. Cattlemen's Beef Board and National Cattlemen's Beef Association, USA.

The Genome Sequencing and Analysis Consortium, Elsik, C. G., Tellam, R. L. & Worley, K. C. (2009). The genome sequence of taurine cattle: a window to ruminant biology and evolution, in: *Science* 324: 5926, S. 522–528. DOI: 10.1126/science.1169588

Tullo, E., Finzi, A. & Guarino, M. (2019). Review: Environmental impact of livestock farming and Precision Livestock Farming as a mitigation strategy, in: *Science of The Total Environment* 650: 2, S. 2751–2760. DOI: 10.1016/j.scitotenv.2018.10.018

United Nations Industrial Development Organization (2010). Future trends in the world leather and leather products industry and trade. UNIDO, Vienna. leatherpanel.org

Val-Laillet, D. & al. (2009). Allogrooming in cattle: relationships between social preferences, feeding displacements and social dominance, in: *Applied Animal Behavior Science* 116: 2–4, S. 141–149. DOI: 10.1016/j.applanim.2008.08.005

Watts, J. M. & Stookey, J. M. (2000). Vocal behavior in cattle: the animal's commentary on its biological processes and welfare, in: *Applied Animal Behavior Science* 67: 1–2, S. 15–33. DOI: 10.1016/S0168-1591(99)00108-2

Wolf, J., Asrar, G. R. & West, T. O. (2017). Revised methane emissions factors and spatially distributed annual carbon fluxes for global livestock, in: *Carbon Balance and Management* 12: 16. DOI: 10.1186/s13021-017-0084-y

Zong, G. (1984). A record of *Bos primigenius* from the Quaternary of the Aba Tibetan autonomous region, in: *Vertebrata PalAsiatica* Vol. 22, No. 3, S. 239–245.

# Register


*A*

Abbildzüchtung 16, 79
afrikanische Rinder 165
Afterklaue 64, 65, 66
Aggression 23, 103, 105
Ägypten 23, 27, 140, 143, 165
Aktinobazillose 58
Aktinomykose 58, 59
Albert, Prinz 147
Albinorinder 77
Allogrooming 113
Alte Welt 26–27, 28, 32–33, 140
Amerikanischer Bison 20
Angus 112, 135, 147, 192
Ankole-Watusi 55, 204
Anoa 19
Antibiotika 58, 59, 117, 121, 122, 131, 155, 167
Antilopen 17, 18, 20, 21, 25, 142
Arbeitsrinder 136–137
Arni 19
Artenvielfalt *siehe* Biodiversität
asiatische Rinder 164
Auerochse *(Bos primigenius primigenius)* 7, 8, 14–17, 20, 23, 24, 26–27, 28, 30, 78–79, 149, 163, 164
Aufhellung 76
Augen 72–73
ausgestorbene Rassen 168
australasische Rinder 164
Ayrshire 130

*B*

Bali-Rind 20, 31
Banteng 17, 19, 20, 22, 31
Bargur 209
Beefalo 193
Beefmaster 190
Belarus-Rotvieh 177
Belmont Red 184
Belted Galloway 196
Berühmtheiten 147
Biestmilch 95, 96
Big Bertha 41
Bindung (Mutterkuh-Kalb) 95, 113
Biodiversität 149, 152, 154
Bison 16, 17, 19, 20, 25, 41, 103, 148, 149
Amerikanischer 20
Blähsucht 62
Blauzungenkrankheit 114, 117
Boran-Rind 77, 147
*Bos acutifrons* 17
*Bos palaesondaicus* 20
*Bos primigenius primigenius siehe* Auerochse
*Bos taurus indicus siehe* Zebu
*Bos taurus taurus siehe* taurine Rinder
Boselaphini 14, 17, 18, 21
Bovine spongiforme Enzephalopathie 88, 118
Bovine Virusdiarrhoe (BVD) 97, 115
Bovines Ephemeral-Fieber 116
Bovini 14, 17, 19–20, 25
Brahman 31, 206
Brown Swiss 180
BSE *siehe* Bovine spongiforme Enzephalopathie
*Bubalus* (Gattung) 19, 55
Buckelrind *siehe* Zebu
Buddhismus 143
Buša 203
Butter 133

*C*

Carora 77
Charakter 102–105
Charolais 76, 135, 197
Chianina 163, 200
Chillingham, Wildrind von 14, 149, 168
Clostridieninfektionen 116
Coriente (Criolo) 162
Cortés, Hernán 28, 29
Costeno con Cuernos 162
Cow Parade 146
Creutzfeldt-Jakob-Krankheit 118

*D*

Damaskus-Rind 25
Damietta-Rind 25
Dänemark 16, 128
Darwin, Charles 149
de Anza, Juan Bautista 28
Deckseuchen 91
Devon 120, 198
Dexter 76, 205
Di Modica, Arturo 146
Dilution 76
Diversität 168
DNA *siehe* Genom
DNA-Analyse 23, 26, 27, 32, 79, 141, 163
DNA-Impfstoff 115
DNA-Test 112
Domestikation 15, 16, 19, 20, 26–28, 32, 79, 148, 163, 164
Doppellender 112
Dreitagefieber 116
Droughtmaster 199
Dung 8, 139, 153

*E*

Enthornen 55, 116, 167
Entknospen 55, 167
Entwaldung 154, 169
Ernährung 57, 58–59, 60–63, 75, 86–88, 94, 96, 112, 131
Ethik 156–159
europäische Rinder 163
Euter 10, 23, 39, 48–49, 103, 109
Extremitäten 66–67

*F*

Farbschlag 76–77
Fellfarbe 76–77
Film 144, 145
Fleckvieh *siehe* Simmentaler
Flehmen 74, 90
Fleischkonsum 158–159
Fleischqualität 135
Flussbüffel 19
Fortpflanzung 90–91
Fortpflanzungssystem 42–43
Fruchtbarer Halbmond 27, 165

*G*

Galloway 196
Gaur 17, 19, 20, 22, 30, 149
Gayal 20
Geburt *siehe* Kalben
Geburtsnachsorge 95
Gedächtnis 106–109
Gefühle 99, 109
Gehör 37, 70–71
Gelbvieh 185
Genetik *siehe* Genom
Genom (Rind) 7, 16, 64, 78–79, 166, 169
Geruchssinn 74
Geschmackssinn 74–75
Gir 176
Girolando 178
Goodwill Zwelithini 147
Grandin, Mary Temple 158
Griechen (Antike) 104, 140, 143, 144
Größe 16, 37
Guernsey 131, 175

*H*

Haltung 82–85
Harrison, William Henry 147
Haut 110
Häute 138
Hayes, Rutherford B. 147
Heckrind 16
heilige Kühe 8, 104, 142
Herde, Leben in der 100–101
Hereford 38, 78, 112, 116, 186
Herz 68
Hinduismus 8, 139, 142
Hirst, Damien 146
historische Rassen 162–165
Hochlandrind, Schottisches 36, 41, 76, 77, 147, 171, 195
Höhlenmalerei 7, 17, 23, 146, 163
Holstein-Friesian 131, 181
Holstein-Rind 41, 112, 131, 147
Holzzunge 58
Hörner 16, 18, 54–55, 167
Hornlosigkeit, genetische *(Polled)* 55, 167
Hufe (Klauen) 64–65, 67, 110–111
Hunde 29
Hygiene 113

*I*

Illawarra 183
Immunsystem 40, 61, 63
Impfung 97, 114, 115, 121
infektiöse bovine Rhinotracheitis 119
Insemination 44–45
Islam 143
Island-Rind 182

*J*

Jainismus 143
Jersey 131, 147, 172
Judentum 143

*K*

Kalben 46, 94, 95, 99
Kälber 96–97, 99, 131
Kalbfleisch 32, 40, 131, 135, 159, 162
Käse 128–129, 133, 140, 144
Kastration 40, 43, 91, 105
Kauen (Mastikation) 58–59
Kiefer 37, 56–59
Klauenfäule 110
Kleinwüchsigkeit 112
Klimawandel 30, 168–169
Klonen 20, 79
Knochen *siehe* Skelett
Kohlendioxidemission 152–153, 154
Kolostrum 40, 95, 96, 97
Kolumbus, Christoph 28, 162
Konsumethik 158
Kopf *siehe* Schädel
Korea 16, 28, 119
Kouprey 17, 20
Krankheiten 58, 59, 91, 97, 112, 114–119
meldepflichtige 117–119
Kreuzung (von Rassen) 7, 93
Kuhschubsen 89
Kultur 21, 32–33, 54, 144–145; *siehe auch* Kunst, Religion
Kunst 33, 146; *siehe auch* Höhlenmalerei, Kultur

künstliche Besamung 44–45, 90, 91, 134, 151, 168

*L*

Lactoseintoleranz 151
Lahmheit 67, 131
Lautäußerungen 70, 98–99, 113
Lebenserwartung 41
Lebenszyklus 40–41
Leder 8, 126, 129, 138, 140, 141, 158
Leistungsschau 170–171
Leonardo da Vinci 146
Leukose 111
Limousin 188
Longhorn 77, 162
Lulu-Rind 79
Lumpy Jaw 58
Lunge 69
Lungenentzündung 69, 116

*M*

Magnetsinn 101
Marc, Franz 146
Marmorknochenkrankheit 112
Mastitis 112, 131
Maul- und Klauenseuche 118
Melken 128, 132, 147, 150
Mesopotamien 26, 30
Meteorismus 62
Methan 139, 153, 169
Milch, -leistung, -ertrag 10, 11, 38, 41, 48–49, 63, 82, 100, 130–133, 153, 155
  Produkte 127–128
  Pasteurisierung 151
  Lactoseintoleranz 151
Milchviehhaltung 130–133, 147, 150, 151
Milzbrand (Anthrax) 117
Mindoro-Büffel 19
Miniature Panda 168, 210
moderne Rassen 166–169
moderne Rinderhaltung 150–151, 159
Mongolei 16, 28
Museen 146
Musik 11, 128
Muskelprobleme 112

*N*

Nachhaltigkeit 154–155
Nahrung *siehe* Ernährung
Nebenprodukte aus Rindfleisch 135, 154
Nekrobazillose 58, 59
Nieren 69
nordamerikanische Rinder 162
Normande, Normanner Rind 173
Norwegisches Rotvieh 174

*O*

Ochsenreiten 137
Ohren 37, 70–71
Opfer 32, 141, 143
Organe 68–69, 111
Osteopetrose 112
Oxytocin 95, 128

*P*

Parthenaise 189
Pasteurisierung 151
Pflügen 136
Pink Eye 116
Pneumonie 69, 116
Precision Livestock Farming 154
*Pseudoryx* 20

*Q*

Queenslander 169

*R*

Randall 211
Regenvorhersage durch Kühe 109
Reinzucht 93
Religion 8, 21, 32, 139, 142–143, 157
Rempeln 103
Rennin 133
Rifttalfieber 117
Rinder als Mannschafts-symbol 144, 145
Rindergenom 7, 16, 64, 78–79, 92, 166, 169
Rindfleischindustrie 8, 10, 41, 127, 134–135
Robustheit 167
Römer (Antike) 15, 32, 33, 89, 104, 140
Rotvieh, Norwegisches 174
Rückzüchtung 79
Ruhen 88

*S*

Sahiwal 168, 179
Salers 163
Sanga-Rind 16, 28, 33, 165
Saola 19, 20
Saugen 40, 48, 49, 58, 95
Säugetiere 36–38
Schächten 143
Schädel 16, 54
Schlachten 40, 41, 99, 131, 135, 143, 150, 157, 158
Schlaf 86, 88, 89
Schottisches Hochlandrind 36, 41, 76, 77, 147, 171, 195

Sehsinn 72–73
seltene Rassen 168
Shakespeare, William 128
Shorthorn 77, 208
Simmentaler 76, 112, 201
Skelett 16, 52–53, 68, 112
soziale Fellpflege 113
Speckles 112
Sprungvermögen 145
Stammbaum 14, 25
Steroide 120, 122
Stierkampf/-lauf 104, 156
Stoffwechselrate 24, 37
Suchbulle 90
südamerikanische Rinder 162
Sumpfbüffel 19
Sussex 163
*Syncerus* 20

*T*

Taft, Howard 147
Tamarau 19
Taoismus 143
Tastsinn 75
taurine Rinder *(Bos taurus taurus)* 15, 16, 19, 20, 22, 24–25, 26, 27, 28, 30, 33, 79, 130, 162, 163, 164
*teaser bull* 90
*Tetracerus* 17, 18
Texas Longhorn 28, 55, 194
Tharparkar 202
Tierschutzgesetz (Fünf Freiheiten) 85
Trächtigkeit 46–47, 91, 94
Tragelaphini 14, 17, 18, 20–21, 25
Treibhausgase 152–153
Tuberkulose 116
turano-mongolische Rinder 16, 28

*U*

Umwelt, Einflüsse auf die 149, 152–155, 168–169

*V*

Vaynol 168, 207
Vegetarismus/Veganismus 8, 142, 143, 158–159
Verdauungssystem 60–63, 86
  Störungen 111
Verdünnung 76
Verhalten 11, 23, 99, 102–105, 113, 167
  gegenüber Menschen 150
Verletzungen 110–113
verwilderte Rinder 148–149
Vibrionenseuche 91
Villalobos, Gregorio 29
Vorfahren 14–17
Vormilch 40, 95, 96, 97

*W*

Wagyu 135, 191
Waldrind, Vietnamesisches 19, 20
Waldrodung *siehe* Entwaldung
Wappenmotiv, Rinder als 145
Warhol, Andy 146
Washington, George 59
Wasserbüffel 19, 21, 30, 55
Watussirind 165, 204
Weidekeratitis 116
Weißblaue Belgier 77, 112, 145, 187
Weiße-Linie-Defekt 110
Wettbewerbe 170–171
Wiederkäuen 58–59, 86
Wikinger 8, 30, 33, 141, 143
Wildrind von Chillingham 14, 149, 168
Wildrinder 14, 148–149
Wirtschaftsfaktor, Rind als 10, 126–129
Wisent 16, 20
Wohlergehen, Rind 11, 85, 150, 157
Wohlergehen, Landarbeiter 122–123

*Y*

Yak 17, 19, 20, 22, 30, 79

*Z*

Zahmheit 167
Zähne 56–59
Zebu *(Bos taurus indicus)* 8, 15, 16, 20, 22, 24, 25, 27, 28-29, 30, 31, 33, 79, 88, 130, 162, 164
Zoonosen 91, 116, 117
Zucht 41, 44–45, 92–93, 166–167
  auf spezielle Merkmale 92–93
  moderne Rassen 79, 166–169
Zuchtschau 170–171
Zugtier 32, 129, 136
Zwergbüffel 19
Zwicken 91

# Die Autorin

**Catrin Rutland** ist Assistenzprofessorin für Anatomie und Entwicklungsgenetik an der University of Nottingham, School of Veterinary Medicine and Science (GB). Sie erwarb ihren Bachelor-Abschluss in Angewandter Biologie an der Derby University, ihren Master an der University of Nottingham und der Technischen Universität München (D) und schloss schließlich in Nottingham ihren PhD und Medical Education Masters ab.

Catrin Rutlands Forschung ist weltweit anerkannt; ihr Schwerpunkt liegt vor allem auf Herz-Kreislauf-Erkrankungen wie Kardiomyopathien und auf Tumorerkrankungen, umfasst aber auch ein breites Spektrum anatomischer Untersuchungen. Bei ihrer Arbeit mit Rindern geht es vorwiegend um Lehrveranstaltungen zur Rinderanatomie und um Untersuchungen zu Lahmheit, Fortpflanzung und Herz-Kreislauf-Problemen. Methodisch kombiniert sie dabei Untersuchungen auf Herdenebene mit mikroskopischen Zellanalysen unter Berücksichtigung von Genetik sowie MRI- und CT-Tomografie, um Rinder und ihren Körper möglichste genau zu verstehen.

Sie hat mehr als zweihundert wissenschaftliche Abstracts, Buchkapitel, Bücher und wissenschaftliche Publikationen verfasst. Ferner hat sie in der Zeitschrift *Frontiers for Young Minds* wissenschaftliche Arbeiten für Jugendliche veröffentlicht. Catrin ist British Science Association Media Representative und arbeitet mit Sky News zusammen, sie hat dort mehrere wissenschaftliche Beiträge veröffentlicht. Sie war sechs Jahre lang als Vertreterin der *Young Generation Members* Vorstandsmitglied in der European Association of Veterinary Anatomists und hat bei der Realisierung von internationalen Online-Museen für Anatomie mitgewirkt.

Die vielfältigen Lehrverpflichtungen und die Betreuung von Doktoranden sowie Bachelor- und Master-Studenten lasten Catrin zwar stark aus, doch in ihrer Freizeit schreibt sie Science-Fiction-Geschichten und vermittelt ihre Forschung gerne in öffentlichen Vorträgen. Sie lebt mit ihrem Partner Andrew und der Familienkatze in Derby (England).

# Danksagung

Dieses Buch zu schreiben, wäre nicht möglich gewesen ohne die Mithilfe vieler Menschen. Das Team von Quarto Publishing, Ivy Press, The Bright Press und Princeton University Press war großartig; ich danke insbesondere Katie Crous, Joanna Bentley, Tom Kitch und James Lawrence, dem Lektor J. A. Spencer, dem Illustrator John Woodcock, dem Grafik-Team Jane und Chris Lanaway sowie allen anderen, die an der Entstehung dieses Buchs beteiligt waren. Zusammen haben wir die Lockdowns der Corona-Pandemie durchgestanden; eure Ratschläge, Expertise, Textredaktion und Illustrationen waren von unschätzbarem Wert.

Die Arbeit mit Tieren macht mir viel Freude, insbesondere mit so großartigen Studenten und Kollegen. So danke ich der Herd Health Group an der Nottingham Vet School für die Fülle an Informationen zu allem, was Rinder betrifft. Ein herzlicher Dank gebührt ferner Prof. Samir El-Gendy, Prof. Amira Derbalah und Prof. Karam Roshdy von der Universität Alexandria (Ägypten), die mich an ihrem immensen Wissen über Wasserbüffel-Biologie teilhaben ließen.

Ein Dankeschön an all meine Freunde, die mich in der Entstehungszeit des Buchs unterstützt haben und sich nicht wunderten, wenn ich sie und ihre Kinder fragte: «Was möchtet ihr über Kühe wissen?» Die zahllosen Reaktionen haben mir wichtige Anregungen gegeben.

Schließlich geht mein größter Dank an meinen wunderbaren Partner Andrew, meine Eltern Rhian und Paul, meinen Bruder Philip mit Schwägerin Sharon, Neffe Joshua, Nichte Erin und alle anderen aus Andrews und meinem tollen Familienclan. Es war die Liebe zur Sache, die mich zu diesem Buch motiviert hat, aber nur dank ihrer Geduld, Unterstützung und ihrem Verständnis hatte ich den nötigen Raum und die Zeit, um mich dem Schreiben zu widmen.

# Bildnachweis

Ivy Press dankt den folgenden Personen und Institutionen für die Erlaubnis, Copyright-Material zu verwenden:

**Alamy**: Dominic Robinson 6; The Print Collector 17; Mike P Shepherd 26u; Science History Images 27u; Chronicle 32; imageBROKER 41o; The Book Worm 59o; Granger Historical Picture Archive 59u; FLPA 67o; Arterra Picture Library 91; Roger Bamber 98; Victor Watts 106; Phil Arnold 119; Jim West 134; The Granger Collection 144; Science History Images 166o; Jason Smalley Photography 168; Greg Balfour Evans 175. **Bradley Pullen**: 183o. **Dreamstime**: Andrevaladao 12/13; Markusmayer 18o; Wrangel 18u; Anankkml 20; Johannes Gerhardus Swanepoel 21o; Isselee 21u; Georgios Kollidas 28o; Viorel Sima 86; Mona Makela 87Mu; Potapenkoi 88ul; Gozzoli 92; Anolis01 96; Sunthorn Viriyapan 117ol; Katerynakon 117or; Howtogoto 124/125; Kushnirov Avraham 138; Shailesh Nanal 139l; Bagwold 145o; Denismart 145M; Tarpan 149r; Michael Turner 156r; Hoxuanhuong 164; Tatsiana Hendzel 165u; Stuartan 171; Drcmarx 191. **Flickr**: Biodiversity Heritage Library 14u, 16l, 16r; Girolandas la Palma 178; Justin Baeder 210. **Gert van den Bosch**: 103l, 163u, 173. **Getty Images**: Sahlan Hayes/Fairfax Media 112; Bloomberg 128o; Davit Hakobyan/AFP 140o; DeAgostini 141o; CM Dixon/Print Collector 141u; Fine Art Images/Heritage Images 146o; Fox Photos 147; Matthew Eisman 158M; Per-Anders Pettersson 167r. **iStock**: ilbusca 26o; emholk 39; AzmanL 40u; Zwilling330 42; Sakan Piriyapongsak 45; emholk 47; ThinkDeep 64u; AzmanL 75; nicoolay 78; perreten 79; Vladimir Zapletin 84/85; Magdevski 89; bohemama 93; Zu_09 94o; ablokhin 94u; mikedabell 95l; shaunl 102; Neyya 105; RyanJLane 108; efreet 109; PaulMaguire 110; Jevtic 111o; Perboge 111u; Robert Winkler 113; shironosov 115; ktmoffitt 121; Lakeview_Images 122; leonori 129o; gerenme 131; Toa55 132o; PeopleImages 133o; muri30 133u; mphillips007 135; TerryJLawrence 143; AndreyKrav 146u; benoitb 148o; „stellalevi" 148u; Andrei Kravtsov 150; simonkr 151u; Lynn_Bystrom 152u; holdeneye 153; simonmayer 156l; martinedoucet 157r; PicturePartners 169o; Gannet77 170; THEGIFT777 190. **Jeremy Hopley & Andrew Perris**: 3or, 120u, 172, 180, 181, 185, 186, 187, 188, 192, 194, 195, 196, 197, 198, 201, 204, 205, 206, 208. **Keith Weller/ USDA**: 30ur. **LACMA**: 33o. **Library of Congress**: Detroit Publishing Company photograph collection 163o. **©macmonagle.com**: 41u. **Mary Evans**: Thaliastock 140u; Arthur Rackham 145u. **Nature Picture Library**: Wild Wonders of Europe/ Widstrand 203. **Science Photo Library**: Stephen Ausmus/USDA 166u. **Seifert Belmont Reds**: 184o. **Shutterstock**: andrey oleynik 1; Eric Isselee 2, 3ol, 3u, 4o; Vectorgoods studio 4u; La puma 5o; Svietlieisha Olena 5u; Morphart Creation 8u; bioraven 10u; Pavel L Photo and Video 11; oorka 14Mr; Agnieszka Karpinska 14Mr; Jennifer Gottschalk 14Mr; WeHaveEverything 19; Svietlieisha Olena 22; GTS Productions 23; Matyas Rehak 24; McGraw 25u; Dunhill 28u; Eric Isselee 29ul; Everett Collection 29ur; JHVEPhoto 31ul; smileimage9 31ur; Bill Perry 33u; Alrandir 34/35; defotoberg 36; stockphoto mania 37o; La puma 40o; Flaxphotos 44u; Azamat Fisun 44o; Photobank.kiev.ua 48; Eric Isselee 50/51; Vectorgoods studio 52 (beide); Worawit Waesapaeing 55; vlad yan 56; Vera KL82 57o; Nicram Sabod 58o; aleksandard 60; sanddebeautheil 61o; Clara Bastian 61u; La puma 64o; Mr. SUTTIPON YAKHAM 65M, 65u; bodom 66; Eric Krouse 71; Rhian Mai Hubbart 72o; Polarpx 73; J. T. Chapman 74ol; JMx Images 74or; Anton Havelaar 76l; suchai.guai 76 2.v.l; Svietlieisha Olena 76r; Moolkum 76M; Aleks Maks 76 2.v.r; Moolkum 77ur; Martina Simonazzi 77ul; inventbbart 80/81; BOULENGER Xavier 82u; Morphart Creation 82o; Vladimir Mulder 83; MasterQ 87o; M. Unal Ozmen 87Mo; Nadezhda Nesterova 87ul; oksana2010 87ur; Pairoj Sroyngern 88ur; Iakov Filimonov 88o; Nancy Beijersbergen 90; Landing 95r; Eric Isselee 97; Andrew b Stowe 99; Decent 100; Vladyslav Starozhylov 101; Grey Mountain Photo 103r; imagestockdesign 104l; David Pineda Svenske 104r; Eric Isselee 107; Photoagriculture 114; Fazwick 116; Billion Photos 117u; nathawit immak 118; Anastasiia Firsova 120o; Juice Flair 123; Dean Drobot 126l; Cergios 126r; Bannafarsai_Stock 127; Angorius 130o; R-Mac Photography 130u; ArtMari 136o; Jeff Cagle 137; Don Mammoser 139r; Michael Conrad 149l; weber santana 151o; zhekakopylov 152o; Frontpage 154; Olesya Kuznetsova 155; Hypervision Creative 157l; Diane Kuhl 160/161; Dominic Gentilcore PhD 162; Zarja 165o; mifotodigital.club 167l; nobeastsofierce 169u; Sunet Suesakunkhrit 176; ingimar einarsson 182; Gozzoli 189; R. Maximiliane 200; Marzolino 212/213; Canicula 214/215, 216, 218; Angorius 220; Azamat Fisun 221; La puma 222. **Unsplash**: sippakorn yamkasikorn 9; Mihail Macri 10o; Gunjan Bhattacharjee 136u. **Wellcome Collection**, CC-BY-4.0: 15o, 15u, 142. **Wikimedia Commons, CC0 1.0**: CTPhil 211. **CC-BY-SA-3.0**: Lucinda Morgan 174; Homoatrox 177; Pavanaja U. B. 179, 202, 209; Karl Young 193; Cgoodwin 199. **CC-BY-SA-4.0**: Claire.cojean.05 207. **Wisconsin Historical Society**: WHS-2115-1 128u.

Ivy Press hat sich bemüht, alle Rechteinhaber zu ermitteln und ihre Erlaubnis zur Verwendung des Copyright-Materials zu erhalten. Der Verlag bittet für etwaige Irrtümer oder Auslassungen um Entschuldigung; bei entsprechendem Nachweis werden die jeweiligen Angaben in zukünftigen Ausgaben selbstverständlich korrigiert.